2024年度

工学基礎実習
Introduction to Manufacturing Techniques

創造教育実習
Technical Application for Creative Manufacturing

静岡大学 工学部
次世代ものづくり人材育成センター

東　直人　　生源寺類
水野　隆　　永田照三
戎　俊男　　太田信二郎

学術図書出版社

まえがき

　蛍光灯を交換できない，ネジをドライバで締めた経験がない，乾電池を正しい向きで電池ボックスに装填できないなど，年長者にとって生活する上で基本的と思われる知識や経験が欠如している工学部学生が増えてきている。また，それらの傾向の増大に伴って工学部に入学してくる学生のものづくりに対する意欲と工学への志望動機の低下は年々著しくなっている。かつては中学校の段階で，のこぎりや金づち，カンナを使って本棚を作ったり，はんだ付けで電子回路を作ったり，板金加工を行ったりしたものであるが，技術・家庭科の授業時数の減少に伴い，時間がかかる活動が割愛されてきていることも誘因である。このため工学部に入学しても将来，ものづくり分野で活躍したいという意思や意欲を持った学生が非常に少なくなっている。欲しいものがあればインターネットで注文すればすぐに手に入り，ちょっとしたものであれば100円ショップで揃うなど，世の中が便利になり日常生活の中でものを作る必要があまりなくなった現在，このような傾向は仕方のないことなのかもしれない。

　本書は，「ものづくり」をメインテーマとし，デジタル回路実習，プログラミング実習，機械・電気電子・金属加工技術を用いた自律制御型車輪走行ロボットの作製とプログラミングといった内容が含まれ，すべての工学系の学生の導入教育教材として利用することができるものである。ここでは，ものづくりに必要な工具の使い方，機械加工の仕方，測定機器の取扱い方，機械・電気・化学材料を扱うための最低限度の知識が習得できるとともに，実習・実験において安全に作業を行う上で知っておくべき知識と保護機器の使い方，データ処理の方法，レポートの書き方についても触れている。実習を通して，ものづくりの楽しさ，大変さを体験でき，各々の専門分野での活動にも生かせる内容となっている。

　実習教材の主役はマイクロコンピュータであり，搭載されるマイクロプロセッサ（PIC，H8，AVR や ARM など）や扱えるプログラミング言語（アセンブラ，コンパイラ，インタプリタ）の相違で様々な教材が市販されている。中でも注目を集めているものの1つに

オープンソースで開発されている Arduino があり，本書では，Arduino の中で一番普及している Arduino Uno を実習教材として取り扱っている。また，Arduino は基板の設計情報も含めすべての情報が公開されているため，初心者からマイコンを熟知したユーザまで幅広く利用され，世界中から数多くの情報が提供されている。公開されている基板情報を元に，独自の基板を開発したり，さまざまな電子部品（センサやアクチュエータ）を取り付けたりすることができる。インターネットに接続するような電子部品を取り付けることで様々な機器をインターネットにつなげる IoT（Internet of Things）機器のセンサデバイスとしての利用も可能である。本書ではこのように多方面で利用できる Arduino を実習で作製するロボットの制御基板としてだけではなく，論理回路実習や各種のセンサ特性の実習などにも活用している。

　ものづくり教育に対する根本的な対応策は，教育を含めた社会環境全体の意識改革にあると思われるが，社会への最終出口としての大学に期待されるところは非常に大きくなっている。本書がものづくり教育の一助となれば幸いであると願っている。

2018 年 3 月

著者一同

目　　次

第 III 部　Hama ボード製作実習　　135

第 4 章　**Hama-Bot 製作 4 : Hama-Bot 仕上げ**　　**289**

第1部

デジタル回路実習

第1章

2進数とその演算

コンピュータの内部では，情報は2進数で表現され，論理演算の組み合わせにより高度な演算を実現している。本章では，実習に先立ってデジタル回路を作成するために必要な知識として，2進数とその演算について学ぶ。

1　2進数とデジタル回路

1.1　アナログとデジタル

Aさんは柱に傷を付けて身長を記録した。床から傷までの長さを測ったところ129.3 cmであったのでノートに記録した。さて，柱に傷を付けて身長を記録するように，ある数値を連続的に（原理的には無限に細かく）表すことをアナログ表現という。それに対し，メジャなどで測定した数値を読み取り，数値を離散的にある桁数の範囲で表すことをデジタル表現という。すなわちアナログ表現では，連続的な物理量（アナログ量）で数値を表現し，デジタル表現では，離散的な量（デジタル量）で数値を表現する。

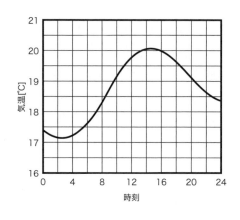 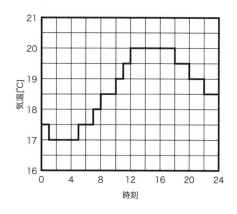

(a) アナログ表現　　　　　　　　　　　(b) デジタル表現

図1.1　1日の気温変化

図1.1は，1日の気温の変化を表したものである。アナログ表現では，時刻，温度ともに連続的に記録されている。自然界での気温の変化そのものを表現しているといえる。一方，

デジタル表現では，時刻，温度ともに離散的に記録されている。アナログ表現をデジタル表現に変換するためには，情報を一定の間隔で区切って表現する必要がある。気温のグラフでは，一定時間ごとに情報を読み取る。時刻方向の離散化を標本化（サンプリング）と呼ぶ。また，標本化により読み取った情報を，ある精度の数値として近似的に離散値として表現することを量子化と呼ぶ。図では，1時間ごとに標本化し，0.5 ℃刻みで量子化したものである。このとき，温度測定の間隔を，1分間刻み，1秒刻みとすることで，標本化の精度は上がる。同様に，温度を 0.1 ℃刻み，0.01 ℃刻みなど，より細かい区間で量子化することで，量子化誤差（量子化前の連続量と量子化後の離散値との差）は減り，量子化の精度は上がる。このように十分な精度があれば，連続量として考えることができる。

1.2　デジタルと2進数とコンピュータ

　電気回路で，最もシンプルな状態の表現は，スイッチの ON/OFF である。このような状態を表現するために，コンピュータの内部では，2進数，すなわち数字 0 と 1 のみを使って表現する。同様に，一般的なコンピュータでは，命令・データ，バスや周辺 IC などを走る信号は 0 V/5 V の 2 つだけであり，コンピュータは信号電圧の有（5 V）無（0 V）で情報を判断する[1]。コンピュータの信号が 2 種類だけなのは，電圧の有無を扱うだけ（スイッチの ON/OFF だけを考えるだけ）でよく，論理的にも回路的にも単純化することができるからである。この 2 種類の信号は表 1.1 のように表示されることが多い。

表 1.1　信号の表示法

5 V	1	High	A	True（T）	真
0 V	0	Low	$\overline{A}$	False（F）	偽

　以上のように，コンピュータ内部のデータは 0/1 すなわち 2 進（binary digit）デジタル信号として取り扱われる。コンピュータの信号線 1 本または 2 進数 1 桁で表現することのできる情報量（0/1）を 1 bit（BInary digiT）と呼ぶ。8 bit CPU とは，一般的にはレジスタ長とデータバス長のうち短い方が，8 bit である CPU のことをいう。2 進数では，0 と 1 のみで表現されるが，10 進数と同様に，桁数を増やすことで，大きな値を表現することが可能である。例えば，4 bit（4 桁の 2 進数）では，$0 \sim 2^4 - 1 = 15$ まで表現できる。

演習 **1.1**

　(1) 8 bit コンピュータで一度に表現できるデータは何通りか。

---

[1] 低電力化のため 3.3 V のものもある。

1.3 2進数と16進数

2進数とは基数（Base）が2の数であり，次の様に表現される。

$$\pm d_{n-1}d_{n-2}\cdots d_1 d_0.d_{-1}\cdots d_{-m}\cdots \tag{1.1}$$

ここで，d_{n-1}，$d_{n-2}\cdots$ は0または1である。この数の値は

$$\pm\quad d_{n-1}2^{n-1}+d_{n-2}2^{n-2}+\cdots+d_1 2^1+d_0 2^0+d_{-1}2^{-1}+\cdots+d_{-m}2^{-m}+\cdots \tag{1.2}$$

となる。2進数 1001.1 の場合の例を次式に示す。

$$(1001.1)_2=1\times 2^3+0\times 2^2+0\times 2^1+1\times 2^0+1\times 2^{-1}=9.5 \tag{1.3}$$

すなわち，基数が10であるか，あるいは2であるかの違いで普段使っている10進数と何ら変わりはない。なお本書では，2進数を他の数字と区別する必要があるときには，括弧および下付きの2を用いて，例えば $(1001.1)_2$ のように表記する。

また，一般に数を表現する場合，ある位よりも上の位がすべて0のときは，そこには何も書かないが（例えば7を007とは書かない），コンピュータ上の数を扱うときは，0という数字は0Vの信号を意味するので，信号として扱っている桁はすべて書く。例えば，8bitのコンピュータで7を表現する場合，2進数で111とは書かずに，0000 0111のように8bitすべて書く。

演習 1.2

(1) 次の10進数を2進数に変換せよ。

    (a) 16，(b) 127，(c) 3.125，(d) 0.8（少数点以下5桁程度でよい）

(2) 次の2進数を10進数に変換せよ。

    (a) 1111，(b) 1000101，(c) 10000000，(d) 1.01

この演習問題（0.8を2進数に変換）からわかるように，我々が用いている10進数では簡単に表現できる数（小数）でもコンピュータでは表現することが困難な場合がある。これはコンピュータで数値計算を行う際の誤差に通じる。また，2進数で大きな数を表現した場合，0と1の羅列からでは目がちかちかしてどのような数値を表しているか簡単には判断できない。そこでコンピュータの世界では，2進数4桁をひとまとめにして16進数として表すことが多い。このとき10～15の数値は，表1.2に示すようにA～Fのアルファベットを用いる。また，2進数の場合と同様に，本書では16進数を他の数と区別する必要があるときには，括弧および下付きの16を用いて，例えば $(129)_{16}$ のように表記する。

また，16進数2桁すなわち8bitを1つの単位として1Byteと呼ぶ。コンピュータのメモリやディスクの容量等はByteを単位として表される。

表 1.2 2 進数と 16 進数

10 進数	0	1	2	3	4	5	6	7	8
2 進数	0	1	10	11	100	101	110	111	1000
16 進数	0	1	2	3	4	5	6	7	8
10 進数	9	10	11	12	13	14	15	16	17
2 進数	1001	1010	1011	1100	1101	1110	1111	10000	10001
16 進数	9	A	B	C	D	E	F	10	11

2 2 進数の論理演算

　日常生活で行う加減乗除などの算術演算は，コンピュータ内部の回路によって直接実現することができない。回路によってできる演算は，以下に述べる論理演算と呼ばれるものである。加減乗除などの算術演算をはじめ，コンピュータ内部の演算は，すべて論理演算の組み合わせ，すなわち論理回路の組み合わせによって行われる。論理積や論理和の記号は，算術演算の積・和と同じ記号なので混同しないこと。もちろん，プログラム中では異なる記号を用いる。

2.1 論理積 AND

表記法：　$Y = A \times B = AB$，（`Y = A & B`：Arduino 言語での表記法。以下同じ。）

演算：　A，B の各 bit が両方とも 1 のときのみ 1。それ以外は 0。

A	B	$A \times B$
0	0	0
1	0	0
0	1	0
1	1	1

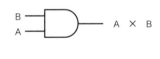

　論理積の例（8 bit）

$$01101001 \times 10010110 = 00000000$$

$$11111111 \times 00000111 = 00000111$$

2.2 論理和 OR

表記法：　$Y = A + B$，（`Y = A | B`）

演算：　A，B の両方とも 0 のときのみ 0。それ以外は 1。

　論理和の例（8 bit）

$$01101001 + 10010110 = 11111111$$

$$11110000 + 00000111 = 11110111$$

A	B	A + B
0	0	0
1	0	1
0	1	1
1	1	1

2.3　否定 NOT

表記法：　$Y = \overline{A}$，（`Y = ~A`）

演算：　A を反転する。

A	$\overline{A}$
0	1
1	0

否定の例（8 bit）

$$\overline{01101001} = 10010110$$
$$\overline{11111111} = 00000000$$

注：回路記号では否定（負論理）を表す記号として。を用いる。また，NOT 回路はインバータ（Inverter）とも呼ぶ。

2.4　NAND（Negated AND）と NOR（Negated OR）

表記法：　$Y = \overline{A \times B}$，　$Y = \overline{A + B}$

演算：　NAND=論理積演算後否定演算，NOR=論理和演算後否定演算

　回路記号では NAND は AND 回路に。を，NOR は OR 回路に。を付けたものになる。

A	B	$\overline{A \times B}$	$\overline{A + B}$
0	0	1	1
1	0	1	0
0	1	1	0
1	1	0	0

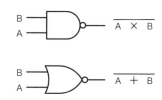

　実際のデジタル回路では，トランジスタの性質上，AND，OR 素子よりも NAND，NOR 素子の方が回路構成が単純となる（デジタル回路実習で学ぶ）。NAND，NOR の IC を図 1.2 に示す。

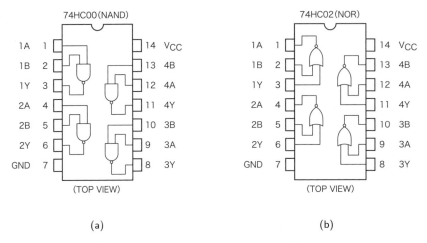

(a)   (b)

図 1.2　NAND（74HC00）と NOR（74HC02）の IC。

2.5　排他的論理和 Exclusive OR（XOR, EOR）

表記法：　$Y = A \oplus B$, 　（Y = A ^ B）

演算：　A, B どちらか片方のみ 1 のとき 1。それ以外は 0。

A	B	$A \oplus B$
0	0	0
1	0	1
0	1	1
1	1	0

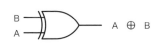

排他的論理和の例（8 bit）

$$01101001 \oplus 11111111 = 10010110$$

$$00000111 \oplus 00000111 = 00000000$$

　XOR が重要なのは，2 進数 1 bit の加算の結果がちょうど XOR の演算と同じになるからである。すなわち，1 bit の加算は桁上がりを含めて，図 1.3 に示す半加算回路で実現できる。「半」がついているのは，2 bit 以上の加算の際の下位桁からの繰り上がりが考慮されていないからである。

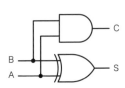

A	B	S（XOR）	C（AND）
0	0	0	0
1	0	1	0
0	1	1	0
1	1	0	1

図 1.3　1 bit 半加算回路 A+B, S：結果, C：桁上がり

備考：上で記した，すべての入出力の結果を表にしたものは真理値表と呼ばれる。

演習 **1.3**

(1) 排他的論理和（A ⊕ B）を論理積，論理和，否定を用いた論理式で表せ。

(2) AND，OR，NOT 等の論理回路を用いて，XOR 回路を組め。

2.6　論理代数（ブール代数）

　論理積，論理和，否定に関し，次の関係が成り立つ。これらの関係及びこれらの関係から導かれる数学的展開を論理代数またはブール代数（Boolean Algebra）と呼ぶ。これらは回路を組み替える際に使われる。

1. $A + 0 = A, \ A0 = 0$
2. $A + 1 = 1, \ A1 = A$
3. $A + \overline{A} = 1, \ A\overline{A} = 0$
4. $A + A = A, \quad AA = A$
5. $A + B = B + A, \ AB = BA$
6. $(A + B) + C = A + (B + C), \ (AB)C = A(BC)$
7. $A + BC = (A + B)(A + C), \ A(B + C) = AB + AC$
8. $A + AB = A, \ A(A + B) = A$
9. $\overline{(\overline{A})} = A$

演習 **1.4**

(1) 上記の関係 1〜9 を真理値表を用いて確認せよ。

(2) 次の関係

$$\overline{A \times B} = \overline{A} + \overline{B}, \quad \overline{A + B} = \overline{A} \times \overline{B}$$

はド・モルガンの定理（de Morgan's theorem）と呼ばれる。真理値表を用いてこれを確認せよ。

演習 **1.5**

(1) 8 bit の 16 進数 $(XX)_{16}$ がある。この 16 進数に対して次のような操作を行うために
   は，どのような 16 進数 $(YY)_{16}$ とどのような論理演算を行ったらよいか。$(XX)_{16}$
   演算子 $(YY)_{16}$ のかたちで示せ。

   (a) MSB を 0 にする，(b) MSB を 1 にする，(c) MSB を反転させる（MSB は最
   上位ビットを意味する）

(2) 次の 1 Byte の 16 進数の論理演算を行え。

   (a) $(47)_{16} \times (19)_{16}$，(b) $(54)_{16} \times (AB)_{16}$，(c) $(CA)_{16} + (35)_{16}$，

   (d) $(28)_{16} + (13)_{16}$，(e) $(CD)_{16} \oplus (48)_{16}$

第 2 章

LED 点灯回路の作製

- この実習の内容
  - LED（発光ダイオード）を点灯させる
    - IC（74HC04）を用いた LED 点灯回路の作製

- 各自用意するもの

	数量等		数量等
5 V 電源	1	IC（74HC04）	1
ブレッドボード	1	タクタイルスイッチ	1
LED（赤）	1	単線コード（赤）	
LED（緑）	1	単線コード（黒）	
抵抗器（1 kΩ，1/4W）	3	単線コード（青）	
抵抗器（10 kΩ，1/4W）	1	電解コンデンサ（10 μF，25 V）	1
半固定抵抗器（50 kΩ）	1		
テスタ		ワイヤストリッパ	
ニッパ		引抜き工具	
ラジオペンチ			

1 この実習について

本実習では，LED 点灯回路を作製し，ブレッドボードの構造や使い方など，デジタル回路を作製するための基礎的な知識，工具の使い方を学ぶ。最終的に作製する回路は，特に意味のある回路ではなく，半固定抵抗器やロジック IC を利用した LED 点灯・消灯回路を作製する。

2 LED を点灯する

LED（Light-Emitting Diode：発光ダイオード）は，電球に代わる低電力・長寿命の発光源として，家電製品ばかりでなく，信号機や街灯など様々な用途に用いられている。デジタル回路実習のはじめとして LED を点灯させる回路作製を通じて，ブレッドボードの構造やワイヤストリッパの使い方について学ぶ。

2.1 この実習で使用する電子部品

1) LED

LED の回路記号は，図 2.1(a) に示すようなダイオードの記号に発光を表す矢印がついたものである。記号の三角形が電流の流れる方向を示し，アノード（陽極）側に正の電圧を加えると発光する。三角形の頂点についた棒（バリア）は，カソード（陰極）側から電圧を加えても電流が流れないことを表している。

一般的な LED は図 2.1(b) のような形をしている。足（導線）の長い方がアノードである。LED や抵抗器，コンデンサなどの電子部品は，足を切って使用することがある。この場合は，LED 本体の切り欠きを目安に，アノードかカソードかを判断することができる。

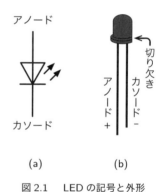

図 2.1 LED の記号と外形

2) 抵抗器

抵抗器は，電流を流れにくくするための電子部品である。回路を作製する上で，不可欠と言っていいくらい使用頻度が高く，この実習でも，LED を点灯させるための電流の制限や，スイッチの ON/OFF に応じた電圧をロジック IC に入力するための分圧に用いている。

図 2.2 抵抗器の記号と外形

抵抗器の回路記号は，図 2.2(a) に示すような長方形の記号に端子がついたものである。

また，一般的な抵抗器は図 2.2(b) のような形をしている。LED とは異なり極性は無いため，どちらの向きに接続しても同じである。

　デジタル回路でよく用いられる炭素皮膜抵抗器では，抵抗値が 4 本または 5 本のカラー帯で表示される。4 帯表示の場合は，抵抗器の端に近い帯から順に（10 の位 + 1 の位）× 10 のべき数および精度の値が色によって示されている。5 帯表示の場合は 100 の位から始まる。各色が示す数値は表 2.1 のとおりである。

表 2.1　抵抗器のカラーコード

色	各桁の値	10 のべき乗	精度
黒	0	$10^0=1$	
茶	1	10^1	±1%
赤	2	10^2	±2%
橙	3	10^3	
黄	4	10^4	
緑	5	10^5	
青	6	10^6	
紫	7	10^7	
灰	8	10^8	
白	9	10^9	
金			±5%
銀			±10%

3) ブレッドボード

　ブレットボードとは，電子回路の試作・実験用の回路基板のことである。実習で使用するブレッドボードは，現在主流であるソルダレス（はんだ付け不要）・ブレッドボードである。電子部品をさすための穴が並んでおり，その穴に電子部品や導線を差し込むことで，はんだ付けをすることなく，回路を組み立てることができる。

　図 2.3 にブレッドボードを示す。実習で使用するブレッドボードは，図上部から電源ライン，部品実装エリア，電源ラインで構成されている。ブレッドボードには，DIP 規格と呼ばれる一般的な IC の足の間隔にあうように 2.54 mm 間隔で穴があいている。また，ブレッドボードの内部には複数の穴にまたがったばね接点があり，内部で電気的につながった穴の列の集まりとなっている。そのため，内部でつながった穴が導線の役割をする。

　電源ラインは，穴が横方向につながっており，赤線側を電源（5 V），青線側を GND（0 V）として使用する。部品実装エリアは，穴が縦方向につながっている。ただし，中央部分に分離溝が設けられており，部品実装エリア上部と下部は電気的につながっていない。特に IC はこの中央の分離溝をまたぐように配置する。

　電源ラインには，外部から電源を接続して使用する。実習では，デジタル回路実習専用の電源基板を使用する。電源基板のスライドスイッチを ON にすると上部電源ラインの赤線側に 5 V が供給され，下部電源ラインの青線側が GND となる。また，部品の差し替え中は電源基板のスライドスイッチを OFF にする。

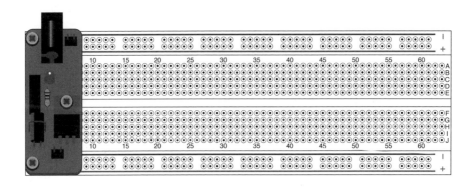

図 2.3　ブレッドボード

2.2　実習：LED を接続しよう

　図 2.4 は LED を発光させるための回路図である。回路図は，図 2.4 (b) のように電源を 5 V と GND とに分けて記す場合が多いが，あくまでも図 2.4 (a) のように 1 つのループをつくっている。

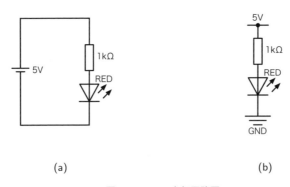

(a)　　　　　　　　　　　　　(b)

図 2.4　LED 点灯回路図

　図 2.5 に図 2.4 の回路をブレッドボード上に実装した図を示す。図 2.5 (a)〜(c) は，すべて同じ回路である。回路図は，部品の接続関係を示したもので，実際の配置や接続方法については考慮していない。そのためブレッドボードをどのように使用するか，抵抗器の足を導線として利用するかなどによって，同じ回路図を元にしても作製される回路は違ったものになる。それでは，回路図および実装図（図 2.5 (a)）を参考にしながら LED を発光させよう。

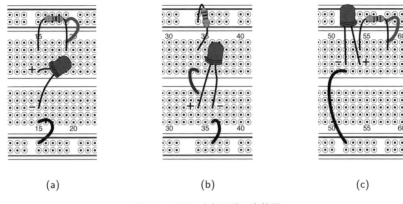

(a)　　　　　　　　　　(b)　　　　　　　　　　(c)

図 2.5　LED 点灯回路の実装図

<u>実習 1</u>　次の手順にしたがって回路を組み，LED を発光させよ。

① 赤色の単線の片端をブレッドボードの 5 V ラインに，片端を 1 つの列の穴に差し込む。

② 抵抗器（1 kΩ）の片端を赤色の単線を差したのと同じ列の穴に差し，もう片端を別の列の穴に差し込む。

③ ブレッドボード中央の分離溝をまたぐように LED（赤）の両極を差し込む。このとき，アノード（足の長い方）を抵抗器と同じ列の穴に差し込む。

④ 黒色の単線の片端を LED のカソード（足の短い方）と同じ列の穴に，もう片端をブレッドボードの GND ラインの穴に差し込む。

⑤ 回路を確認の後，電源基板のスイッチを入れる。うまくいけば LED が発光する。

<u>実習 2</u>　LED の極性を反対にして接続し，LED が発光しないことを確かめよ。

<u>実習 3</u>　テスタを用いて抵抗器における電圧降下および LED の順方向電圧を測定せよ。

① 回路を LED が発光している状態にしておく。

② テスタに赤と黒の測定棒を接続し（既に接続してあるものもある），ダイヤルを直流電圧 DC20V に合わせる。

③ 極性に注意しながら，抵抗器および LED の両端の電圧（電位差）を測定する。

<u>実習 4</u>　実装図（図 2.5 (b), (c)）を参考に回路を組み，LED を発光させよ。

演習 **2.6**　　（LED を発光させるための電力）

(1) 抵抗器が 1 kΩ の場合について，実習で測定した電圧 V_R を用いて回路を流れる電流 [A] を計算せよ。また，このときの回路全体の消費電力 [W] を求めよ。

(2) LED の最大定格電流（ここまでは流してもよい値）を 30 mA とする。最大定格電流を流すためには何 Ω の抵抗器を接続すればよいか。ただし，LED 両端の電圧は (1) で用いた V_L と同じとする。

3　IC（74HC04）を用いた LED 点灯回路

　インターネットで「リセットボタン」で検索すると，「人生のリセットボタン」などの比喩的に使用した表現が上位に現れるほど「リセット」という言葉は一般的に使われている。コンピュータゲームにおいては，ゲーム機にあるリセットボタンを押下することで強制的に再起動され，ゲームを最初から，あるいは保存したところから開始することができる。一方で，物理的なリセットボタンは近年その姿を隠し，物理的なリセットボタンを実際に押す機会も減ってきている様に思われる。この実習の目的は，デジタル回路の基本としてNOT 回路の使い方を学ぶことであるが，リセットの仕組みと，デジタル回路における信号の入出力についても理解しよう。

3.1　リセットの仕組み

　どのようなコンピュータの CPU にも必ずリセット端子（RESET）が付いている。たとえば，この実習に用いる Arduino Uno にも図 2.6 のようにリセット端子とリセットボタンがある。CPU はリセット端子が一定時間以上 0 V になると，決められたリセット動作を行

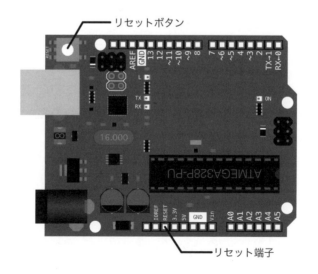

図 2.6　Arduino Uno R3 のリセット部分

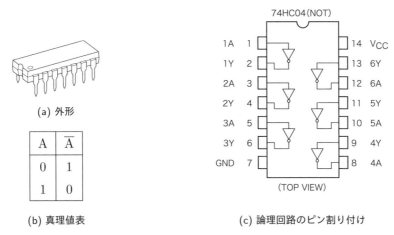

図 2.7　74HC04：(a) 外形 (b) 真理値表 (c) 論理回路のピン割り付け

う。リセットボタンが押されたときと電源が入ったとき（パワーオンリセット時）にこの
端子が Low（0 V），それ以外は常に High（5 V）にしておかなければならない。この実習
では 74HC04 とコンデンサを使って，コンピュータのリセット回路部分を再現する。

3.2　この実習で使用する電子部品

1)　インバータ IC：74HC04

　74HC04 はインバータ（NOT）を 6 回路内蔵した IC である。インバータ（NOT）IC は
トランジスタの組み合わせで作られた IC のうち基本となるものである。74HC04 に限ら
ず，DIP（Dual Inline Package）規格の IC は，図 2.7 (a) のように多数の足を持ったゲジゲ
ジのような格好をしている。口（へこみ）の開いている方が頭で，頭の左には 1 番ピンを示
す丸い窪みがある IC もある。図 2.7 (c) に，上から見た論理回路の入出力図を示す。6 個の
NOT 回路の入出力関係がわかる。例えば，1 番ピンへの入力は 2 番ピンへ出力される。前
章で学んだように，NOT は入力を反転させる機能をもつ（図 2.7 (b) の真理値表を参照）。
例えば，1 番ピンに High（5 V）の信号を入力すると，2 番ピンの出力は Low（0 V）とな
る。ところで，14 本のピンの内，図 2.7 (c) には，NOT 回路の入出力として使われていな
いピンがある。14 番ピンには Vcc，7 番ピンには GND と記されている。すなわち，この
インバータ IC を動作させるための電源である。IC への電源供給は IC を利用する上で当然
であるため，回路図では省略されることが多いため，注意しなければならない。

　なお，IC の足は曲がりやすいため，IC をブレッドボードから取り外す場合は，引抜き工
具を用いて垂直に引き抜くこと。

2) タクタイルスイッチ（触覚スイッチ）

タクタイルスイッチ（tactile switch）は図 2.8 のような形をしたスイッチで，押すとクリック感のあるスイッチである。この 2 端子をブレッドボードの異なる列に接続して，列間をつなぐ押しボタンスイッチとして用いる。

図 2.8　タクタイルスイッチの記号と外形

3) 電解コンデンサ

コンデンサは，日本語では蓄電器とも呼ばれ，電荷を蓄えたり，放出したりするための素子である。コンデンサは，回路内で瞬間的に電流が多く流れたときにも，まわりの素子に安定した電圧を供給するための役割をする。また，電荷が貯まるまで時間がかかるため，これを利用して時間的な遅れを作るのにも使われる。

電解コンデンサは，アルミニウムなどの金属と電解質から構成されている。図 2.9 のような形をした，比較的大容量の極性をもつコンデンサである。極性を間違えたり過電圧をかけたりすると，爆竹のようにはじけることがある。

4) 半固定抵抗器

半固定抵抗器は，前節の実習 1 で使用した炭素皮膜抵抗器とは異なり，抵抗値の調整が可能な抵抗器で可変抵抗器の 1 つである。特に半固定抵抗器は，オーディオ機器の音量調節などに用いられる可変抵抗器とは違って，頻繁な抵抗値の調節を必要としない機器の内部などで使用されるものを指す。

実習では，3 端子半固定抵抗器を用いる。3 端子半固定抵抗器の回路記号は，図 2.10(a) に示すような抵抗器の途中に T 字の端子がついたものである。また，実習で使用する半固定抵抗器は図 2.10(b) のような形をしている。

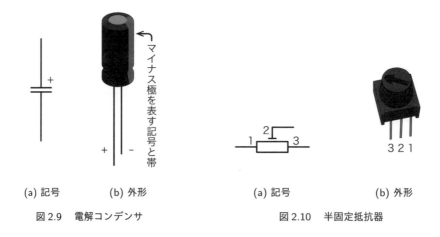

(a) 記号　　　(b) 外形

図 2.9　電解コンデンサ

(a) 記号　　　(b) 外形

図 2.10　半固定抵抗器

3.3 実習：74HC04 を使う（LED 点灯回路）

LED 点灯回路の回路図を図 2.11 (a) に，ブレッドボード上に実装した図を図 2.11 (b) に示す。通常の状態では緑色 LED が点灯し，タクタイルスイッチが押されていれば赤色 LED が点灯する。また，発振回路によって，ブレッドボードの電源投入後は，赤色 LED がしばらく点灯し，赤色 LED が消灯するとともに緑色の LED が点灯する。NOT が 2 つ直列につながっているので，出力は，反転の反転で入力と同じになっている。

この LED の部分をより高度な演算を行うコンピュータと考えると，緑色 LED が点灯している間は通常の状態であり，赤色 LED が点灯していればリセット信号が入っている状態と考えることができる。

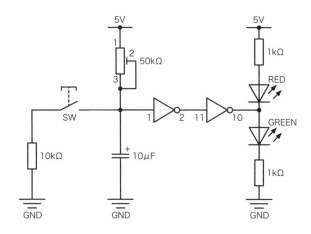

(a) 回路図

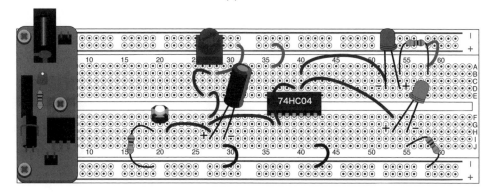

(b) 実装図

図 2.11　LED 点灯回路

<u>実習 1</u>　次の手順にしたがって回路を組み，リセット動作を確認せよ。

① 前節の実習で接続した赤色 LED，抵抗器，コードをすべて取り除く。ただし，実装図（図 2.5 (c)）の LED 点灯回路の左側に十分なスペースがある場合は，赤色 LED のカソードに接続された GND 線を取り除き，回路を再利用しても構わない。

② 実装図を参考に，緑色 LED，赤色 LED を配置する。

③ 抵抗器（1 kΩ）の片端を緑色 LED のカソードと同じ列の穴に，もう片端をブレッドボードの GND ラインの穴に差し込む。

④ 実装図を参考に，IC・74HC04，半固定抵抗器，タクタイルスイッチを配置する。このとき IC は向きに注意してブレッドボードの中央溝をはさむように差し込む。

⑤ IC の 14 番ピンを 5 V に，7 番ピンを GND に，それぞれ赤色コードと黒色コードを使って接続する。

⑥ 青色コードを用いて，NOT の出力 10 番ピンを赤色 LED のカソードおよび緑色 LED のアノードに接続し，入力 11 番ピンを NOT の出力 2 番ピンに接続する。

⑦ 回路図または実装図にしたがって，ブレッドボード上にその他の回路を組む。その際，電解コンデンサの極性に注意すること。

⑧ 半固定抵抗器のツマミを時計回りにまわし，抵抗値を 50 kΩ（最大値）に設定する。

⑨ ブレッドボードの電源基板のスイッチを入れる。

⑩ 電源基板のスイッチを入れた直後，赤色 LED がしばらく点灯し，その後，緑色 LED が点灯することを確認する。すなわち，電源を入れたときにリセット動作が行われていること（パワーオンリセット動作）を確認する。

⑪ 半固定抵抗器のツマミを反時計回りにまわし，抵抗値を最小値（≤ 500 Ω）に設定する。

⑫ タクタイルスイッチを押しながら，赤色 LED のみが点灯するまで，半固定抵抗器のツマミを時計回りにまわし抵抗値を調整する。

⑬ この状態でタクタイルスイッチの押下によるマニュアルリセット，電源基板のスイッチ ON によるパワーオンリセットが正常に動作していることを確認する。

演習 **2.7**　　（IC のしきい値電圧）

タクタイルスイッチを押しながら半固定抵抗器のツマミをまわし，赤色 LED と緑色 LED が両方とも点灯している状態のとき，IC の 1 番ピンにかかる電圧をテスタを用いて測定せよ。また，このときの半固定抵抗器の抵抗値を測定した電圧から推定せよ。

演習 **2.8**　　（CR 回路による時間遅れ）

リセット回路の実習で確認したように，電源を入れた後，しばらくの間，入力は Low で次第に High になっていく。このしくみを説明せよ。

第 3 章

モータ制御回路の作製

- この実習の内容
  - モータを IC を用いて動かす（順転，逆転，停止）。
  - カウンタをつないで，モータを制御する。

- 使用する電子部品，工具等

	数量等		数量等
5 V 電源	1	IC（7291P）	1
ブレッドボード	1	IC（74HC14）	1
LED（赤）	4	IC（74HC191）	1
タクタイルスイッチ	2	単線コード（赤）	
ピンヘッダ（2 pin）	1	単線コード（黒）	
抵抗器（10 kΩ，1/4 W）	2	単線コード（青，黄，緑）	
抵抗器（33 kΩ，1/4 W）	1	単三乾電池	3
抵抗アレイ（1 kΩ×4）	1	直流モータ（3 V）	1
無極電解コンデンサ（10 μF，16 V）	1	電池ボックス	1
		電池スナップ	1
テスタ		ワイヤストリッパ	
ニッパ		引抜き工具	
ラジオペンチ			

1 この実習について

論理 IC を用いたモータの制御を行い，基本的なモータの制御方法および注意点を学ぶ。また，テスタを用いて，適切な電圧が出力されているかを確認しながら回路を作製することで，安全確認を意識したものづくりを実践する。

本実習で最終的に作製する回路は，発振回路を用いてクロックを発生し，適切なタイミングで，モータを順転，逆転，停止させるモータ制御回路である。しかしながら，最初から最終的な回路を作製すると不具合が生じたときに，その原因の特定が困難になる。そのため，まず，モータを論理 IC を用いて制御する回路を作製する。このとき，入力信号はタクタイルスイッチにより手動での操作により入力する。次に，クロック生成回路，カウンタ回路を作製し，最後にカウンタとモータ制御回路をつなぐことで，適切なタイミングでモータを制御する。

2 直流モータを IC で制御する

直流モータは，端子の電圧の方向を替えることにより回転の方向が反転する。また端子間をショートさせると，モータ回転時は発電状態となりブレーキがかかる。この実習では，モータの回転方向やブレーキを電気的に制御することを学ぶ。

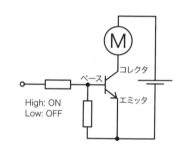

図 3.1　トランジスタによるモータ制御

モータのような駆動系は，コンピュータ等の制御系に比べて大きな電力が必要であり，Arduino や論理 IC ではモータを直接制御することができない。そのためモータの駆動制御のためには，ある程度電流の流せるトランジスタあるいはモータ駆動のための IC が必要となる。また，モータは負荷により電圧が変動しやすい。電圧の変動はコンピュータの誤作動につながるため，駆動系と制御系の電源は別にした方が望ましい。

2.1 この実習の主役

1) モータ制御 IC：7291P

最も基本的なモータ制御は，図 3.1 に示すトランジスタによる ON/OFF 制御である。トランジスタのベースに電圧をかける（入力を High にする）と，エミッタ – コレクタ間に電流が流れモータは回転し，電圧を 0 V にする（入力を Low にする）とモータは停止する。

モータ制御用 IC，7291P は図 3.2 に示すような 10 ピンの IC で，トランジスタの ON/OFF 制御を 4 個組み合わせた H ブリッジと呼ばれる回路が組み込まれている（28 ページのコラム参照）。表 3.1 のように，2 つの入力ピン IN1，IN2 の信号を切り替えることにより，出力ピン OUT1，OUT2 が切り替わり，モータの順転，逆転，およびブレーキをかけること

ができる（順転・逆転の向きについては図 3.3 参照）。Vcc にはデジタル回路用の 5 V を，Vs および Vref にはモータ駆動用の電圧（ここでは乾電池 3 本の 4.5 V）を加える。

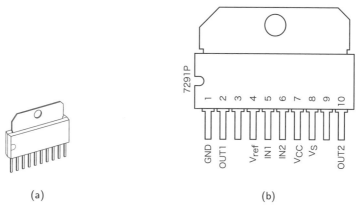

(a)　　　　　　　　　　　　(b)

図 3.2　モータ制御 IC 7291P

表 3.1　7291P によるモータの制御

入力		出力		
IN1	IN2	OUT1	OUT2	動作
Low	Low	∞	∞	自然停止
Low	High	Low	High	順転
High	Low	High	Low	逆転
High	High	Low	Low	ブレーキ

∞ は絶縁状態を表す。

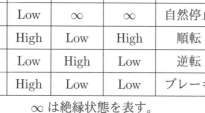
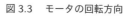

図 3.3　モータの回転方向

2) 集合抵抗（抵抗アレイ）

すでに学んだように，LED や入力用スイッチは通常抵抗器を介して電源と接続する。本実習では 4 つの LED を用いて 4 bit の 2 進数表示するため，同じ抵抗器が 4 本必要となる。このようなとき，図 3.4 上に示す集合抵抗（抵抗アレイ）を用いると便利である。集合抵抗は，複数の同じ抵抗器（普通は 4，8 本）を片端を共通にして DIP 規格に合う間隔で並べたものである。共通端子には普通●印や|印がついている。

共通端子

2.2　実習：モータを 2 つのスイッチで制御する

2 つのタクタイルスイッチ（押しボタン）によってモータを制御するための回路図を図 3.5 に示す。2 つのスイッチの状態の組み合わせにより，順転，逆転，ブレーキとなる。NOT のロジック IC（74HC14）を用いて，

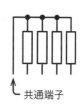

共通端子

図 3.4　集合抵抗
（抵抗アレイ）

スイッチを押したときに 1（High・5 V）がモータ制御用 IC へ入力されるようにしてある。

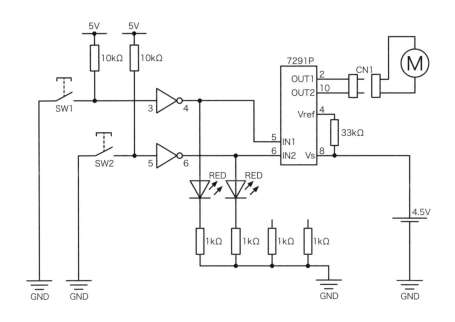

図 3.5　モータ制御回路 1（押しボタン式）

モータは，ピンヘッダを用いてコネクタと接続する。ピンヘッダは短い方をブレッドボードに差し込む。回路図では，四角い記号で接続部を表してある。

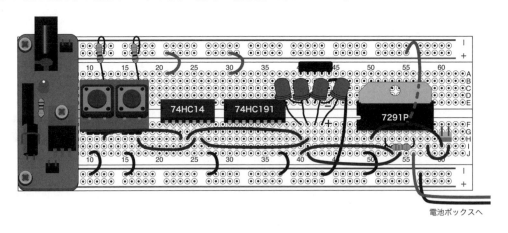

電池ボックスへ

図 3.6　モータ制御回路 1 実装図

<u>実習 1</u>　次の手順にしたがってモータ制御回路を組み，モータの動作を確認せよ。

　　　① 回路図（図 3.5）および実装図（図 3.6）にしたがって，ブレッドボード上に 2
　　　つのタクタイルスイッチ（SW1，SW2），2 つの IC（74HC14 および 7291P），4
　　　つの LED（赤 ×4，<u>実習 1</u>では左側の 2 つのみを使用），ピンヘッダを取り付け
　　　る。このとき IC の向き，LED の極性に注意する。特に 7291P の 5 V ラインを

IC をまたがずに接続するため，実装図では 7291P をブレッドボードの分離溝の 2 段下に配置している。

② さらに，実習 1 では使用しないがスペース確保のため，カウンタ IC（74HC191）を取り付ける。

③ すべての IC に赤色コードで 5 V ラインと黒色コードで GND ラインを接続する。また，タクタイルスイッチの GND ラインを黒色コードで接続する。

④ タクタイルスイッチのプルアップ抵抗および LED の集合抵抗を接続する。さらに集合抵抗の共通端子と GND ラインを黒色コードで接続する。

⑤ SW1，SW2 からの信号をそれぞれ NOT の 3，5 番ピンに接続する。

⑥ NOT の 4，6 番ピンからの出力をそれぞれ 1 番左側の LED，左から 2 番目の LED に接続する。さらに 7291P の IN1，IN2（5 番ピン，6 番ピン）へ接続する。

⑦ 7291P の出力 OUT1，OUT2（2 番ピン，10 番ピン）をピンヘッダへ接続する。

⑧ 7291P の Vref，Vs（4 番ピン，8 番ピン）を抵抗器を介して接続する。

⑨ ブレッドボードの電源を入れる。

⑩ SW1，SW2 の ON/OFF に応じて，2 つの LED が適切に点灯，消灯することを確認する。

⑪ 7291P の 8 番ピンに電池スナップの赤色コードを，GND ラインに黒色コードをつなぎ，SW1，SW2 の ON/OFF4 通りについて，モータ出力 OUT1，OUT2 の電圧をテスタで測定する。

　（測定棒黒を GND へ，測定棒赤を OUT1，OUT2 の各ピンヘッダに接触させそれぞれ測定する）

⑫ ピンヘッダにモータを接続する。

⑬ SW1，SW2 の ON/OFF に応じてモータが順転・逆転・停止等の動作を行うことを確認する。

column：**H** ブリッジ回路の仕組み

モータ制御用 IC・7291P には，下図のようにトランジスタ 4 つがアルファベットの H の形に接続された回路（H ブリッジ回路）が組み込まれている。これらのトランジスタの ON/OFF の組み合わせでモータに流れる電流を制御する。図 (a) のように Tr_1 と Tr_4 を ON，Tr_2 と Tr_3 を OFF にすると，モータには右から左へ電流が流れる。これらのトランジスタの ON/OFF を逆転させると，図 (b) のようにモータに流れる電流が逆転する。一方，Tr_1 と Tr_2 を OFF，Tr_3 と Tr_4 を ON にすると，モータの両端がショートの状態になりブレーキがかかる。また，すべてのトランジスタが OFF になると（図 (d)），モータは絶縁状態となり，モータには駆動力・制動力は働かず，摩擦により自然に停止する。

各トランジスタにつけられているダイオードは，スイッチの切り替えの際に生じる，モータからの大きな誘導起電力によってトランジスタが破壊されるのを防ぐためである。（スイッチなどによりモータ内のコイルに流れる電流が変化したとき，その変化を妨げる方向に起電力が発生する）

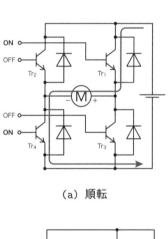

（a）順転

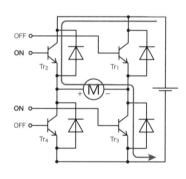

（b）逆転

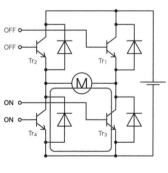

（c）ブレーキ

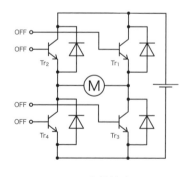

（d）自然停止

演習 **3.9**　　（H ブリッジ IC の内部論理回路）

(1) IC 7291P の入力 IN1，IN2 に対して，期待通りの出力（表 3.1）が得られるように，H ブリッジのトランジスタ Tr_1〜Tr_4 へ 4 通りの入力を与えたい。IN1，IN2 を入力したとき，Tr_1〜Tr_4 が出力となるような論理回路を組め。

IN1	IN2	Tr_1	Tr_2	Tr_3	Tr_4	動作
0	0	0	0	0	0	停止
0	1	1	0	0	1	順転
1	0	0	1	1	0	逆転
1	1	0	0	1	1	制動

(2) H ブリッジ回路で，Tr_1，Tr_3 が同時に ON，もしくは Tr_2，Tr_4 が同時に ON になった場合はどうなるか。

3　モータをカウンタで制御する

　カウンタ IC の 2 つの出力をモータ制御の入力信号として利用することにより，カウンタの値の変化に応じてモータが順転・逆転・停止する回路を製作する。また，押しボタンの代わりに発振回路を組み込み，自動的にモータの動きが変化するようにする。

3.1　この実習の主役

1)　カウンタ IC：74HC191

　カウンタとは入力信号（クロック）が入るたびに出力を 1 ずつ増やす，あるいは減らす機能をもった IC である。74HC191 は 4 bit カウンタと呼ばれる 16 ピン IC で，クロック入力（CLK：CLocK input）が立ち上がる（0 から 5 V になる）ごとに，4 bit 出力（Q_A〜Q_D）を 1 増，あるいは 1 減する。これにより 16 進数 1 桁に相当する 0 から 15 までをカウントする。カウントアップ（増加）の場合は $(1111)_2$ の次に $(0000)_2$ に戻り，カウントダウン（減少）の場合は $(0000)_2$ から $(1111)_2$ に戻る。

　図 3.7 に 74HC191 のピン配置図を示す。カウ

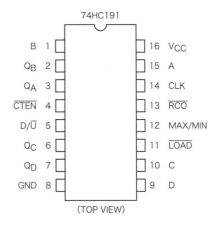

図 3.7　74HC191

ントを有効にするため，$\overline{\text{CTEN}}$（CounT ENable）を 0 V にすることで（GND に接続），A〜D は初期値の入力に用い，$\overline{\text{LOAD}}$ を 0 にすると，この値が初期値としてセットされるが，今回は使用しないので，$\overline{\text{LOAD}}$ は 5 V に接続しておく。D/$\overline{\text{U}}$ はカウントダウンまたはカウントアップを指定するピンで GND（カウントアップ）に接続することで，カウントアップ

に設定する。出力に桁上がり，すなわち $(1111)_2$ から $(0000)_2$ に変化するとき，$\overline{\text{RCO}}$ が 0 となる（その他の変化では 1 のまま）。すなわち，これは繰り上がりのクロックに相当し，これを別のカウンタ IC に接続すれば 16 進数 2 桁目以降のカウントができる。

3.2　実習：モータの動きをカウンタで制御する

　図 3.8 はカウンタ回路とモータ制御回路を組み合わせたものである。はじめにカウント動作を確認するために，押しボタン式のカウンタ回路を製作する。そのためカウンタのクロック入力には押しボタン（図 3.9 (a)）が接続されていて，ボタンを押すたびにカウンタの値が増加する。次に 5 Hz 程度の発振回路（図 3.9 (b)）をクロックとして入力し，このクロックに合わせてモータの動きを変化させる。

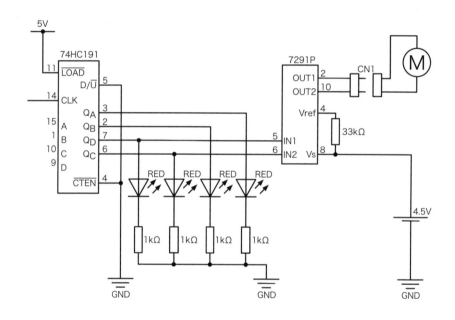

図 3.8　モータ制御回路 2

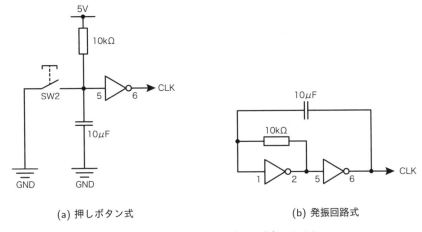

(a) 押しボタン式　　　　　　　　(b) 発振回路式

図 3.9　モータ制御回路 2 のクロック信号生成部

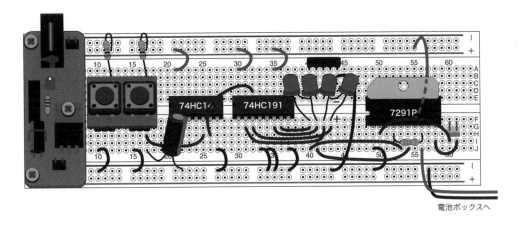

図 3.10　モータ制御回路 2 実装図（押しボタン式）

実習 1　次の手順にしたがってカウンタ回路を組み，カウンタの動作を確認せよ。

　① 前節で組み立てたモータ制御回路の電源を切り，モータのコネクタをはずす。

　② 図 3.10 の実装図にしたがって，SW2 だけを使用し，SW2 の出力，すなわち NOT の 6 番ピンからの出力をカウンタの CLK へ接続する。このとき NOT 回路から直接 LED に接続されているコードもはずす。

　③ カウンタ IC（74HC191）の 5 V ライン（16 番，11 番）と GND ライン（4 番，5 番，8 番）をそれぞれ赤色コード，黒色コードで接続する。

　④ カウンタの出力 Q_A〜Q_D を 0 bit〜3 bit 目に対応する LED に青または黄色のコードでそれぞれ接続する。

　⑤ ブレッドボードの電源を入れ（モータのコネクタはまだ接続しない），ボタンを押すたびに 4 bit LED がカウントアップすることを確認する。このときボタンを 1 回しか押していないのに，カウンタが複数回分増加することがある。これ

はチャタリングと呼ばれる，ボタン内部の機械的振動によるものである。本回路では，チャタリングを防止するために，発振回路で使用する電解コンデンサ（10 μF）を SW2 と GND の間へ接続する。

<u>実習 2</u>　次の手順にしたがって発振回路入力に変更し，モータの動作が自動的に変化することを確認せよ。

　　① 電源を切り，実習1の押しボタン入力（図 3.9 (a)）をはずす。

　　② 図 3.8 の回路図にしたがって，抵抗器（10 kΩ）と無極性電解コンデンサ（10 μF），NOT 回路で発振回路（図 3.9 (b)）を組み，カウンタの CLK へ入力する。

　　③ 電源を入れると，5 Hz 程度の周期でカウンタ出力の LED が点滅し，3 桁目 Q_C，4 桁目 Q_D の LED の点灯状態にしたがって，モータの動きが自動的に変化することを確認せよ。

演習 **3.10**　（モータ動作のタイムチャート）

下図は図 3.8 のクロック入力 CLK に対する，モータへの出力 Q_C（3 桁目），Q_D（4 桁目）とモータの動作を示したタイムチャートである。16 クロック分のチャートを完成させよ。ただし，カウンタの初期値は 0000 とする。

なお，カウンタ出力 Q_A（1 桁目），Q_B（2 桁目）は，例として記入済みである。

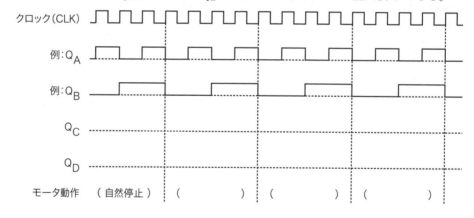

第 4 章

加算回路の作製

- この実習の内容
  - 2 進数 2 桁の足し算をする。
  - 2 進数を 10 進数で表示する。

- 使用する電子部品, 工具等

	数量等		数量等
LED（緑）	2	IC（74HC08）	1
LED（赤）	1	IC（74HC86）	1
7-seg.LED（カソードコモン）	1	IC（74LS248）	1
DIP スイッチ（4 bit）	1	単線コード（赤）	
抵抗器（1 kΩ, 1/4W）	3	単線コード（黒）	
集合抵抗（1 kΩ×4）	1	単線コード（青, 黄, 緑）	
5 V 電源	1		
ブレッドボード	1		
テスタ		ワイヤストリッパ	
ニッパ		引抜き工具	
ラジオペンチ			

1　この実習について

　加算回路を作製することで，コンピュータ内部の演算が，論理演算の組み合わせにより実現されていることを体感する。また，これまでのデジタル回路実習の集大成として，実装図に頼らずに回路を作製する。

　本実習では，まず演算結果の出力をLEDにより2進数表現する加算回路を作製する。次に，この出力を10進数表示用のLEDを用いて出力させる。さらに，複数の加算回路を組み合わせることで，2進数3桁以上の足し算を実現する。

2　2進数2桁の足し算回路をつくる

　コンピュータの内部では，情報を2進数で表現し論理演算を組み合わせることで算術演算が行われている。ここでは，2桁（2 bit）の足し算を実行するデジタル回路を組み，結果を10進数で表示する計算機を作製してみよう。

2.1　論理演算による算術加算

　2進数1桁の足し算を行う回路を加算器と呼ぶ。加算器には，半加算器と全加算器がある。半加算器は，下位の桁からの桁上がりを考慮しない1 bit同士の足し算を行う回路である。これに対して全加算器は，下位の桁からの桁上がりを考慮した1 bit同士の足し算を行う3入力2出力の回路である。

1) 半加算器

　2進数1桁の足し算の結果は最大2になるため，出力は2進数2桁となる。そのため2進数1桁の足し算の組み合わせは，$0+0=00$, $0+1=01$, $1+0=01$, $1+1=10$の4通りとなる。1桁だけの足し算の結果（Sum）と桁上がり（Carry）の有無を論理演算により演算することで，結果が得られる。

　半加算器による演算は，2つの入力をA，B，出力の上位ビット（桁上がり），下位ビットをそれぞれC，Sとすると，次の真理値表で表わせる。真理値表を見ると，出力Cは入力AとBの両方が1のときのみ1となっていることから，入力AとBのAND演算になっていることがわかる。同様に，出力Sは入力AとBのどちらか片方が1のときのみ1となっていることから，入力AとBのXOR演算になっていることがわかる。すなわち，半加算器による1 bitの足し算はXORとAND演算で実現できる。

表4.1　半加算器の入出力

入力		出力	
A	B	C	S
0	0	0	0
0	1	0	1
1	0	0	1
1	1	1	0

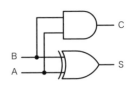

図4.1　半加算器の論理回路

　論理回路は，図4.1のようになる。入力A，Bを分岐し，XOR回路を通したものを足し算の結果S，AND回路を通したものを桁上がりCとして出力する。このようにコンピュー

タの内部では，様々な演算を論理演算の組み合わせにより実現している。

2) 全加算器

　全加算器は，下位の桁からの桁上がり
を考慮するため，3入力2出力の回路と
なる。全加算器の論理回路を，図4.2に
示す。半加算器を用いて入力 A, B の加
算演算を行い，その加算結果と下位ビッ
トからの桁上がり C_i との加算結果をも
う1つの半加算器を用いて演算してい
る。さらに，それぞれの半加算器の桁上

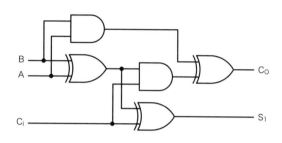

図4.2　全加算器の論理回路

がりを XOR 回路を通したものを全加算器の桁上がりとして出力する。一般的な全加算器
では，それぞれの半加算器の桁上がりを足し合わせるにの OR 回路を使用するが，本実習
では XOR および AND のロジック IC を用いて加算回路を作製するため，XOR 回路を通
している。

2.2　この実習で使用する電子部品

1) ロジックIC（XOR，AND）

　半加算器の例で見たように1 bit の足し算は XOR と AND 演算で実現できる。これらの
論理演算を実際に行うための素子が，図4.3に示す14ピン-IC，74HC86（XOR），74HC08
（AND）である。それぞれ4つの XOR 回路あるいは AND 回路が入っている。例えば，
74HC86 の1番ピン，2番ピンに入力を入れると，3番ピンから入力に対応する XOR 演算
結果が出力される。使用する際は，いずれも14番ピンを5Vに，7番ピンを GND に接続
する。

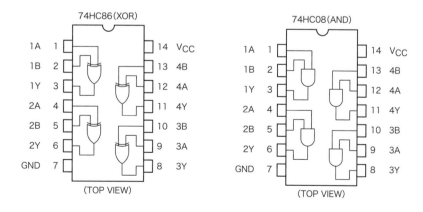

図4.3　74HC86（XOR）および74HC08（AND）

2) DIP スイッチ

DIP（Dual In-line Package）スイッチ（図 4.4）は，DIP 規格に合わせてつくられた小型スイッチの集合体である。デジタル機器の設定のためにしばしば基板上に実装される。この実習では，スイッチの ON/OFF で 2 進数を表現し足し算の入力インターフェースとして用いる。

図 4.4　DIP スイッチ

2.3　実習：2 bit の加算回路をつくる

本実習で作製する回路の加算演算部と 10 進数表示部は機能的に独立しているため，まず，2 bit 加算回路を作製し動作を確認した後，10 進数表示回路を作製する。図 4.5 に 2 bit 加算回路を示す。図 4.1 の半加算器と図 4.2 の全加算器とを組み合わせたものになっていることがわかる。

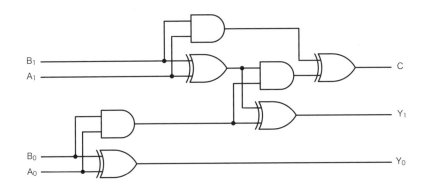

図 4.5　2 bit 加算回路の論理回路

この回路に，2 bit の数値（A_1，A_0 および B_1，B_0）の入力用スイッチおよび，3 bit の数値（C，Y_0，Y_0）の出力用 LED を接続して，2 bit 加算回路を作製する。以下では，図 4.7 に示す主要部品の実装図を元に説明する。

ここでは，桁上がりのビットを区別するために，赤 LED と緑 LED を使用する。図 4.7 に示すように LED を用いることで，ビットごとに LED の点灯，消灯による視覚的に計算結果を確認できる。例えば，最下位ビットの演算結果は XOR 演算のみで確定するため，数本のコードを接続した時点で回路の動作確認ができる。

実習1　図 4.6 に示す回路図を参考に，次の手順にしたがって加算回路を組み，演算結果を確認せよ。

　　　① 回路図または実装図（主要部品）にしたがって，2 つの IC（74HC08 および 74HC86），集合抵抗（共通端子に注意する），4 bit DIP スイッチ（ON 側を手前にする），3 つの LED（赤，緑 ×2）を取り付ける。

　　　② 2 つの IC の 14 番ピンに赤色コードで 5 V ライン，7 番ピンに黒色コードで GND

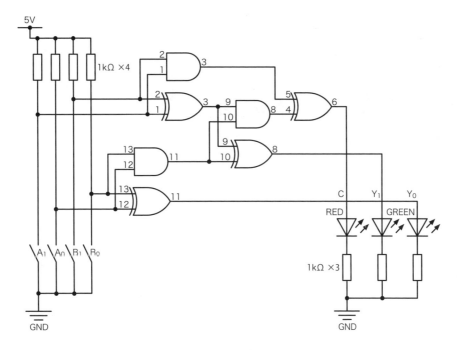

図 4.6   2 bit 加算回路図

ラインにつなぐ。

集合抵抗の共通端子を赤色コードで 5 V ラインにつなぐ。

3 つの LED のカソード側をそれぞれ 1 kΩ の抵抗器を介して GND ラインにつなぐ。

③ 加算回路のうち，1 桁目（0 bit 目）に相当する A_0，B_0 スイッチからの信号を XOR の 12，13 番ピンに接続する。XOR の出力である 11 番ピンと LED（Y_0）を接続する。（計 3 本）

④ ブレッドボードの電源基板のスイッチを入れる。

A_0，B_0 スイッチを ON/OFF して（4 通り），1 桁目の演算が正しいかどうか確かめる。

⑤ ブレッドボードの電源基板のスイッチを切る。

加算回路のうち，2 桁目（1bit 目）に相当する A_1，B_1 スイッチからの信号を XOR の 1，2 番ピンに接続する。

XOR の出力である 3 番ピンを 9 番ピンと接続する。AND の出力である 11 番ピンと XOR の 10 番ピンとを接続する。

A_0，B_0 スイッチからの信号を AND の 12，13 番ピンに接続する。

XOR の出力である 8 番ピンと LED（Y_1）を接続する。（計 7 本）

⑥ ブレッドボードの電源基板のスイッチを入れ，A_1〜B_0 スイッチを ON/OFF して（5 通り），2 桁目の演算と桁上がりがある場合の 1 桁目の演算が正しいかど

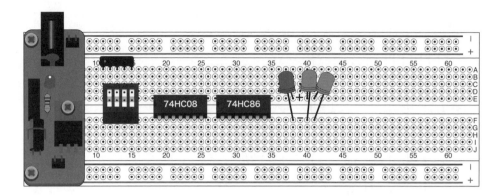

図 4.7　2 bit 加算回路（主要部品の実装図）

うか確かめる。

⑦ ブレッドボードの電源基板のスイッチを切り，残りの回路を完成させる。

A$_1$，B$_1$ スイッチからの信号を AND の 1，2 番ピンに接続する。AND の出力である 11 番ピンと 10 番ピン，XOR の出力である 3 番ピンと AND の 9 番ピン，AND の 8 番と XOR の 4 番ピン，AND の 3 番と XOR の 5 番ピンとを接続する。

XOR の 6 番ピンと LED（C）とを接続する（計 7 本）。

⑧ ブレッドボードの電源基板のスイッチを入れ，桁上がり（2 bit 目）を含め 2 bit の加算回路全体が正しく動作することを確かめる。（2 bit 加算の表（演習 4.11）を完成させる）

演習 **4.11**　　（2 bit 加算）

作製した加算回路を用いて，次の 2 bit 加算 $A + B = Y$（繰り上がり C）の表を完成させよ。

$A + B$	C	Y_1	Y_0	$A + B$	C	Y_1	Y_0
00+00	0	0	0	10+00			
00+01				10+01			
00+10				10+10			
00+11				10+11			
01+00				11+00			
01+01				11+01			
01+10				11+10			
01+11				11+11			

3　10 進数で LED 表示する

　前節で作製した加算回路では，2 bit の足し算の結果を 3 つの LED の点灯/消灯により 3 bit の 2 進数で表現した。この実習では，この出力を 10 進数表示用の LED を用いて，0 ～6 の数字を出力させる。

3.1　この実習で使用する電子部品

1) 7 セグメント LED

　7 セグメント LED は図 4.8 に示すような数字表示用の 10 ピンの LED であり，数字の部分が a から g の 7 つの LED から構成されているため，このように呼ばれる。例えば，7 つすべての LED を点灯させると "8" という表示になり，e と f の LED を消灯すると "3" という表示になる。7 つの LED の接続には，カソードを共通にしたカソードコモンタイプとアノードを共通にしたアノードコモンタイプがあるが，この実習ではカソードコモンタイプを用いる。

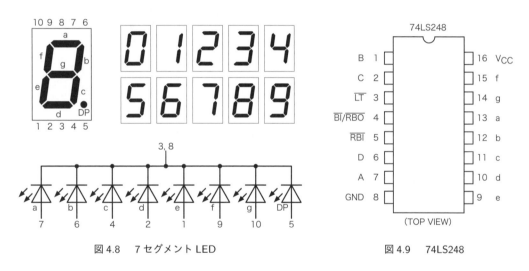

図 4.8　7 セグメント LED　　　　　　　　図 4.9　74LS248

2) BCD-7 セグメントデコーダ

　加算結果（3 bit）を 10 進数で表示させるためには，2 進数データを上記の 7 セグメント LED 表示用に変換しなければならない。例えば，3 bit の 2 進数 001 というデータは，LED の a～g のうち b と c だけ点灯（1）し，残りを消灯（0），すなわち 0110000 としないと，"1" という表示にならない。このような変換は基本的な論理 IC の組み合わせでも可能ではあるが，かなり面倒になるため変換用の IC を用いる。この実習では，図 4.9 に示す 74LS248 という 16 ピン IC を用いる。74LS248 は，10 進数を 4 bit の 2 進数で表現し，上位ビットから順に DCBA ピンへ入力すると，a～g ピンから 7 セグメント LED 表示用のデータが出力

されるデコーダである[1]。特に 74LS248 では内部回路の構成により，LED 点灯用の電流制限抵抗器を介することなく，直接 LED を接続することができる。

3.2　実習：加算結果を 10 進数で LED 表示する

　図 4.10 は 2 bit 加算の結果を，3 つの LED に加えて，7 セグメント LED に接続した回路図である。74LS248 にはいくつかの制御用入力ピンがある。$\overline{\text{LT}}$（Lamp Test：0 のときすべて点灯），$\overline{\text{RBI}}$（Ripple Blanking Input：0 のときすべて消灯）は High（5 V）に接続する。また，入力の 4 bit 目（2^3 bit）D は常に 0 であるため，GND に接続しておく。

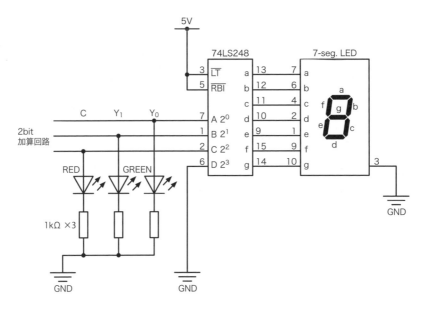

図 4.10　2 bit 加算，7 セグメント LED 表示部回路図

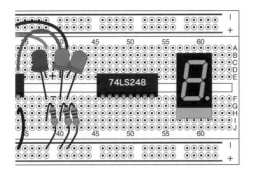

図 4.11　2 bit 加算，7 セグメント LED 表示部実装図

---

[1] デコード（decode）とは，コード化されたデータをもとに戻すことを意味する。例えば暗号を解読するようなことを意味する。一般に，ビット数の少ないデータからビット数の多いデータへ変換することをデコードという。逆にデータを暗号化（符号化）するような作業をエンコード（encode）という。

<u>実習 1</u>　次の手順にしたがって前節で組んだ加算回路に 7 セグメント LED を加え，演算結果を確認せよ。

　① 前節で作製した回路（図 4.7）の電源を切る。

　② 実装図にしたがって，74LS248 および 7 セグメント LED を取り付ける。

　　74LS248 の 16 番ピンを 5 V に，8 番ピンを GND に接続する。

　　7 セグメント LED の 3 番ピンを GND に接続する。

　③ 回路図にしたがって，加算回路の出力 C，Y_1，Y_0 を 74LS248 の入力ピン C，B，A に接続する。また，74LS248 の入力 D（4 bit 目）は常に 0 であるため GND に接続する。

　④ 74LS248 の $\overline{\text{LT}}$，$\overline{\text{RBI}}$ を 5 V に接続する。

　⑤ 74LS248 の出力と 7 セグメント LED の入力ピンを接続する。

　⑥ DIP スイッチによって，入力の 2 bit データ A，B をそれぞれ $(00)_2$ に設定する。

　⑦ 5 V 電源を接続し，演算結果が $(000)_2$ になっていることを確認する。

　⑧ 入力 $A + B$ を，$0 + 1$（$(00)_2 + (01)_2$）から $3 + 3$（$(11)_2 + (11)_2$）まで順番に設定し，加算結果が "1" から "6" まで正しく 10 進数で出力されることを確かめる。

演習 4.12　　（2 bit デコーダ・エンコーダ）

(1) 下の真理値表に示す 2 bit の 2 進数（00〜11）を入力したとき，出力ピン 0，1，2，3 がそれぞれ 1000，0100，0010，0001（入力値に対応するピンのみ 1）となるようなデコーダを，AND および OR 等の論理回路を用いて組み立てよ。

(2) 下の真理値表に示す入力ピン 0，1，2，3 の入力を 1000，0100，0010，0001 としたとき，出力 b，a が入力ピンに対応する 2 進数 00〜11 となるようなエンコーダを，AND および OR 等の論理回路を用いて組み立てよ。ただし，「0」が 1 の場合は 1〜3 の 0，1 に関わらず a = b = 0 となるものとする。

b	a	0	1	2	3
0	0	1	0	0	0
0	1	0	1	0	0
1	0	0	0	1	0
1	1	0	0	0	1

3.3　実習：3 bit 以上の加算回路をつくる

　前項では，半加算器と全加算器とを組み合わせることで 2 bit 加算回路を作製した。この 2 bit 加算回路にさらに全加算器を加えることで，3 bit の加算回路を作製することができる。図 4.12 に 3 bit 加算回路を示す。半加算器と 2 つの全加算器により構成される。2 bit

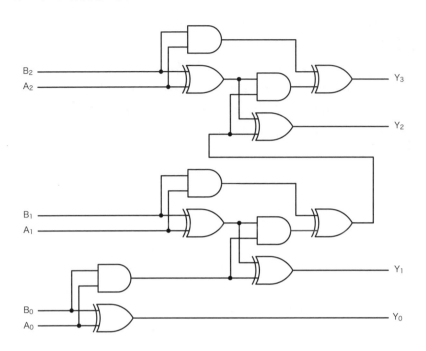

図 4.12 3 bit 加算回路の論理回路

加算回路の桁上がりを下位からの桁上がりとして，3 bit 目の入力 A_2，A_2 と合わせて 2 つ目の全加算器に入力することで，Y_2，Y_3 を出力する。このように，2 bit 加算回路にさらに全加算器を加えていくことで，3 bit 以上の加算回路を作製することができる。

1) 実習：3 bit 加算回路をつくる

実習 1　次の手順にしたがって前項で組んだ加算回路を 2 台を組み合わせ，3 bit 加算回路を作製し，演算結果を確認せよ。以下の説明では，使用する回路 2 台を回路 A，回路 B とする。また，回路 A を下位 2 bit 用，回路 B を最上位ビット（3 bit 目）用の回路として利用する。

① 前項で作製した回路 2 台の電源を切る。

② 回路 B の AND の 10 番と 11 番，AND の 11 番と XOR の 9 番ピンを接続している配線を取り除く。

③ 回路 A の XOR の 6 番と回路 B の XOR の 9 番ピン，回路 A の XOR の 6 番と回路 B の AND の 10 番ピンを接続する。

④ DIP スイッチによって，入力の 3 bit データ A，B をそれぞれ $(000)_2$ に設定する。

⑤ ブレッドボードの電源基板のスイッチを入れ，演算結果が $(000)_2$ になっていることを確認する。

⑥ 入力データ A，B を任意の値（例えば，3 + 3，5 + 2，4 + 5，7 + 7 など）に設定し，加算結果が正しく出力されることを確認する。

第 II 部

プログラミング実習

第 1 章

Arduino と BOE Shield-Bot

- この実習の目標
  - Arduino と BOE Shield-Bot の概要について理解する。

1 Arduino について

1.1 マイクロコントローラについて

　マイクロコントローラ（マイコン）とは，一般的にサイズが小さく低価格であり，コンピュータとして動作する最低限の回路を収めたチップのことである。身近なコンピュータとしては，パーソナルコンピュータ（パソコン）が挙げられる。パソコンでは，その機能上重要な役割を担う CPU，メモリ，ハードディスクは，それぞれが別部品として提供されているが，マイコンではそれらが同一チップ内に収められている場合がほとんどである。そのため，少しの外付け部品を追加するだけ（＝低コスト）でコンピュータとして動作させることができる。パソコンでは，音楽を聴きながらワープロソフトを立ち上げキーボードで文字を入力することができるが，マイコンを使って同じことをするのは非常に困難である。パソコンは元々汎用的に使うことを目的に設計されているのに対し，マイコンは，特定の用途に特化して使われる場合がほとんどである。パソコンは高機能である反面，高コストであるが，マイコンは機能的にはパソコンに劣るが，特定の用途に特化することでその弱点を補い，低コストであるメリットを活用して大部分の家電製品や工業製品に使われている。

1.2 Arduino Uno 基板の概要

　マイクロコントローラ ATmega328P と周辺回路を 1 つの基板にまとめたものが Arduino Uno である（図 1.1）。Arduino Uno は，オープンソースのハードウェアであり，基板製作に必要な情報がすべて公開されている。基板の回路図 [1] を図 1.2 に示す。Arduino Uno 基板の回路は，その役割から大きく通信部，演算部，電源部の 3 つの部分に分けられる。

図 1.1　Arduino Uno 基板

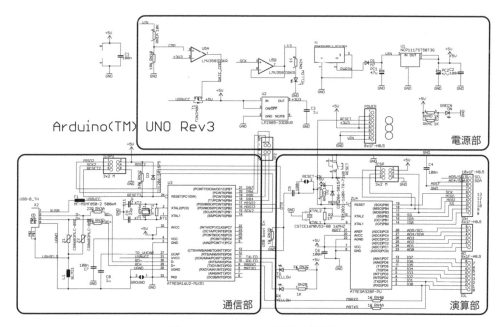

図 1.2　Arduino Uno 基板の回路図

1) 通信部

　通信部は，USB 端子に接続されたパソコン等の機器と通信する役目をもつ回路が実装されている。その中心は，ATmega16U2 である。ATmega16U2 は，USB を制御する回路を内部に持ち，USB 機器と ATmega328P との通信を仲介する役目を担っている。そのメモリには，通信をおこなうプログラムが書き込まれており，USB 機器との通信に特化した動作をおこなう。このようなマイコンにあらかじめ書き込まれた，特定の機能を持つプログラムをファームウェアとよぶ。ATmega16U2 を介した通信には，信号を 1 bit ずつ順番に送信するシリアル通信が使われている。ここで実際に信号として送受信するのは電圧となっている。これは，ATmega16U2 や ATmega328P の入力回路には，シュミットトリガバッファが使われているためである。詳しくは，デジタル回路の書籍を参照するとよい。

2) 演算部

　演算部では，メモリ上に保存されたプログラムを順番に実行していく。パソコンで作成したプログラムは，通信部である ATmega16U2 を経由して演算部である ATmega328P に送られる。この時プログラムは，マイコンが実行可能な機械語と呼ばれる形式で ATmega328P のフラッシュメモリ（ROM）に保存される。命令実行時には，ATmega328P は，保存された機械語を順番に実行していくことになる。例えば，後述する統合開発環境である Arduino IDE 上で LED 点灯プログラムを作成したとする。そのプログラムは，Arduino IDE にあるコンパイラによって機械語に変換され，ATmega16U2 を経由し ATmega328P に届く。そして，ATmega328P が受信した機械語は，フラッシュメモリに書き込まれる。その結果，Arduino Uno の電源を入れると，ATmega328P 内で機械語が実行され，LED が点灯することになる。プログラムの作成から実行までの流れの中で，ATmega328P が行っている「プログラムを受信しフラッシュメモリに書き込む」と「フラッシュメモリに書き込んだプログラムを実行する」という 2 つの処理について考えてみよう。実は，Arduino Uno に搭載されている ATmega328P には，これらの処理を行うプログラムが事前にファームウェアとして書き込まれており，その働きのおかげでプログラムを正しく実行することができる。このような，電源投入時にシステムを起動させる働きをするファームウェアを特にブートローダと呼ぶ。そのため，新品の ATmega328P を Arduino 基板に搭載してもブートローダが書き込まれていないため，Arduino として正常に動作しない。そのときは，何らかの方法で新品の ATmega328P にブートローダを書き込む必要がある。Arduino 基板が電源 ON になる，またはリセットされた場合，最初にブートローダが実行される。ブートローダは起動の合図として，13 番ピンにつながっているチップ LED を点滅させる。次に，パソコンからのプログラム（機械語）を受信する態勢に入る。ここでプログラムを受信した場合は，そのデータをフラッシュメモリに書き込む。プログラムが送られてこない場合は，すでにフラッシュメモリに書き込まれているプログラムを実行することになる。

3) 電源部

　マイコンが動作するためには安定した電源が必須であり，Arduino Uno の場合は，電源として 5 V が必要となる。Arduino Uno には，2 種類の電源供給方法があり，1 つは USB 端子を利用する方法，もう 1 つは外部電源を利用する方法である。USB 端子からは 5 V が供給されるので，それを直接 Arduino Uno の電源として使用することができる。外部電源を使う場合は，7 V～12 V の電源を外部電源端子に接続する。その電圧が，レギュレータ IC（NCP1117ST50）により 5 V に降圧され Arduino Uno の電源となる。また，Arduino Uno には，5 V 以外にも 3.3 V を出力するピンが存在する。このピンは，主に 3.3 V で動作するセンサ等の電子部品に，電源を供給するために使われる。この 3.3 V の電圧は，レギュレータ IC（LP2985-33）を使って 5 V から生成されている。USB 給電と外部電源を同時に使用した場合には，USB からの電源を遮断するためのオペアンプ（LM358IDGKR）

と MOSFET（FDN340P）の回路が搭載されている。このオペアンプはコンパレータとして使われており，外部電源電圧の半分と 3.3 V を比較し，外部電源電圧の半分の方が大きい場合には，MOSFET を OFF にすることで USB からの電源供給を遮断する働きがある。

1.3　Arduino にできること

ATmega328P の内部では，メモリ間のデータの移動，データの演算，データの比較が行われている。これらの処理を組み合わせることで，演算，時間計測，電圧の入出力をおこなうことができる。Arduino には，この演算，時間計測，電圧の入出力の機能を持つ命令が準備されており，プログラム作成時には，これらの命令を使用する。

1)　演算

演算を行うのは，マイコン内部の ALU（Arithmetic Logic Unit：算術論理演算器）である。ALU は，AND，OR，NOT 等の論理ゲートを使った組み合わせ回路からなり，論理ゲート自身は，抵抗，ダイオード，トランジスタから構成されている。個々の論理ゲートは，論理積，論理和といった論理演算はできるが算術演算はできない。しかし，複数の論理ゲートを組み合わせることで，算術演算をおこなうことが可能となる。加算器は，論理ゲートを組み合わせた算術演算（加算）の一例であり，ALU において重要な役割を担う基本回路である。プログラム内で使用できる命令には，算術演算，論理演算，ビット演算，シフト演算などの働きを持つ演算子がある。

2)　時間計測

マイコン内で行われる動作のタイミングは，矩形波の周期信号であるクロックによって決まる。Arduino Uno（ATmega328P）の場合，周波数 16 MHz のクロックを使用しているので，クロックの 1 周期は $1/16 \times 10^{-6} = 62.5$ ns となる。

クロックは，マイコンの動作タイミングを決めるだけではなく，時間計測にも使われる。クロックは，連続したクロックパルスの信号であり，Arduino Uno の場合は，1 つのクロックパルスが入力されて，次のクロックパルスが入力されるまでの時間は 62.5 ns となる。したがって，クロックパルスの数をカウントすることで，時間を計測することができる。

Arduino 命令のうち時間を取り扱うものとしては，millis 関数，micros 関数，delay 関数，delayMicroseconds 関数があるが，どの命令も内部でクロックパルスをカウントする処理を行っている。なお，millis 関数と micros 関数は，Arduino の電源が ON になってからの時間を知ることができる命令であり，delay 関数，delayMicroseconds 関数は，処理を一定時間停止する命令である。millis 関数と micros 関数は，計測できる時間に限界があり，millis 関数は約 50 日，micros 関数は約 70 分を経過すると 0 に戻ってしまう。その他には，タイマを利用した指定時間ごとに処理をおこなう機能も存在する。Arduino はクロックパルスを利用して，時間の経過を計測することができるが，現在の時刻を認識することはできな

い。毎日決まった時刻に動作を行いたい，タイムスタンプを付けてセンサの値を保存したい等，実時間を使った処理を行う場合，RTC（Real Time Clock）と呼ばれる外部回路を利用する必要がある。RTC は複数存在するが，どれも専用 IC を使った回路であり，時刻や日時を使った処理に利用される。

3）電圧の入出力

　マイコンには，電圧を入出力する働きを持つ I/O ピン（Input/Output ピン）がある。ATmega328P の場合は，23 本の I/O ピンを持っており，そのうち 20 本が Arduino の I/O ピンとして利用できる。電圧の入出力は，取り扱う電圧の形式によって，デジタル入出力とアナログ入出力に区別される。デジタル入出力は，電圧が High/Low の 2 つの状態を，アナログ入出力では，連続した電圧値を取り扱う。ただし，ATmega328P の内部では，電圧を High/Low の 2 状態を用いて処理するデジタル回路が使われているため，アナログ入出力においても，厳密には連続した値を取り扱えない。

　アナログ入力では，アナログ電圧をデジタル情報に変換する A/D 変換器が使用される。Arduino では，10 bit の A/D 変換器が使われるので，A/D 変換後の 2 進数データについて，その最小桁（LSB）は，5.0/1023＝4.9 mV となる。そのため，4.9 mV 以下の電圧を表現できない。また，アナログ入力命令は，1 回あたり，100 μs の時間がかかるので，時間的にも連続して読み取ることができない。アナログ出力においても，PWM という疑似的なアナログ出力方式を利用しているため，こちらも連続した電圧出力ではない。

　Arduino 命令には，デジタル入出力の働きを持つ命令（digitalRead 関数，digitalWrite 関数）とアナログ入出力の働きを持つ命令（analogRead 関数，analogWrite 関数）が準備されている。電圧の入出力を行う場合は，入力か出力かと，デジタル方式かアナログ方式かの 2 つの要素を考えて適切な命令を使用すること。

　Arduino には，演算，時間計測，電圧の入出力の機能があり，これら 3 つの機能に対応した命令がある。これらの命令とは別に，Arduino には，プログラムの構造を決める制御文が存在する。プログラムの作成は，演算，時間計測，電圧の入出力の 3 つの機能を提供する命令と構造を決める制御文を組み合わせて，いつ，どのような場合に 3 つの機能を実行するのかを記述する作業になる。なお，プログラムの構造を制御構造といい，詳しくは，第 2 章で説明する。

1.4　BOE シールドについて

　Arduino には，シールド（shield）と呼ばれる外部基板が多数販売されている。シールドには，温度センサや距離センサ等の各種センサ類が搭載されたもの，モータドライバや無線接続等の専用 IC が搭載されたものなど，様々なシールド基板（図 1.3）があり，どれも Arduino のピンソケットに直接差し込むだけで使用できる。

　BOE シールド（Board of Education Shield）は，米国 Parallax 社の教育用シールドで

モータドライバシールド　　SDカードシールド　　　　　　センサシールド
(DFRobot RB-Dfr-58)　　(seedstudio sd shield)　　　（イーケイジャパン）

図 1.3　　シールド例

ある。BOE シールドを使うことで，回路の組立ておよび検証が容易になり，Bot と呼ば
れるサーボモータ付き筐体と組み合わせることで，図 1.4(b) に示す 3 輪ロボット BOE
Shield-Bot としても使用できる。BOE シールドには，ブレッドボード，スイッチ，リセッ
トボタンがついている。ブレッドボードは，回路の組み立てに使用し，スイッチはブレッド
ボードとサーボモータに供給する電源の ON/OFF を切り替える（0：OFF，1：ブレッドボー
ドのみ ON，2：ブレッドボードとサーボモータの両方 ON）。リセットボタンは Arduino 基
板のリセットと接続されており，リセットボタンを押すことで Arduino のフラッシュメモ
リに保存されているプログラムが最初から実行される。

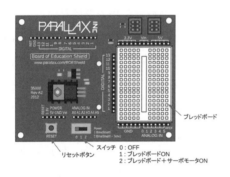

(a) BOE Shield　　　　　　　　　　　　　(b) BOE Shield-Bot

図 1.4　　BOE シールド

2　プログラムの作成

2.1　Arduino IDE の使用方法

　Arduino は Arduino IDE と呼ばれる統合開発環境を利用して，C/C++をベースとした
言語（Arduino 言語）でプログラムを作成する。図 1.5 の Arduino IDE アイコンをクリッ
クすると，Arduino IDE ウィンドウが開きプログラムの入力が可能となる。プログラムを
入力するエディタには，「void setup()」と「void loop()」の文字が表示されている。こ
れらは関数と呼ばれる処理のまとまりを表している。Arduino 言語では，setup 関数と loop

関数という2つの関数が準備されており，setup関数は1度だけ実行したい命令を記述し，loop関数は繰り返し実行したい命令を記述する。すなわちプログラムを実行すると，最初にsetup関数が一度だけ実行され，その後loop関数が繰り返し実行されることになる。一般的にArduinoのプログラムでは，setup関数はその名前の通り主に準備や設定に関係する処理が記述され，loop関数にはプログラムの本体部分が記述されることになる。

図1.5　Arduino IDE

　完成したプログラムはツールバー上のボタンをクリックすることで，プログラムの検証（Verify）やArduinoへの書き込み（Upload）ができる。検証（①）は，プログラムの文法チェックを行い，何か問題がある場合にはコンソール画面にエラーメッセージが表示されるので修正する。プログラムの検証を行った後，問題がなければArduinoにプログラムを書き込む。②の書き込みボタンは，プログラムの検証とArduinoへの書き込みを順番に行うことができる。特別な理由がない場合は，この②を使用すると便利である。

　新規にプログラムを作成する場合，「ファイル」メニューから「新規」を選択すると新たなArduino IDEウィンドウが開く。「ファイル」メニューから「開く...」を選択すると，パソコンに保存されているプログラムを開くことができる。「ファイル」メニューから「保存」を選択すると，ファイルの保存ができる。新規に作成したファイルでは通常，ウィンドウを閉じる際にプログラムを保存するか確認されるので，「Save As...」ボタンをクリックして名前を付けて保存することができる。このときファイル名にはプログラムの内容がわかる名前を付ける。デフォルトでは自動保存する設定となっているため，名前の付いているファイルを編集している場合，編集内容が自動的に保存される。そのため元のファイルを残したい場合は，「ファイル」メニューから「Save As...」を選択し別のファイルとして保存しておく必要がある。

第 2 章

デジタル出力とプログラミングの基礎

- この実習の目標
    - デジタル出力が使用できる。
        * LED，スピーカ，サーボモータを駆動（点灯，音出力，回転）できる。
        * 出力電圧の特徴を理解する。
    - プログラムの構造（順次構造，繰り返し構造，選択構造）を理解する。
        * プログラム中にある「繰り返し構造」と「選択構造」が認識できる。
    - 関数が使用できる。

1　回路の組立て

1.1　Arduino のピンとブレッドボード

　回路は，BOE シールドにあるブレッドボード上に組み立てていく（図 2.1）。ブレッドボードは，パン生地をこねる板を語源とする回路を組み立てるためのボードである。横一列にある 5 つの孔（図中線で結ばれている箇所）は，内部で接続されており，電子部品を差し込むことで部品同士が電気的につながる。また，孔と孔との間隔は，DIP 規格とよばれる一般的な IC のピン間隔と同じになっている。

　ブレッドボードの周囲にある DIGITAL 0〜13 と ANALOG IN0〜5 の各ピンソケットは，Arduino の対応するピンソケットに基板内で配線されている（①と①，②と②）。例えば，BOE シールドの DIGITAL の 7 番ピンは，Arduino Uno の DIGITAL の 7 番ピンと接続されている。

1.2　回路図と回路の組立て

　回路を構成している部品がどのように接続されているかを示した図が回路図である。回路図では，部品は回路記号で表される。抵抗と LED の回路記号を図 2.2 に示す。Arduino 基板については，そのピンのみを回路図に示すこととする。ピンの回路記号は，そのピンの役割が入力ピンか出力ピンを区別するために 2 種類の記号を使用する。入力ピンは，ピン

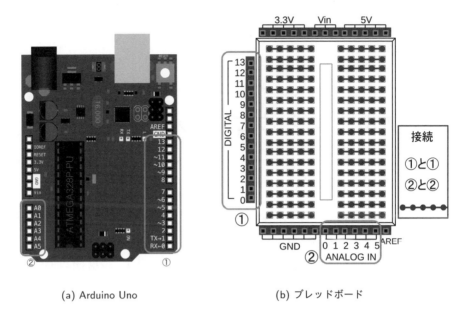

(a) Arduino Uno   (b) ブレッドボード

図 2.1 Arduino のピンとブレッドボード

の電圧を認識する用途，出力ピンは，ピンから電圧を出力する用途として使用される。

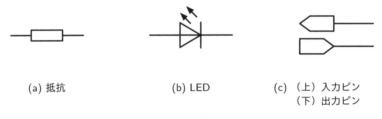

(a) 抵抗   (b) LED   (c)（上）入力ピン
（下）出力ピン

図 2.2 回路記号

　回路を組み立てる場合，部品はブレッドボード上のどの孔に差し込んでも問題ないが，できるだけ回路図と対応させるような配置や信号の流れに沿った配置にすると，トラブルの際，回路の確認がスムーズになる。

2 デジタル出力

2.1 LED の点灯

　赤色 LED と抵抗 470 Ω を直列に接続する。LED は極性をもつ素子であるため，足の長い方（＋：アノード）を高電位側に，足の短い方（−：カソード）を低電位側につなげる。抵抗と LED を直列に接続し，その両端を LED の極性に注意しながら，ピンと GND に配線する。10 番ピンを使う場合の回路図と実装図を図 2.3 に示す。

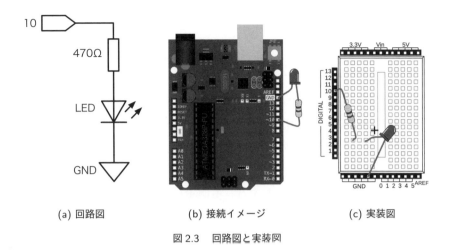

(a) 回路図   (b) 接続イメージ   (c) 実装図

図 2.3　回路図と実装図

```
1  void setup() {
2    pinMode(10, OUTPUT);
3  }
4
5  void loop() {
6    digitalWrite(10, HIGH);
7  }
```

リスト 2.1　LED の点灯（led.ino）

【解説】

　10 番ピンから電圧 5 V を出力している。

【習得すること：プログラム】

- アルファベットの大文字と小文字を区別すること

  ATmega328P 等のマイクロコントローラが実行できる形式を機械語といい，エディタに入力されたプログラムはコンパイラによって機械語に変換される。Arduino IDE では ATmega 用 C/C++コンパイラが使われており，記述するプログラムは C/C++ 言語の規則に従う必要がある。そのためプログラム入力の際は，アルファベットの大文字と小文字を区別する。

- セミコロン

  C 言語の規則として，文の末尾には「；（セミコロン）」を入力する。

- setup 関数と loop 関数

  setup 関数は，プログラムが実行された際，最初に 1 度だけ実行される。そのため主に本体の処理が行われる前の setup（準備）に関する処理が記述される。ここでは 10 番ピンを出力に設定している。それに対して loop 関数は，setup 関数の処理が終了

した後，何度も繰り返し実行される。loop 関数には，プログラム本体が主に記述される。

- pinMode(10, OUTPUT);　　使い方：pinMode(ピン番号，設定);
  10 番ピンを出力に設定する。ピンには入力と出力の役割があり，使用時に役割を設定する必要がある。ピンから電圧を出力する場合は，「出力」＝「OUTPUT」，ピンにかかる電圧を読み取る場合は「入力」＝「INPUT」に設定する。pinMode 関数は最初に 1 度だけ実行すればよいので，setup 関数内に記述する。

- digitalWrite(10, HIGH);　　使い方：digitalWrite(ピン番号，状態);
  10 番ピンから電圧 5 V を出力する。電源電圧 5 V で動作する Arduino Uno は，「HIGH」を指定すると，電源電圧に等しい電圧（＝5 V）がピンから出力される。なお，「LOW」を指定すると，電圧 0 V が出力される。

- OUTPUT, HIGH, LOW など
  プログラム中に，OUTPUT や HIGH，LOW などの関数以外の単語が出現することがある。これらは，別ファイルに定義されているキーワードになり，プログラムがコンパイルされる際，数字に置き換えられて処理される。キーワードを入力するときも大文字と小文字を区別すること。またキーワードの代わりに，数字を直接入力してもかまわない（OUTPUT=1, INPUT=0, HIGH=1, LOW=0 など）。
  なお，これらの定義ファイル Arduino.h は，Arduino IDE 2.2.1 の場合，インストールされているフォルダ以下「\hardware\arduino\avr\cores\arduino\Arduino.h」に存在する。

【習得すること：ハード】

- LED と抵抗について
  LED（Light-Emitting Diode）は，発光ダイオードとも呼ばれる低消費電力，長寿命の光源である。LED の両端にかける電圧を徐々に大きくしていくと，ある電圧を境に発光する。この電圧を順方向電圧（DC Forward Voltage）といい，その大きさは使用する LED によって異なる。例えば，一般的な赤色 LED の場合は，約 2 V 程度の大きさになる。また，LED の明るさは LED に流れる電流によって決まり，流れる電流が大きくなるほど明るく発光する。ただし，LED に流せる電流は最大値が決まっており，それ以上の電流を流すと焼き切れてしまう。
  実際に LED を使用する場合には，素子の向きに注意する（図 2.4）。
  LED には，極性があり足の長い方（アノード）が電位のプラス側，足の短い方（カソード）がマイナス側になるように接続する。このとき電流はアノードからカソードに向かって流れることになり，この向きを順方向という。LED は順方向にのみ電流を流すことができる。そのため回路の組立て時には極性を間違わないこと。
  LED に流す電流は，LED に直列に接続する抵抗によって決まる。抵抗の値が大きい

図 2.4　LED の回路記号と極性

と LED に流れる電流が少なくなり，反対に抵抗の値が小さいと LED に流れる電流が大きくなる。また，実習で使用する抵抗は定格電力が 1/4 W のものである。そのため LED 回路を自作する場合は，抵抗が消費する電力が定格電力以下となるように注意すること。

今回は，LED 回路は 10 番ピンに接続されているので，10 番ピンから電圧を出力することで LED が点灯する。Arduino Uno にはデジタル出力として使用できるピンが 0 番〜13 番ピンの全部で 14 本存在する。また，A0〜A5 のアナログ入力ピンも適切に設定すればデジタルピンとして利用できる。アナログ入力ピンをデジタル出力ピンとして使う場合，ピン番号として A0〜A5 を使用して pinMode 関数から出力ピンに設定する。

このプログラムでは LED の点灯時，電流はピンから LED に向かって流れる。このような，ピンから外部へ向かって流れる電流をソース電流，反対に外部からピンに流れ込む電流をシンク電流という。ここでは，ソース電流を使って LED を点灯させたが，シンク電流を使っても LED を点灯できる。その場合は，LED のアノード側を電源とつなぎ，ピンが LED のカソード側となるように回路を組み立てる。

2.2　LED の点滅

```
1  void setup() {
2    pinMode(10, OUTPUT);
3  }
4
5  void loop() {
6    digitalWrite(10, HIGH);
7    delay(500);
8    digitalWrite(10, LOW);
9    delay(500);
10 }
```

リスト 2.2　LED の点滅 1（blinkLed1.ino）

【解説】

10 番ピンに接続された LED を 500 ms 間隔で点滅させる。

【習得すること：プログラム】

- delay(500);　　　使い方：delay(時間 [ms]);

  500 ms の時間，プログラムを一時的に停止する。この間，ピンの状態は保持されたままであるため，LED は点灯，消灯を繰り返すことになる。Arduino に使われている ATmega328P は，大部分の機械語命令を 1 クロックで実行することができる。クロックの周波数は 16 MHz であるので，このとき 1 命令の実行時間は 62.5 ns となる（もちろん，2 クロックやそれ以上のクロックが必要な命令も存在する）。ただし，この命令は，ATmega328P が直接実行できる機械語命令であるので注意する。digitalWrite 関数のような Arduino 命令は，数十～数百行以上の機械語命令となる。そのため，Arduino 命令の実行時間は機械語命令の数十倍～数百倍の時間が必要になるが，そのことを考慮しても人間の感覚では高速に処理が実行されていることになる。

  プログラムが実行されると，Arduino エディタ上に記述された文が 1 行ずつ順番に実行される（順次構造）。このとき，命令が高速に処理されることが不都合である場合も起こりうる。例えば，LED を点滅させたい場合，ピンからの出力を高速に切り替えるだけでは LED を任意の時間点滅させることはできない。このような場合に対処するため，次の命令を処理するまでの時間を遅らせる delay 関数が準備されている。delay 関数が実行されると何もせずに待機し，指定時間が経過すると次の処理が実行される。delay(500) を指定した場合，ピンから出力される電圧波形は，図 2.5 のようになる。digitalWrite 関数と delay 関数を組み合わせることで，出力される電圧の High，Low である時間を調節できる。

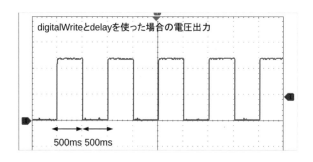

図 2.5　ピンから出力される電圧波形

2.3 定数とコメント

プログラム中で値が変化しない数値を定数として定義することができる。リスト 2.3 のプログラムでは，ピン番号と LED の点滅間隔を定数で定義している。また，コメントを使ってプログラム内にメモを記述することができる。

```
1   /*
2   Turns on and off an LED
3   */
4
5   const int pin = 13;
6   const int t = 200;
7
8   void setup() {
9     pinMode(pin, OUTPUT);       // pin を出力に設定
10  }
11
12  void loop() {
13    digitalWrite(pin, HIGH);    // pin から High (5V) を出力
14    delay(t);                   // 待機
15    digitalWrite(pin, LOW);     // pin から Low (0V) を出力
16    delay(t);                   // 待機
17  }
```

リスト 2.3　LED の点滅 2（blinkLed2.ino）

【解説】

定数 pin で指定したピンから High/Low の電圧を出力している。電圧の出力は，定数 t で指定した時間間隔で切り替わる。

【習得すること：プログラム】

- 定数について

  定数（constant）は，const を使って定義する。定義方法は，const＋データ型＋定数名 ＝ 値となる。データ型は，定数の値が，整数なのか小数なのかなどによって決まるキーワードとなり，ここでは，整数（integer）を表す int を使う。データ型の詳細については，変数の項目を参照すること。定数の名前は，役割がわかるものにするとよい。

  const int pin = 13;　　const int t = 200;

  リスト 2.3 のプログラムの 5，6 行目において定数 pin と t を定義している。そのためプログラム中の pin と t は，すべて pin は 13，t は 200 となる。定義部分を変更するだけで，定数の値が変更できる。

- コメント 使い方：// コメント（1行のみ），/* コメント */（複数行）

  プログラム中に，任意のテキスト文をメモとして記述できる。このテキスト文をコメントといい，プログラムの内容，関数の働きなどを記述するのに利用される。プログラムには，作成したときにコメントを記述する習慣をつけよう。プログラム作成時に適切なコメントを記述することで，過去に作ったプログラムを再利用する際に非常に役立つ。

  コメントには，2種類の記述方法がある。1つは，//であり，使い方は，// ここがコメントのように//の後にコメントを記述する。このとき，コメントは「//」から行の最後までの1行のみ有効となる。もう1つは，/* ～ */である。/*がコメント開始の記号，*/がコメント終了の記号となる。1つ目のコメントと違い，コメントは，複数行にわたって有効となる。

  Arduino のエディタでは，コメント文には半角文字に加えて全角文字も使用できる。ただし，全角文字が使えるのはコメント内だけであり，コメント以外に全角文字が入力されるとエラーになる（特に，全角スペースに注意）。

3 デジタル出力 出力電圧の周波数

3.1 ピエゾスピーカを鳴らす 1

ピエゾスピーカは，ピエゾ素子を利用したスピーカである。ピエゾ素子は電圧を加えると厚さが変化する性質を持つ。そのため，ピエゾスピーカの両端に周期的に電圧を加えて，その周波数を可聴域の範囲で変化させると，空気を振動させ音を発生させることができる。

```
1   const int pin = 10;
2   int t = 0;
3
4   void setup() {
5     pinMode(pin, OUTPUT);
6   }
7
8   void loop() {
9     t = 100;
10    digitalWrite(pin, HIGH);
11    delay(t);
12  // delayMicroseconds(t);
13    digitalWrite(pin, LOW);
14    delay(t);
15  // delayMicroseconds(t);
16  }
```

リスト 2.4 ピエゾスピーカを鳴らす 1（speakerDigitalWrite.ino）

【解説】

　LED 点滅プログラムをそのまま利用する。ただし，ピエゾスピーカの接続されているピン番号を 10 番ピンとしているが，実際に接続されているピン番号に変更すること。

　LED の点滅と同様に，ピンから電圧 5 V と 0 V を交互に出力している。電圧を切り替える時間を調整することで，音色を変化させることができる。電圧を切り替える周期を短くすれば高い音が，逆に長くすれば低い音が発生する。

　コメントが先頭に付いている delayMicroseconds 関数は，コメントとして処理されるので，関数として有効ではない。関数として使うには，先頭のコメント//を削除すればよい。このようなコメントの使い方をコメントアウトといい，プログラムに影響を与えずに，プログラム中に関数を残すことができる。delayMicroseconds 関数を有効にした場合は，delay 関数をコメントアウトする。delay()の代わりに delayMicroseconds()を使うことで，マイクロ秒単位で待機する時間を指定でき，delay 関数に比べて高い周波数の音を鳴らすことができる。

【習得すること：プログラム】

- delayMicroseconds 関数　　　使い方：delayMicroseconds(時間 [μs])；
  delayMicroseconds 関数は，delay 関数と同じ働きをもつ関数であるが，指定する時間はマイクロ秒単位となる。

- 変数について 1　　　int t = 0;
  変数は，定数と異なりプログラムの中で値を変更することができる。ここでは，delay 関数の時間に変数 t を使用している。変数を使う場合，最初に宣言を行う。宣言の仕方は，**データ型＋変数名**となる。宣言時に初期値を同時に与えることもできる。ここでは，int t = 0; により，整数型の変数 t を宣言し，初期値 0 を与えている。データ型は，宣言する変数が，整数か実数か，および値の範囲によって使い分ける。表 2.1 に主なデータ型を示す。なお，サイズは処理系に依存し，表は Arduino 環境のものを表している。

表 2.1　変数のデータ型

型	タイプ	サイズ	範囲
int	整数	2 Byte	-32768～32767
long	整数	4 Byte	-2147483648～2147483647
float	実数	4 Byte	-3.4028235E+38～3.4028235E+38
char	文字	1 Byte	-128～127

　整数型 int，long は，負の数を 2 の補数で表現しており，最上位 bit が，正負を表現する符号 bit となっている。このとき，最上位 bit が 0 なら正，1 なら負の数を表す。変数が負の数を取り扱わない場合，符号 bit を使わない unsigned キーワードが

使用できる。unsigned を使うと，表現できる値の最大値が 1 bit 分だけ大きくなる（表 2.2）。

表 2.2　符号なし変数

型	タイプ	サイズ	範囲
unsigned int	符号なし整数	2 Byte	$0 \sim 65535$（$0 \sim 2^{16} - 1$）
unsigned long	符号なし整数	4 Byte	$0 \sim 4294967295$（$0 \sim 2^{32} - 1$）
unsigned char	符号なし整数	1 Byte	$0 \sim 255$（$0 \sim 2^{8} - 1$）

● 変数の名前
  変数に名前を付ける場合，その役割が一目でわかるような名前を付けるとよい。しかし，次に示す予約語は使えないので注意する。C 言語には，あらかじめ使い方が決まった言葉である予約語が存在する。例えば，変数の定義で使った int，制御構造の if や for などが予約語の一例である。これらの予約語を変数名として使うことはできない。その他，数字から始まる変数名も使えない等の決まりがある。

3.2　ピエゾスピーカを鳴らす 2

delay 関数，delayMicroseconds 関数を使うと，High が出力される時間と Low が出力される時間を指定できる。すなわち，出力電圧の時間（周期）は設定できるが，その周波数を直接設定することは困難である。しかし，tone 関数を使うと，周波数を指定して 5 V と 0 V が交互に切り替わる矩形波を容易に出力することができる。

```
1  void setup() {
2  }
3
4  void loop() {
5    tone(10, 1000);
6  }
```

リスト 2.5　ピエゾスピーカを鳴らす 2（speakerTone1.ino）

【解説】
　tone 関数を使って 10 番ピンから周波数 1 kHz の矩形波を出力し，スピーカから音を鳴らしている。

【習得すること：プログラム】
● tone 関数　　使い方：tone(ピン番号，周波数);，tone(ピン番号，周波数，時間);
  tone 関数は，周波数を指定してピンから矩形波を出力する関数である。10 番ピンから出力される波形は図 2.6 になる。出力される波形は，1 周期に占める High の割合

が50%の矩形波となる。tone関数を使うことで，周波数を指定した矩形波の出力ができる。tone関数を使う場合，tone関数の内部で出力ピンとして設定されるため，pinMode関数で設定しなくてもよい。また，tone関数は，時間を指定して矩形波を出力することもできる。

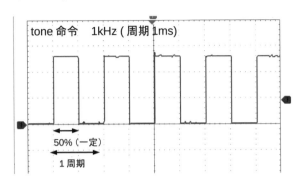

図2.6 tone関数の出力波形

3.3 ピエゾスピーカを鳴らす3

指定した時間だけ，ピエゾスピーカを鳴らす。ここでは，tone関数とnoTone関数を使う方法と，tone関数に時間を指定する方法を示す。

```
1   void setup() {
2     tone(10, 1760);
3     delay(1000);
4     noTone(10);
5
6   //  tone(10, 1760, 1000);
7   }
8
9   void loop() {
10  }
```

リスト2.6 ピエゾスピーカを鳴らす3（speakerTone2.ino）

【習得すること：プログラム】

- noTone関数　　使い方：noTone(ピン番号);
  noTone関数を使うことで，tone関数の出力を停止できる。
- 時間指定のtone関数
  コメントアウトされているtone(10, 1760, 1000);を有効にしても，同じ動作が可能である。1000 msの時間，周波数1760 Hzの矩形波が出力される。有効にする場合は，2〜4行目の3行をコメントアウトする。

- 1回のみ実行する

  loop 関数に記述されたプログラムは，何度も繰り返し実行される。1回だけプログラムを実行したい場合，setup 関数に処理を記述すればよい。プログラムが実行されると，setup 関数が1回だけ実行され，その後，空の loop 関数が何度も実行されることになる。

4 アナログ出力

デジタル出力は，High（5 V）もしくは Low（0 V）の離散的な電圧を出力することである。それに対してアナログ出力は，0 V や 5 V といったとびとびの電圧ではなくて，連続した電圧出力を行うことである。しかし，Arduino はハードウェアの構造上，デジタル出力を行うことしかできない。そのため，Arduino がどのようにアナログ出力をしているか（しているようにみせているのか）について，LED の明るさを例に説明する。ピンからは，High が 5 V，Low が 0 V の電圧を出力できる。ピンからは，High，Low どちらの場合でも一定の電圧が出力されるので，LED 点灯時の明るさも一定である。LED の明るさを変化させたい場合，ピンから出力させる電圧を増減させればよい。しかし，Arduino の場合，ピンからは High と Low の電圧を出力することしかできない。そこで，High と Low の電圧を高速に切り替えながら出力する方法（PWM）を利用する。PWM は，Pulse Width Modulation の略であり，1周期中の High と Low の割合を変化させて電圧を出力する方式となる。1周期における High の割合（duty 比）が，出力する電圧の大きさに対応している。異なった duty に対する出力電圧波形を図 2.7 に示す。duty 比 0％は 0 V，duty 比 100％は 5 V の出力に対応しており，0％〜 100％間の duty 比は，その割合に比例して出力が大きくなる。例えば duty 比 25％は，5 V×0.25＝1.25 V の電圧出力に対応している。

4.1 アナログ出力 PWM を使った LED の点灯

PWM 出力を使って，LED を点灯させる。ピンから High（5 V）が出力されているときに LED が点灯する。そのため，PWM 出力の High の割合（duty）が大きいほど，LED が点灯している割合が大きくなり，明るく点灯する。

```
1   int duty = 6;        // duty 0(0%)-255(100%)
2   void setup() {
3   }
4
5   void loop() {
6     analogWrite(9, duty);
7   }
```

リスト 2.7　PWM を使った LED の点灯（ledPwm.ino）

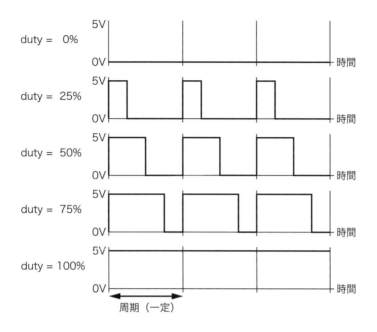

図 2.7　　PWM の出力電圧波形

【解説】

　9 番ピンから，analogWrite 関数を使って電圧を出力する。出力される電圧は，PWM 方式の電圧となる。LED の明るさは，duty の値によって変化する。duty は 0〜255 までの値を指定することができる。

【習得すること：プログラム】

- analogWrite 関数　　使い方：analogWrite(ピン番号，割合);
  analogWrite 関数は，指定したピンから PWM 方式の電圧を出力する働きがある。出力される電圧について，1 周期中における High の割合を指定することができる。この 1 周期における High の割合を duty 比といい，0 〜 255 の値を指定することができる。duty 比が 0 のときは，High の割合が 0%，duty 比が 255 のときは High の割合が 100%になる。analogWrite 関数が使用できるピンは，決まっており，Arduino Uno の場合，3 番，5 番，6 番，9 番，10 番，11 番ピンの 6 本のピンとなる。それらのピンには，ピンソケット横に「~」のマークがシルク印刷されている。また，ピンから出力される PWM 電圧の周期は一定（=周波数は一定）である。Arduino Uno の場合，その周波数は，5 番ピンと 6 番ピンからは約 980 Hz，残りの 3 番，9 番，10 番，11 番ピンからは約 490 Hz となっている。

5 プログラムの実行順序について

プログラムの実行順序を理解する際は，関数と個々の処理に分けて考えていく。関数の実行順序は，C言語の規則に従う。C言語では，プログラムは処理の集合体である関数を基本として管理されており，最初に実行されるのはmain関数となる。Arduinoの場合，基本的にはC言語の規則に従うが，main関数がユーザから隠された状態になっている。以下にArduinoのmain関数を示す。

```
1   int main(void)
2   {
3     init();
4
5     initVariant();
6
7   #if defined(USBCON)
8     USBDevice.attach();
9   #endif
10
11    setup();
12
13    for (;;) {
14      loop();
15      if (serialEventRun) serialEventRun();
16    }
17
18    return 0;
19  }
```

リスト 2.8 Arduino の main 関数

Arduinoのmain関数内にはsetup関数とloop関数が存在し，プログラムが実行されると，先にsetup関数が実行され，次にloop関数が繰り返し実行されることになる。

次に，個々の処理の実行順序について考える。個々の処理は，基本的には記述された順番に実行される。このような，個々の処理が1行ずつ順番に実行される構造を順次構造という。Arduinoの場合，プログラムが実行されるとsetup関数に記述された処理が上から順番に実行される。次に，loop関数に記述された処理が上から順番に実行される。loop関数が最後まで実行されると再度loop関数が実行されるため，loop関数の先頭に戻って同じ動作を繰り返すことになる。

個々の処理の実行順序は順次構造が基本であるが，複雑な処理は，繰り返し構造や選択構造が利用される。すべての処理の実行順序は，割り込み等の例外を除くと，順次構造，繰り返し構造，選択構造のどれかに当てはまる。これら3つの構造を利用する場合は，それ

それに対応する専用の制御構造を使う。

5.1　順次構造

　プログラムを記述すると，記述された順番に実行されるため順次構造を提供する特別な構文はない。プログラムの実行順序を理解する際の基本となる構造である。

5.2　繰り返し構造

　同じ動作を複数回実行させたいなど，繰り返し処理をおこなう場合に使用する。繰り返し構造の構文には，for 文，while 文，do－while 文がある。次にプログラム例を示す。

1) for 文
【例 1：5 回だけ LED を点滅させる（for 文）】

```
1   const int Led = 10;
2
3   void setup() {
4     pinMode(Led, OUTPUT);
5
6     for (int i = 0; i < 5; i++) {
7       digitalWrite(Led, HIGH);
8       delay(300);
9       digitalWrite(Led, LOW);
10      delay(300);
11    }
12  }
13
14  void loop() {
15  }
```

リスト 2.9　　5 回だけ LED を点滅させる（for 文）（blinkLed5timesFor.ino）

【解説】

　回数を指定して処理を実行する。リスト 2.9 は，LED の点滅を 5 回行うプログラムである。6 行目の for に続く括弧の中にある i < 5 の 5 を変えると，繰り返し回数が変更できる。

【習得すること：プログラム】
- for 文　　　使い方：for（初期設定；条件；式）{処理}
  for 文は，最初に初期設定が 1 度だけ実行される。次に，条件を判定し，真なら繰り返しを実行して，式を計算する。その後，再び条件を判定する。条件が真なら再度繰

り返しを実行して，式を計算する。この操作を，条件が偽になるまで繰り返す。な
お，この場合 int i は，for ループ内でのみ有効な変数となる。初期設定，条件，式
が空の場合，for (;;) は，無限ループとなる。

- インクリメント
  インクリメント++は，変数の値を 1 ずつ増やす演算子である。i++が実行されると，
  変数 i の値が +1 される。

【例 2：徐々に明るくなる LED】

```
1   const int Led = 10;
2
3   void setup() {
4   }
5
6   void loop() {
7     for (int duty = 0; duty <= 255; duty++) {
8       analogWrite(Led, duty);
9       delay(15);
10    }
11  }
```

リスト 2.10　徐々に明るくなる LED（ledAnalogWrite.ino）

【解説】
　LED の明るさを徐々に増やしながら点灯させている。analogWrite 関数の変数 duty が，
for ループを繰り返すごとに 1 ずつ増えていく。

【習得すること：プログラム】
- for 文の変数
  変数 duty は，for ループの 1 回目には，duty = 0 の値を持っている。繰り返すたび
  に，duty++の計算によって，duty の値が+1 だけ増えていく。すなわち，duty の値
  は，0〜255 まで増えていくことになる。このとき，変数 duty が analogWrite 関数内
  で High の割合を決める役割として使われているため，結果として for ループを繰り
  返すたびに LED の明るさが増していく。なお，変数 duty は，for ループ内だけで有
  効な変数となる。変数の有効範囲については，次章以降で扱う。

2) while 文
【例：5 回だけ LED を点滅させる（while 文）】

```
1   const int Led = 10;
```

```
2   void setup() {
3     int i = 0;
4     pinMode(Led, OUTPUT);
5
6     while (i < 5) {
7       digitalWrite(Led, HIGH);
8       delay(300);
9       digitalWrite(Led, LOW);
10      delay(300);
11      i++;
12    }
13  }
14
15  void loop() {
16  }
```

リスト 2.11　5 回だけ LED を点滅させる（while 文）（blinkLed5timesWhile.ino）

【解説】
　while 文を使って，LED の点滅を 5 回繰り返している。

【習得すること：プログラム】
- while 文　　使い方：while（条件）{処理}
  条件が真の場合のみ処理を繰り返す働きがある。条件が偽になるとループを抜ける。
  条件の判定は，繰り返しの先頭で行われる。最初から条件が偽の場合は，処理が行われない。

3) do – while 文
【例：5 回だけ LED を点滅させる（do – while 文）】

```
1   const int Led = 10;
2   void setup() {
3     int i = 0;
4     pinMode(Led, OUTPUT);
5
6     do {
7       digitalWrite(Led, HIGH);
8       delay(300);
9       digitalWrite(Led, LOW);
10      delay(300);
11      i++;
```

```
12    } while (i < 5);
13  }
14
15  void loop() {
16  }
```

リスト 2.12　5 回だけ LED を点滅させる（do – while 文）（blinkLed5timesDoWhile.ino）

【習得すること：プログラム】

- do – while 文　　　使い方：do {処理} while（条件）;
  条件が真の場合のみ処理を繰り返す。条件が偽になるとループを抜ける。条件の判定は，繰り返しの最後に行われる。while 文と異なり，最初から条件が偽の場合でも，必ず 1 度は処理が行われる。

5.3　選択構造

選択構造は，条件の真偽により，異なる処理を実行することができる。次に，if 文と switch 文を使った例を紹介する。条件の記述には，これまでに取り上げていない入力関数等が使われているが，最初は選択構造の骨組みに注目して例を参照してほしい。

1) if 文

条件を判定し，その真偽により実行する処理を変えることができる。if 文は，判定する条件の数により，3 通りの記述方法がある（図 2.8）。

【使い方】

例 1：条件が真（n が 1）の場合，LED が点灯する。

```
if (n == 1) {
  digitalWrite(13, HIGH);
}
```

実行する処理が 1 行の場合は，{ }を使わずに記述することもできる[1]。

```
if (n == 1) digitalWrite(13, HIGH);
```

---

[1] ただし，初心者に対して構文のルールを簡単にするため，Arduino style guide（https://www.arduino.cc/en/Reference/StyleGuide）では，このような記述は避けることを推奨している。

```
if ( 条件 ) {          if ( 条件 ) {          if ( 条件 A ) {
   処理                    処理 A                 処理 A
}                      } else {               } else if ( 条件 B ) {
                          処理 B                 処理 B
                      }                      } else {
                                                処理 C
                                             }
```

1つの条件を判定	1つの条件を判定	複数の条件を判定 （条件が偽の場合のみ， 次の条件を判定）
条件が真→処理実行	条件が真→処理 A 実行 条件が偽→処理 B 実行	条件 A が真→処理 A 実行 条件 B が真→処理 B 実行 それ以外 →処理 C 実行

図 2.8　if 文の記述例

例2：条件が真（n が 10 より大きい）の場合，LED が点滅する。

```
if (n > 10) {
  digitalWrite(13, HIGH);
  delay(200);
  digitalWrite(13, LOW);
  delay(200);
}
```

例3：条件が真（state が 1）の場合 LED が点灯，偽の場合 LED が消灯する。

```
if (state == 1) {
  digitalWrite(13, HIGH);
} else {
  digitalWrite(13, LOW);
}
```

例 4 ：複数の条件を判定する場合

```
if (n == 1) {
  digitalWrite(13, HIGH);
} else if (n > 10) {
  digitalWrite(13, HIGH);
  delay(200);
  digitalWrite(13, LOW);
  delay(200);
} else {
  digitalWrite(13, LOW);
}
```

【習得すること：プログラム】

● 条件の記述方法

　条件の記述には，演算子を利用する。条件判定で使用する主な演算子を図 2.9 に示す。比較演算子（==, !=, >, <, >=, <=）は，左辺と右辺を比較し真なら 1 を返し，偽なら 0 を返す演算子となる。論理演算子の論理積（&&）は，左辺と右辺を比較して，両方真なら，全体が真となり，論路和（||）は，左辺と右辺の片方が真なら，全体が真となる。

演算子	記述例	意味
== 等しい	n == 5	n が 5 に等しい
!= 等しくない	n != -1	n が −1 でない
> 大なり	n > 3	n が 3 より大きい
< 小なり	n < 25	n が 25 より小さい
>= 以上	n >= 10	n が 10 以上
<= 以下	n <= 8	n が 8 以下
&& 論理積	n > 3 && n <= 10	n が 3 より大きい かつ n が 10 以下
|| 論理和	n <= 3 || n > 10	n が 3 以下 または n が 10 より大きい

図 2.9　条件判定に使用する主な演算子

　if 文に関わらず，C 言語の条件判定は，0 が偽，0 以外が真となる。そのため，条件として図 2.10 のような記述も可能となる。

2) switch 文

　変数が特定の値や文字と一致しているか否かを判断する場合，switch 文が利用できる。else if 文を使う場合に比べて，条件と実行する処理の対応関係が容易に把握できるという

if 文	真偽
if (0) { 処理 };	常に false（偽）
if (1) { 処理 };	常に true（真）
if (3) { 処理 };	常に true（真）
if (n) { 処理 };	n = 0 以外のとき true（真），n = 0 のとき false（偽）
if (!n) { 処理 };	n = 0 のとき true（真），n = 0 以外のとき false（偽）

図 2.10　条件の真偽

利点がある。ただし，else if 文と違って条件には，等価（一致しているか否か）の判定しか記述できないので，注意すること。

【例 1 : 変数 mode の値によって処理を分岐させる場合の記述例】

```
switch (mode) {
  case 1:                   // mode = 1
    digitalWrite(L, LOW);
    digitalWrite(R, HIGH);
    break;
  case 2:                   // mode = 2
    digitalWrite(L, HIGH);
    digitalWrite(R, LOW);
    break;
  case 3:                   // mode = 3
    digitalWrite(L, LOW);
    digitalWrite(R, LOW);
    break;
  case 4:                   // mode = 4
    digitalWrite(L, HIGH);
    digitalWrite(R, HIGH);
    break;
  default:                  // すべての条件に一致しない場合(省略可能)
    digitalWrite(STOP, HIGH);
  }
```

【解説】

　変数 mode の値により，4 パターンの分岐処理を行っている。例えば，mode の値が 1 の場合，case 1:以下が実行され，5 行目の break 文で switch 文を抜ける。このように break 文は，後に続く処理を中断する働きがある。break 文については，5.4 節を参照のこと。また，defalut ラベル以下には，mode の値が 1〜4 以外の場合に実行する処理が記述される。

defalut ラベルは省略してもかまわない。

【例 2：シリアル通信を使った文字の受信】

```
1   void setup() {
2     Serial.begin(9600);
3     pinMode(13, OUTPUT);
4   }
5
6   void loop() {
7     char ch;
8     ch = Serial.read();
9     if (ch != -1) {
10      switch(ch){
11        case 'H':
12          digitalWrite(13, HIGH);
13          break;
14        case 'L':
15          digitalWrite(13, LOW);
16          break;
17        default:
18          Serial.println(ch, DEC);
19      }
20    }
21  }
```

リスト 2.13　シリアル通信を使った文字の受信（serialRead.ino）

【解説】

　シリアルポートから送信されるデータを受け取って，LED の ON/OFF を行う。文字は，Arduino IDE のシリアルモニタから送信する。送信方法は，シリアルモニタ上部のカーソルがある領域に文字を入力し，Enter キーもしくは送信ボタンをクリックする。送信データが，文字 H の場合，13 番ピンの LED が点灯し，文字 L の場合，LED が消灯する。それ以外の文字が送信された場合は，その文字のアスキーコードがシリアルモニタに表示される。表示は，DEC を指定しているため，10 進数表記になる。Serial.read 関数は，シリアルポートから 1 Byte のデータを読み取る関数である。データが読み取りに失敗した場合は，戻り値として −1 を返す。

　なお，'H' や'L' などシングルクォーテーションで囲まれた文字は文字定数と呼ばれ，文字の内部表現に等しい値を表す。例えば，'H' は 72 を表し，case 72:と書き換えても，同じ動作をする。

【例 3：switch 文（break 文がない場合）】

```
switch (n) {
  case 1:
    Serial.print('a');
  case 2:
    Serial.print('b');
  case 3:
    Serial.print('c');
  default:
    Serial.println('d');
}
```

【解説】

　n の値によって，異なった文字がシリアルモニタに表示される。n が 1 の場合は，シリアルモニタに abcd と表示される。n が 2 の場合は bcd，n が 3 の場合は cd，その他の場合は d と表示される。このプログラムのように break 文がない場合は，一致する case 文から，その後に続く処理がすべて実行される。

【習得すること：プログラム】

- switch 文

  switch 文は，変数が特定の値と等しい場合，処理を実行することができる。if 文と異なり，条件には，等しいか否かの判定しか記述できない。switch 文の記述方法を図 2.11 に示す。

  switch の後には変数が記述され，case の後には値が記述される。条件に記述された変数が，case に続く値と一致する場合は，対応する処理を実行し，一致しない場合は，次の case 文の判定を順次行う。case 文の最後には，:（コロン）を忘れないようにする。判定したい条件が続く場合は，case 値を続けて記述していく。最後の default ラベルには，すべての条件が一致しない場合に実行する処理が記述される。default ラベルは，省略してもかまわない。break 文は，処理を中断し，switch 文を脱出する働きがある。switch case 文内の break 文は必須ではなく，例 3 のように break 文を記述しない場合もある。

5.4　繰り返し構造におけるループの脱出とスキップ

1) break 文

　繰り返し構造の中で break 文が実行されると，ループを脱出することができる。繰り返しの途中で，特別な状況が発生したときなどに，ループを脱出することができる。

```
switch ( 変数 ) {
    case 値 1:              // 変数 = 値 1 の場合
        ┌──────────┐
        │   命令    │
        └──────────┘
        break;
    case 値 2:              // 変数 = 値 2 の場合
        ┌──────────┐
        │   命令    │
        └──────────┘
        break;
    case 値 3:              // 変数 = 値 3 の場合
        ┌──────────┐
        │   命令    │
        └──────────┘
        break;
    case 値 4:              // さらに条件が続く場合は,続けて記述
                ⋮
        break;
    default:               // すべてに一致しない場合(省略可能)
        ┌──────────┐
        │   命令    │
        └──────────┘
}
```

図 2.11   switch 文の記述方法

2) continue 文

continue 文は,ループをスキップすることができる。continue 文が実行されたときのループが,スキップされる。break 文と異なり,繰り返し構造を脱出しないので,続けて,次のループが実行される。

6   関数について

関数は,特定の機能や働きを持つ処理のまとまりである。関数を使う場合は,その関数を呼び出すだけでよく,一度関数を作成すると,何回でも呼び出して使うことができる。そのため,同一処理を何度も記述する必要がなくなる。

6.1   関数の概要

関数には,名前,関数に与える入力,関数からの出力がある。関数に与える入力を引数,出力を戻り値という。関数の概念を図 2.12 に示す。関数定義の際に使う仮引数とは,引数を受け取る変数のことである。

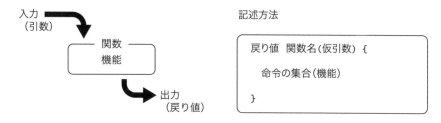

図 2.12　関数の概念

6.2　関数の作成例

1) 準備

例として LED を点滅させる処理を関数にすることで，関数の作成方法と使い方を習得する。リスト 2.14 は，13 番ピンに接続されている LED を 1 秒間隔で点滅させるプログラムである。

LED 点滅プログラム

```
1  void setup() {
2    pinMode(13, OUTPUT);
3  }
4
5  void loop() {
6    digitalWrite(13, HIGH);
7    delay(1000);
8    digitalWrite(13, LOW);
9    delay(1000);
10 }
```

リスト 2.14　関数を使わない LED の点滅（blinkLedWithoutFunction.ino）

2) 関数の作成

練習として，LED を点滅させる機能を持つ関数を作成する。点滅部分を関数にしたものを図 2.13 に示す。関数名には，その機能がわかるような名前を付ける。ここでは関数名をblink としている。関数への引数と戻り値がない場合は，void を記述する。なお，仮引数の void は省略される場合がある。

3) 関数の呼び出し

関数を呼び出して実行するには，関数名を記述する。関数名の後には，()（括弧）を付けて，引数を記述すること。引数がない場合は，()のみを記述する。

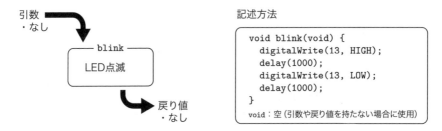

図 2.13　blink 関数（13 番ピンの LED を点滅させる）

関数 blink を使った LED 点滅プログラム

```
1   void setup() {
2     pinMode(13, OUTPUT);
3   }
4
5   void loop() {
6     blink();
7   }
8
9   void blink() {
10    digitalWrite(13, HIGH);
11    delay(1000);
12    digitalWrite(13, LOW);
13    delay(1000);
14  }
```

リスト 2.15　関数を使った LED の点滅（blinkLedFunction1.ino）

4) 引数の使用

　blink() は，特定のピン（13 番）に接続されている LED だけを点滅させることができる。そのため，他のピンに配線されている LED を点滅させることができない。ここでは，blink() にピン番号を指定する機能を追加し，どのピンに LED がつながっていても，点滅できるようにする。関数の入力である引数にピン番号を指定し，関数 blink() に与える。関数 blink() は，引数として受け取ったピン番号に対応するピンから電圧を出力する処理を行う。関数の定義部分において，値を受け取る役割を持つ引数を特に仮引数と呼ぶ。ここでは，ピンの番号を受け取る（int pin）が仮引数となり，この仮引数（int pin）は，関数内で有効なローカル変数として取り扱われる。仮引数においても，変数の宣言時と同様にデータ型を指定しなければならない。ここではピン番号は整数であるので，整数型のキーワードである「int」を使う（図 2.14）。blink 関数を使う場合は，blink(ピン番号); とする。例えば，13 番ピンの LED を点滅させる場合は，blink(13); と記述する。

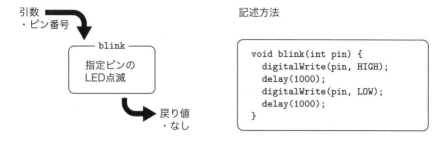

図 2.14　　引数をとる関数例

5) 2 つの引数を使用

　関数 void blink(int pin) は，1 回しか LED を点滅させられない。ここでは，blink 関数に点滅回数を指定できる機能を追加し，LED を複数回点滅させる。

　blink 関数の引数として，ピン番号に加えて点滅回数も同時に与える。2 つの引数を与える場合，引数を順番に記述すればよい。引数と引数の間には，コンマ（,）を付けること。

　blink 関数は，void blink(int pin, int n) となる（図 2.15）。2 つの引数をとる blink 関数を使う場合は，blink(ピン番号，点滅回数); とする。例えば，13 番ピンの LED を 10 回だけ点滅させる場合は，blink(13, 10); と記述する。

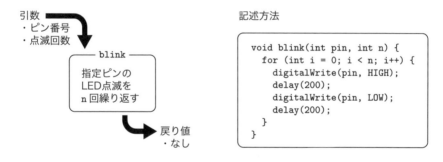

図 2.15　　2 つの引数をとる関数例

関数の使用例

```
1  void setup() {
2    pinMode( 5, OUTPUT);
3    pinMode( 6, OUTPUT);
4    pinMode(13, OUTPUT);
5  }
6
7  void loop() {
8    blink( 5,  3);
9    blink( 6,  7);
10   blink(13, 10);
```

```
11   }
12
13   void blink(int pin, int n) {
14     for (int i = 0; i < n; i++) {
15       digitalWrite(pin, HIGH);
16       delay(200);
17       digitalWrite(pin, LOW);
18       delay(200);
19     }
20   }
```

リスト 2.16　引数をとる関数を使った LED の点滅（blinkLedFunction2.ino）

6) 関数の戻り値

関数からの戻り値がある場合は，return 文を使って値を返すことができる。

引数と戻り値がある関数の使用例

```
1    void setup() {
2      Serial.begin(9600);
3      pinMode(13, OUTPUT);
4    }
5
6    void loop() {
7      Serial.println(add(2, 3));
8    }
9
10   int add(int a, int b) {
11     return a + b;
12   }
```

リスト 2.17　引数と戻り値がある関数を使った LED の点滅（blinkLedFunction3.ino）

【解説】

関数 add は，2 つの引数 a と b を受け取り，それらを足し合わせた値 a+b を戻り値として返す働きがある。

【習得すること：プログラム】
- return 文　　　使い方：return 値;
  呼び出し元に戻り値を返す働きがある。return 文の後に，戻り値として返す値を記述する。値の代わりに，式を記述してもよい。値を指定せずに return 文のみ記述す

ると，そこで関数の処理を終えることができる。

7 BOE Shield-Bot を動かす

BOE Shield-Bot のタイヤは，サーボモータに取り付けられている。ここでは，BOE Shield-Bot を実際に動かすことで，サーボモータの制御方法と，サーボライブラリの使い方を習得する。

7.1 サーボモータとは

サーボモータとは，回転軸シャフトの位置を制御量として，それらを目標値に近づけていくサーボ機構が備わったモータである。

BOE Shield-Bot の車輪には，サーボモータが取り付けられている。このサーボモータは，Continuous Rotation Servo（連続回転サーボ）と呼ばれる連続した回転を行うものである。これとは別に，回転軸にストッパがついており，可動域が限定されたサーボモータもある。こちらは Standard Servo（スタンダードサーボ）といい，連続回転しないので注意する。ここからは，Parallax 社から発売されている Continuous Rotation Servo と Standard Servo について説明する。他のサーボモータを使用する場合は，データシートを参照し，動作するパルス幅の範囲を確認すること。

Parallax 製サーボモータを使う場合，3 本の配線は，赤が電源，黒が GND，白が信号線に接続する。動作に必要な電源電圧は，4 V〜6 V となっている。

サーボモータの内部には，可変抵抗，モータ，ギアが存在し，3 本の配線，可変抵抗，モータは，すべて制御基板につながっている（図 2.16）。サーボモータは，パルス信号と呼ばれる矩形波の周期信号を使ってシャフトをコントロールする。制御基板には，入力されたパルスと内部の基準パルスとを比較し，その差分だけモータを制御する回路が搭載されている。その働きにより，サーボモータにパルス信号を与えると，連続回転サーボは，シャフ

図 2.16 サーボモータ内部

トの回転方向とスピードが変化し，スタンダードサーボは，シャフトの停止位置が変化することになる。

1)　連続回転サーボについて

　Continuous Rotation Servo（連続回転サーボ）の場合，信号線にパルスが入力されると，サーボモータ内部の基準パルスと比較される。入力パルス W が基準パルスに比べて，小さい場合は時計回り，大きい場合は反時計回りにシャフトが回転する（図 2.17）。

　また，回転スピードは，外部パルスと基準パルスとの差が大きいほど，速くなる。Parallax 製連続回転サーボは，内部の基準パルスが 1.5 ms であり，回転スピードが最大となるのは，入力パルスが 1.3 ms（時計回りで最大スピード）と 1.7 ms（反時計回りで最大スピード）のときである。基準パルスの幅は，可変抵抗の値によって決まり，1.5 ms となるように内部で調整されている。

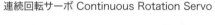
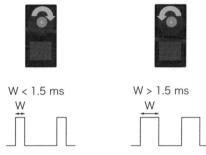

連続回転サーボ Continuous Rotation Servo

W < 1.5 ms　　　　W > 1.5 ms

図 2.17　連続回転サーボのパルス幅と回転方向

2)　スタンダードサーボモータについて

　スタンダードサーボの場合，シャフトは 0 度から 180 度まで回転する。シャフトが可変抵抗とつながっているため，シャフトが回転すると可変抵抗の値が変化し，それに合わせて基準パルスも変化する構造となっている。

　目標位置に対応したパルスを入力すると，目標位置に近づく方向へシャフトが回転し，入力パルスと基準パルスが一致するまで回転を続ける。入力パルスと基準パルスが一致すると，その位置でシャフトは停止する。シャフトが目標位置に到達した後，さらにパルスを入力し続けると，シャフトがその位置で保持されることになる。

　Parallax のスタンダードサーボの場合，パルス幅が 0.5 ms〜2.5 ms の範囲

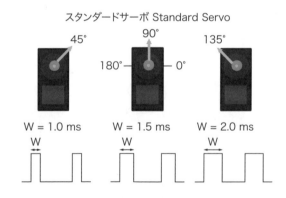

スタンダードサーボ Standard Servo

45°　　　90°　　　135°
180°— —0°

W = 1.0 ms　　W = 1.5 ms　　W = 2.0 ms

図 2.18　スタンダードサーボのパルス幅と回転角度

で変化したとき，シャフトの回転角度が 0〜180 度の範囲で変化する。例えば，入力にパルス幅 W=1.5 ms を与えた場合，シャフトは 90 度の位置で停止する（図 2.18）。

7.2 ライブラリについて

サーボモータを動かすには，パルス信号を連続して信号線へ与える必要がある。パルス信号は，High と Low を周期的に繰り返す波形なので，LED 点滅時の電圧と同種の波形となる。そのため，LED 点滅プログラムを利用して，High の出力時間を短くすることで，サーボモータの動作が可能である。

しかし，LED 点滅プログラムを使って，シャフトの回転方向や角度を目標通りに動作させるのは，パルス幅の微調整が必要となり，非常に困難である。そこで，Arduino IDE に標準でインストールされているサーボモータ用のライブラリを使用する。ライブラリを使用することで，容易にサーボモータをコントロールすることができる。

ライブラリとは，特定の機能を持つプログラムを，別のプログラムで使える形式にしたものである。ライブラリの中身は，複数の関数やその定義が集まったプログラムとなっている。

Servo ライブラリの場合は，ピンをサーボモータに割り当てる関数，ピンからパルス波形を出力する関数等から構成されており，Servo ライブラリを利用することで，それらの関数を使うことができる。

Arduino IDE には，エディタインストール時に複数のライブラリが同時にインストールされている。ライブラリを使用する場合は，「スケッチ→ライブラリをインクルード」を選択し，利用するライブラリを決定する。そうすると，プログラムの最初には，自動的に#include <ライブラリ名.h>が挿入される。この#include <ライブラリ名.h>は，ライブラリが記述されたヘッダファイルを取り込む働きがあり，プログラムでライブラリ内の関数が使用可能となる。

使用例：Servo ライブラリを使用して，サーボモータを 3 秒間動作させる

```
1   #include <Servo.h>
2   Servo servoLeft;
3   Servo servoRight;
4
5   void setup() {
6     servoRight.attach(10);
7     servoLeft.attach(11);
8
9     servoRight.write(0);
10    servoLeft.write(180);
11    delay(3000);
12
13    servoRight.detach();
14    servoLeft.detach();
15  }
```

```
16
17   void loop() {
18   }
```

リスト 2.18　サーボモータを3秒間動作させる（rotateServo3s.ino）

【解説】

　BOE Shield-Bot は，両輪に取り付けられたサーボモータで動作する。サーボモータの信号線は，右車輪は 10 番ピン，左車輪は 11 番ピンと接続されている。Servo ライブラリを使って，左右のサーボモータを動作させている。

【習得すること：プログラム】

- ヘッダファイルの取り込み　　　#include <Servo.h>
  #include によって，Servo.h をプログラムに取り込んでいる。ヘッダファイル（拡張子 .h）にはライブラリで使用する関数の宣言等が記述されている。Servo.h の場合は，Servo ライブラリで使われている関数の宣言等が記述されており，Servo.h をインクルードすることでライブラリ内の関数が使用可能となる。
  なお，サーボライブラリ使用時は，9 番ピンと 10 番ピンのアナログ出力（PWM）ができないので注意すること。

- オブジェクトの生成　　　Servo servoLeft; Servo servoRight;
  サーボライブラリは，C++のクラスと呼ばれる形式で作成されている。そのため，ライブラリ内の関数にアクセスするためのオブジェクトを生成する必要がある。
  オブジェクトの生成は，「クラス名」スペース「オブジェクト名」の順番に記述する。Servo ライブラリの場合は，クラス名が「Servo」となる。「オブジェクト名」は，オブジェクトの役割が識別できる名前を付けるとよい。ここでは，左右のサーボモータを動作させたいので，オブジェクト名は，「servoLeft」と「servoRight」としている。

- Servo ライブラリ attach 関数　　servoRight.attach(10); servoLeft.attach(11);
  オブジェクトを使って，Servo ライブラリ内の attach 関数を使用している。Servo ライブラリの関数を使う場合は，「オブジェクト名」＋「.（ピリオド）」＋「関数名」の形式で記述する。
  attach 関数は，ピンに接続されているサーボモータをオブジェクトに割り当てる。ここでは，servoRight に 10 番ピンのサーボモータを，servoLeft に 11 番ピンのサーボモータを割り当てている。

- Servo ライブラリ write 関数　　　servoRight.write(0); servoLeft.write(180);
  write 関数は，指定した角度に対応するパルス信号を出力する働きがある。指定する角度は，0 度〜 180 度までの範囲となる。出力される信号のパルス幅は，一般的な

サーボモータに適した値となっている。

Continuous Rotation Servo の場合は，90 を指定すると停止し，0〜90 の範囲は，時計回り，90〜180 の範囲は反時計回りに回転する。回転スピードは，90 に近いほど遅くなり，90 から離れるほど速くなる。0 と 180 では，最大スピードでの回転となる。Standard Servo を使用する場合は，指定した角度までサーボモータが回転する。

なお，出力パルス幅の範囲を調整する場合は，前述の attach 関数を使って指定する。指定方法は，attach(ピン，パルス幅最小，パルス幅最大) となる。

- Servo ライブラリ detach 関数　　　servoRight.detach(); servoLeft.detach();
  detach 関数は，オブジェクトをピンから切り離し，ピンを開放する働きがある。ピンが開放されると，サーボモータは停止する。

7.3　Servo ライブラリ write 関数の出力波形

Servo ライブラリの write 関数を使ったときのパルス波形を示す。servoRight.write(0) 実行時の 10 番ピンと servoLeft.write(180) 実行時の 11 番ピンの電圧波形は，図 2.19 となる。

パルス波形の High の部分がパルス幅になり，このパルス幅が write 関数に指定する角度と対応している。write 関数に指定する角度を変えると，このパルス幅が変化することになる。

Servo ライブラリを使用した場合，write 関数を使うだけで，ピンからパルス信号を連続して出力でき，更に，サーボモータに最適なパルス間隔（波形の Low 部分）が設定される。

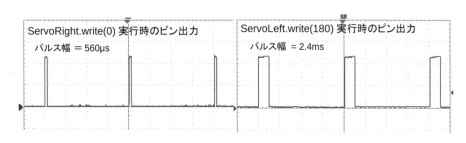

図 2.19　write 関数を使ったパルス波形

7.4　動作のまとめ

BOE Shield-Bot は，次の関数で前進，後退，左回転，右回転をおこなうことができる。

- 停止について
  write 関数は，1 度実行されるとパルス信号が出力され続ける。そのため，サーボモータは回転し続けることになる。回転しているサーボモータを停止させるには，2 つの方法がある。
  1 つは，write 関数の値として 90 を指定する方法である。write(90) が実行される

前進	`servoRight.write(0);`	後退	`servoRight.write(180);`
	`servoLeft.write(180);`		`servoLeft.write(0);`

左回転	`servoRight.write(0);`	右回転	`servoRight.write(180);`
	`servoLeft.write(0);`		`servoLeft.write(180);`

と，サーボモータを原点位置で停止させるパルス信号が出力される。すなわち，サーボモータに動くなというパルス信号を送信することになり，サーボモータはブレーキがかかった状態になる。しかし，サーボモータの原点位置がずれている場合，サーボモータは停止せずに回転を続ける。そのときは，90 前後の停止する値を指定するとよい（なお，物理的に原点位置を正しく設定する場合は，サーボモータ内の可変抵抗の値を調整する必要がある）。

もう 1 つは，detach 関数を使ってピンを開放することでサーボモータを停止する方法である。こちらは，サーボモータへの信号出力パスが遮断されるので，サーボモータは自然停止の状態になる。detach 関数を使って停止した後，再度サーボモータを動作させるには，もう一度 attach 関数を使う必要がある。

8　動作部分を関数にする

動作部分の処理を関数にして，前進，後退，左回転，右回転を組み合わせた動作を行う。ここでは，関数の作り方，選択構造の使い方を習得する。

8.1　動作関数の概要

関数を作成するときは，関数の機能，引数，戻り値について考える。今回の場合，関数の機能は，4 パターンの動作（前進，後退，左回転，右回転）を行うことである。関数の引数は，4 パターンの動作を識別する番号とし，戻り値は「なし」とする。

1) 引数と戻り値

関数に与える引数と関数から受け取る戻り値には，値の型を指定する必要がある。BOE Shield-Bot の動作は，前進，後退，左回転，右回転の 4 パターンである。そのため，1 〜 4 の番号を以下のように動作と対応させ，引数として使用する。

引数が 1 の場合	→	前進	引数が 3 の場合	→	左回転
引数が 2 の場合	→	後退	引数が 4 の場合	→	右回転

引数として使用するのは 1 〜 4 までの整数なので，型は整数型（int）とする。戻り値はないので，void とする。

2) 関数内部の構成

　動作を識別する番号を引数として受け取り，その番号に応じた動きをさせるためには，選択構造を利用する。選択構造には，if 文と switch 文があり，今回の場合はどちらを使ってもよい。

- 選択構造の考え方

　選択構造を使って，次のような条件分岐を行う。もしも，引数が 1 ならば前進する。引数が 2 ならば後退する。引数が 3 ならば左回転する。引数が 4 ならば右回転する。どれにもあてはまらない場合は停止する。

3) 動作関数のプログラム例

　関数には，その機能がわかるような名前を付ける。ここでは，説明の都合上，関数名を move とするが，実際に関数を作成する場合は，名前を自由に付けてよい。以下に，if 文を使った例を示す。

if 文を使った場合

```
1  void move(int n) {
2    if (n == 1) {
3      servoRight.write(0);
4      servoLeft.write(180);
5    } else if (n == 2) {
6      servoRight.write(180);
7      servoLeft.write(0);
8    } else if (n == 3) {
9      servoRight.write(0);
10     servoLeft.write(0);
11   } else if (n== 4) {
12     servoRight.write(180);
13     servoLeft.write(180);
14   } else {
15     servoRight.write(90);
16     servoLeft.write(90);
17   }
18 }
```

　条件は，値が一致するか否かの判定であるので，switch 文が利用できる。switch 文を使った場合の例を以下に示す。

switch 文を使った場合

```
void move(int n) {
  switch (n) {
    case 1:
      servoRight.write(0);
      servoLeft.write(180);
      break;
    case 2:
      servoRight.write(180);
      servoLeft.write(0);
      break;
    case 3:
      servoRight.write(0);
      servoLeft.write(0);
      break;
    case 4:
      servoRight.write(180);
      servoLeft.write(180);
      break;
    default:
      servoRight.write(90);
      servoLeft.write(90);
  }
}
```

4) 全体のプログラム例

3 秒前進 → 1 秒後退 → 2 秒左回転 → 2 秒右回転

```
#include <Servo.h>
const int leftServoPin = 11;
const int rightServoPin = 10;
Servo servoRight;
Servo servoLeft;

void setup(void) {
  servoLeft.attach(leftServoPin);
  servoRight.attach(rightServoPin);
}

void loop(void) {
  move(1);              // forward
```

```
14    delay(3000);
15    move(2);              // backward
16    delay(1000);
17    move(3);              // left
18    delay(2000);
19    move(4);              // right
20    delay(2000);
21  }
22
23  void move(int n) {
24    // 省略
25  }
```

リスト 2.19 サーボモータを動作させるプログラム例 (servoExample1.ino)

5) プログラムの改良

　前進，後退，左折，右折の引数 1, 2, 3, 4 は，プログラム中では，その値には意味はなく，動作を識別するための目印として使用されている。このような場合，マクロ名を定義する#define を利用してもよい[2]。マクロ名を使うことで，動作と引数の対応関係が一目でわかる。以下に例を示す。

```
1   #include <Servo.h>
2   #define FORWARD    1
3   #define BACKWARD   2
4   #define LEFT       3
5   #define RIGHT      4
6
7   const int leftServoPin = 11;
8   const int rightServoPin = 10;
9   Servo servoLeft;
10  Servo servoRight;
11
12  void setup(void) {
13    servoLeft.attach(leftServoPin);
14    servoRight.attach(rightServoPin);
15  }
16
17  void loop(void) {
18    move(FORWARD);
19    delay(1000);
```

---

　[2] ただし，#define の使用は避けるというのが Arduino のコーディングルールのようである。
https://docs.arduino.cc/hacking/software/ArduinoStyleGuide

```
20      move(BACKWARD);
21      delay(1000);
22      move(LEFT);
23      delay(1000);
24      move(RIGHT);
25      delay(1000);
26    }
27
28    void move(int n) {
29      // 省略
30    }
```

リスト 2.20　サーボモータを動作させるプログラム例（改良版）（servoExample2.ino）

【習得すること：プログラム】

- #define　　使い方：#define マクロ名 文字列
  マクロ定義#define は，コンパイルする前に，指定されたマクロ名を文字列に置き換える働きがある。マクロ定義には，文末の；セミコロンをつけないこと。

演習 **2.13**

move 関数は，前進，後退，左回転，右回転の 4 つの動作から，1 つを指定して実行することができる。しかし，動作する時間については，指定することができない。move 関数に，動作時間を指定する機能を追加しよう。関数は，void moveTime(int n, int t) とする。引数 t が動作時間となるように moveTime 関数を作成し，動作を確認する。

9　まとめ

Arduino は，ピンから High（5 V），Low（0 V）の電圧を出力することができる。これをデジタル出力と呼び，LED，スピーカ，サーボモータは，すべて High，Low の電圧を与えることで動作する。

High と Low の電圧を出力するには，digitalWrite 関数と delay 関数，delayMicroseconds 関数を組み合わせて使用すればよい。しかし，これらの関数の組み合わせでは，High，Low の電圧を任意の時間出力することはできるが，特定の周波数で電圧を出力したり，特定のパルス幅で電圧を出力したりすることは困難である。音の音色を変更する場合は，出力電圧の周波数を変更する必要があり，サーボモータを回転させる場合は，出力電圧のパルス幅を調整する必要がある。

出力電圧の特定の要素に注目し，その要素を設定できる関数が Arduino には準備されて

いる。tone 関数や analogWrite 関数，Servo ライブラリといった関数やライブラリがそれで
あり，これらを利用することで，容易にスピーカやサーボモータの制御が可能となる。tone
関数や Servo ライブラリを使う場合においても，実際にピンから出力されるのは，High と
Low 電圧の組み合わせであることを認識しておく必要がある。

　表 2.3 に，出力波形の特徴をまとめたものを示す。High と Low を連続して出力する状況
において，出力電圧のどの要素を調整するかによって，処理を使い分ける必要がある。

- High と Low の時間をそれぞれ調整したい→ digitalWrite 関数＋ delay 関数, delayMi-
  croseconds 関数
  - 使用例　LED の点滅，DC モータの ON/OFF など
- High と Low の周波数を調整したい（出力信号の 1 周期中の High/Low の割合は一
  定）→ tone 関数
  - 使用例　ピエゾスピ　カの音出し
- 1 周期中の High と Low の割合を調整したい（出力信号の周波数は一定）→ analogWrite
  関数
  - 使用例　LED の明るさの調整，DC モータの回転スピードの調整
- サーボモータを動作させたい→ Servo ライブラリの使用

　また，プログラムには，順次構造，繰り返し構造，選択構造の 3 つの構造があり，繰り返
し構造と選択構造には，専用の制御文が準備されている。目的の動作を行うためには，ど
のようなプログラム構造が適切なのかを考え，それに必要な構造を使用することになる。

表 2.3　出力波形の特徴

命令	特徴		波形
	プログラム例		

digitalWrite関数
deley関数
delayMicroseconds関数
	ピンがHighである時間とLowである時間を，それぞれ指定できる。
	
	`digitalWrite(13, HIGH);`
	`delay(500);`
	`digitalWrite(13, LOW);`
	`delay(200);`
	`digitalWrite(13, HIGH);`
	`delay(300);`
			指定(500ms) 指定(300ms) 指定(200ms)

tone関数	出力する矩形波の周波数を指定できる。ただし，1周期のHigh, Lowの割合は一定(1:1)。
	
	`tone(13, 1760);`
	`tone(13, 1760, 1000);`
			一定(1:1) 1周期=1/周波数(指定)

analogWrite関数（PWM出力）	1周期のHigh/Lowの割合を指定できる。ただし，Unoの場合は，5番，6番ピンは980Hz，他のアナログ出力ピンは490Hzである。 `analogWrite(3, 191);`		指定 1周期(一定)
Servoライブラリ	サーボモータを動作させるための矩形波を出力できる。 `servoRight.write(90);`		指定

第 3 章

デジタル入力・アナログ入力とセンサ

- この実習の目標
  - デジタル入力・アナログ入力が使用できる。
    * スイッチ，センサ等から情報を取得できる。
  - 選択構造が使用できる。
  - 変数の有効範囲について理解する。

センサから得られた外部の情報を使って，BOE Shield-Bot に状況に応じた動作をさせる。これらの課題を通して，センサの使い方，デジタル入力・アナログ入力の概念，選択構造の使い方を習得する。

1　シリアル通信

シリアル通信とは，信号線を用いてデータを 1 bit ずつ送信する方式である。このとき，データには電圧の High/Low を 1 bit の情報（0，1）に対応させた信号が使われる。このシリアル通信を使って Arduino は外部機器とデータの送受信を行うことができる。なお，Arduino IDE で作成したプログラムは，コンパイルされた後，このシリアル通信を使って Arduino 基板に送られている。Arduino の場合，シリアル通信に利用するピンが決められており，Arduino 基板側からみて，0 番ピンが RX（受信ピン），1 番ピンが TX（送信ピン）となっている。実際に外部機器や Arduino 間でシリアル通信を行う場合は，Arduino の 0 番ピン，1 番ピンおよび GND の 3 本のピンを適切に配線することになる。

Arduino IDE には，PC–Arduino 間でシリアル通信をおこなうシリアルモニタが準備されている（図 3.1）。シリアルモニタを使うことで，Arduino から送信されたデータを PC 上で確認することができる。プログラム作成の場面では，変数値の確認やセンサから取得した測定値の検証に利用される。また，シリアルモニタは PC から Arduino に向けてのデータ送信にも利用できる。

```
void setup() {
  Serial.begin(9600);
}
```

```
4
5  void loop() {
6    Serial.print("ABC");
7    Serial.println("DEF");
8  }
```

リスト 3.1　シリアルモニタに文字を表示させる（serialABC.ino）

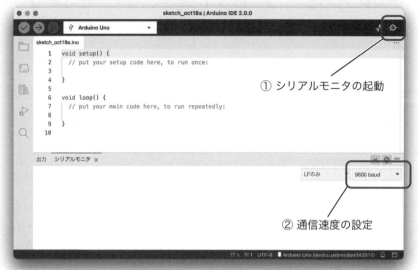

図 3.1　シリアルモニタの起動と設定

【解説】

　シリアル通信を使い，Arduino からパソコンへ文字列を送信している。プログラムを実行して，シリアルモニタを立ち上げると，「ABCDEF」の文字が表示され，改行された後，再び「ABCDEF」と表示され続ける。

【習得すること：プログラム】

- Serial.begin 関数　　使い方：Serial.begin(通信速度);
  Serial.begin 関数は，シリアル通信の通信速度を設定する関数である。ここでは，通信速度を 9600 bps（bit per second：1 秒あたりの転送 bit 数）に指定している。

- Serial.print 関数と Serial.println 関数　　使い方：Serial.print("文字列");
  シリアル通信を使って，TX ピンから文字データを送信する関数である。送信される文字データは，アスキーコードになる。送信する文字列は，Serial.print("ABC"); は，「A」「B」「C」のそれぞれの文字に対応するアスキーコードが送信される。Serial.println 関数は，指定した文字に加えて LF（line feed：改行する）のアスキーコードを送信する。ここでは，「DEF」の文字に対応するアスキーコードに加えて，LF のアスキーコードを送信している。LF のアスキーコードは 0x0A になる（0x は 16 進数を表すための接頭辞）。

2 Arduino の入力

Arduino は，I/O ピン（デジタルピンとアナログピン）を通して外部の世界と情報伝達を行う。ここでの情報とは，電圧であり，LED の点灯，スピーカからの音出力，サーボモータの動作等は，ピンから電圧を出力することで制御を行っている。これらの動作は，Arduino から外部世界への出力の結果である。Arduino は外部世界の情報をどのように受け取るのかというと，実はこれも電圧である。Arduino にとって，I/O ピンの電圧を認識することが，外部の世界を認識する唯一の手段となっている。ここでは，Arduino が外部世界の情報を受け取る，入力について説明する。

2.1 デジタル入力とアナログ入力とは

Arduino は，ピンから電圧を出力することに加えて，ピンの電圧を認識することもできる。Arduino が電圧を認識する方法は，2 つあり，一方がデジタル入力，もう一方がアナログ入力である。デジタル入力は，電圧が大きいか，小さいかを認識する方法である。電圧が大きい場合は，High または 1，小さい場合は Low または 0 と認識される。また，電圧が大きいか小さいかの判断をする値をしきい値といい，Arduino の場合デジタル入力回路は，シュミットトリガ型バッファを用いるので，しきい値は，電圧が増加する場合と減少する場合の 2 つの値が存在する（図 3.2）。しきい値を実測したところ，Low から High に切り替わる電圧は，約 2.5 V，High から Low に切り替わる電圧は約 2.2 V となった。シュミットトリガでは，High から Low，Low から High の遷移が起こりにくい方向へしきい値が変化する。そのため，シュミットトリガを用いない場合と比べて，しきい値近辺の入力電圧に対して，認識結果（High/Low）の変動を抑制することができる。

アナログ入力は，デジタル入力に比べて，より詳細に電圧を認識することができる。Arduino に使われている ATmega328P は，ADC がチップ内に搭載されている。ADC は，Analog to Digital Converter（アナログデジタル変換器）の略であり，ピンにかかる電圧をデジタル値に変換できるデバイスである。ピンに入力されたアナログ電圧は，ADC によってデジタル値に変換される。この変換されたデジタル値は，2 進数（1 or 0）の羅列であるので，直接的には電圧値を表現していない。そのため，デジタル値と電圧値を対応づけるために，デジタル値の各桁に重みづけをすることで，電圧値を表現している。図 3.3 に 2 bit と 3 bit のデジタル値で表現した電圧を示す。アナログ電圧は，デジタル値に変換されると階段状の電圧として表現される。2 bit の場合，0〜5 V までの電圧が，0〜3 段（step）まである階段状の電圧として表現される。このとき，階段の高さ（1 step）は電圧で表現すると 1.7 V になる。3 bit の場合は，階段（step）は 7 段あり，階段の高さ（1 step）は 0.7 V になる。このように，デジタル値で表現する bit 数が増えるとより詳細に電圧を表現でき，実際のアナログ電圧に近づいていく。このときの階段の高さにあたる電圧値を ADC の分解能といい，どれだけ細かく電圧を表現できるかの指標となる。Arduino の ADC は，アナロ

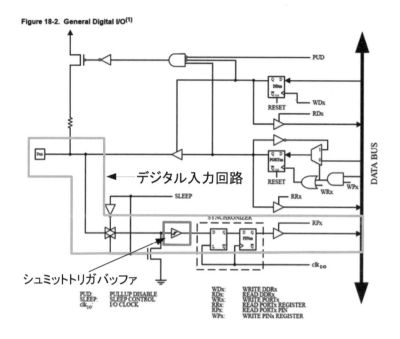

図 3.2 デジタル入力回路

グ電圧を 10 bit のデジタル値に変換できるため,その分解能は,4.9 mV となる(図 3.4)。Arduino には,6 本のアナログ入力ピンが準備されており,使用する場合は,基板左側にある A0 ～ A5 のピンを利用する。

2.2 デジタル入力：押しボタンスイッチ

デジタル入力を使って,押しボタンスイッチの状態を読み取る。押しボタンスイッチは,押されている場合は ON,押されていない場合は OFF の状態とする。Arduino は,デジタル入力を使ってピンの電圧を読み取ることができる。したがって,スイッチの状態を読み取るためには,ON と OFF の物理的な変化を,Arduino が認識できるピン電圧の変化に対応させる必要がある。次に示すプルアップ回路・プルダウン回路は,スイッチの ON/OFF とピン電圧の変化を対応させることができる。

2.3 プルアップ回路・プルダウン回路

入力ピンの電圧について考える場合,ピンからマイコン内部をみたときの抵抗値(シュミットトリガバッファの入力抵抗)が非常に大きいので,ピンからマイコン内部へ流れ込む電流については無視してもよい。(ただし,これはピンが入力ピンである場合のみで,ピンが出力ピンである場合は,ピンに電流が流れるので注意する)スイッチを押した場合,ピンに 0 V を与える回路として図 3.5(a) を考える。スイッチが ON の場合は,ピンに 0 V を与えることができる。しかし,スイッチが OFF の場合は,ピンは電気的に接続されていな

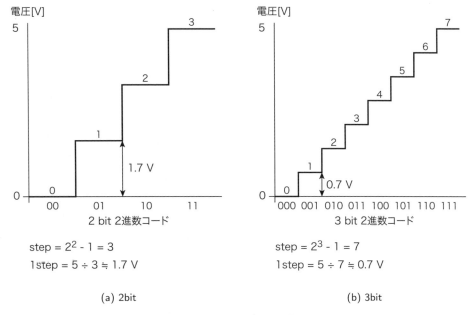

$$\text{step} = 2^2 - 1 = 3$$
$$1\text{step} = 5 \div 3 \fallingdotseq 1.7\ \text{V}$$

$$\text{step} = 2^3 - 1 = 7$$
$$1\text{step} = 5 \div 7 \fallingdotseq 0.7\ \text{V}$$

(a) 2bit　　　　　　　　　　　　　　　　(b) 3bit

図 3.3　電圧のデジタル表現

い状態（high-impedance state：ハイインピーダンス状態）になる（図 3.5(b)）。

　ハイインピーダンス状態であるピンの電圧は，電気的に定まっていないため，不安定な状態となる。そこで，スイッチ OFF 時のハイインピーダンス状態を避けるため，ピンと 5 V の間に抵抗を接続する。この抵抗は，スイッチ OFF の場合に，ピンに 5 V を与える役目があり，スイッチ OFF 時の不安定な状態を解消することができる。この抵抗のことを，電源の高電圧側へピン電圧を引っ張り上げる役割を持つことからプルアップ抵抗といい，この回路をプルアップ回路という（図 3.6）。スイッチが ON の場合，5 V – プルアップ抵抗 – スイッチ – GND の順番に電流が流れる。このときピンの電圧は，プルアップ抵抗の抵抗値とスイッチの抵抗値から決まる。ここで押しボタンスイッチを，OFF 時は抵抗値 ∞，ON 時は抵抗値 0 Ω となる理想的なスイッチだと考えると，ピン電圧はスイッチの電圧降下分と等しいので 0 V となる。

　プルアップ抵抗の大きさについては，抵抗値が小さすぎると，ON 時に突然回路に大電流が流れることになり，回路に悪影響を及ぼす可能性がある。反対に抵抗値が大きすぎると，ピンがハイインピーダンス状態になりピン電圧が不安定になる。重要な点は，素子（ここではスイッチ）の抵抗値とプルアップ抵抗値とのバランス（ON/OFF 時にしきい値電圧をまたぐこと）と，ON 時に素子に流れる電流が，その素子の定格内に収まっていることである。プルアップ回路の抵抗と素子の配置を逆にしたものをプルダウン回路という。プルダウン回路の中で，ピンと GND を結んでいる抵抗を，電源の低電圧側へピン電圧を引っ張り下げる役割を持つことからプルダウン抵抗という。プルダウン回路についても，プルアップ回路と同様の考え方ができる。実際には，プルアップ回路・プルダウン回路を利用

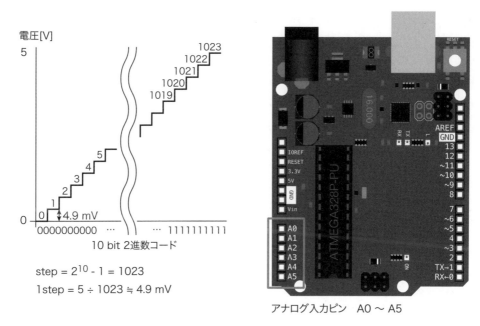

図 3.4   Arduino のアナログ入力

する場合，ピンに保護抵抗として数百 Ω 程度の抵抗を接続して使用する（図 3.7）。この抵抗は，ピンが入力ピンである場合は，ピンの内部抵抗と直列に接続されているので回路に影響を与えることはなく，プログラムミス等でピンが出力ピンになった場合には，ピンを通して電源がショートすることを防いでいる。

2.4   スイッチの ON/OFF を読み取る

　プルアップ回路を用いてスイッチの状態を読み取り，その結果をシリアルモニタに表示する。

```
const int sw = 5;
void setup() {
  Serial.begin(9600);
  pinMode(sw, INPUT);
}

void loop() {
  int val = digitalRead(sw);
  Serial.print("val = ");
  Serial.println(val);
}
```

リスト 3.2   スイッチの状態をシリアルモニタに表示（serialSW.ino）

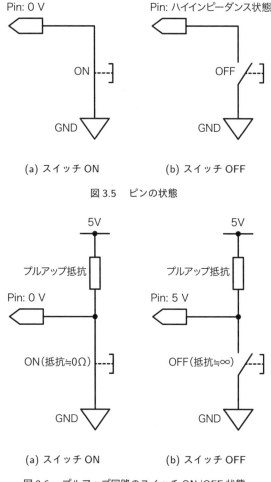

(a) スイッチ ON　　　(b) スイッチ OFF

図 3.5　ピンの状態

(a) スイッチ ON　　　(b) スイッチ OFF

図 3.6　プルアップ回路のスイッチ ON/OFF 状態

【解説】

　スイッチの ON/OFF が変化すると，ピン電圧が変化する。そのピン電圧をデジタル入力で読み取り，シリアルモニタに表示させる。Serial.begin 関数は，シリアル通信の通信速度を設定できる。ここでは，9600 bps としている。この Serial.begin 関数は，シリアル通信を使用する際に，最初に 1 度だけ設定しておく。pinMode 関数は，ピンの入出力設定を行う関数である。sw ピン（5 番）を入力に設定している。int val は，整数型の変数 val を宣言している。変数 val に digitalRead 関数で読み取ったピンの状態を代入している。Serial.print 関数は，記号"で囲まれた文字列をシリアルモニタに表示する。Serial.println 関数は，末尾に改行が追加されることを除いて，Serial.print 関数と同じ働きを持つ。Serial.println(val); によって，val の値をシリアルモニタに表示させて，改行している。

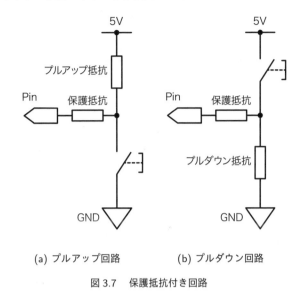

(a) プルアップ回路 (b) プルダウン回路

図3.7 保護抵抗付き回路

【習得すること：プログラム】

- digitalRead 関数 使い方：`digitalRead(ピン番号);`

  digitalRead 関数は，ピンの番号を指定すると，そのピンの状態をデジタル入力形式で読み取ることができる。ピンの電圧が，しきい値より大きい場合は 1（High），小さい場合 0（Low）となる。デジタル入力に利用するピンは，あらかじめ pinMode 関数を使って入力ピンに設定しておく。

3 アナログ入力：可変抵抗器の読み取り

3.1 可変抵抗器とは

可変抵抗器は 3 本の端子を持ち，つまみを回転させることで電気抵抗の大きさを連続的に変えられる素子である。ただし，抵抗が変化するのは中央端子と片側端子間の抵抗値であり，両端にある端子間の抵抗値は一定である。可変抵抗器の中央端子を Arduino のピンに接続し，両端の端子をそれぞれ 5 V と GND に接続する（図 3.8）。このとき，可変抵抗器の両端の端子に流れる電流は一定である。可変抵抗器のつまみを回すと，ピンと GND 間の抵抗値が変化するので，ピンに 0 V〜5 V の電圧を連続的に与えることができる。ここでは，アナログ入力を利用して，ピンの電圧を読み取る。

```
1  const int vr = A0;
2  void setup() {
3    Serial.begin(9600);
4  }
5
6  void loop() {
```

```
 7    int val = analogRead(vr);
 8    Serial.print("val = ");
 9    Serial.println(val);
10  }
```

リスト 3.3　入力電圧をシリアルモニタに表示（serialVR.ino）

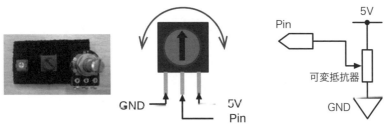

図 3.8　可変抵抗器と回路図

【解説】

　可変抵抗器のつまみを回転させることで，ピンの電圧が 0 V～5 V の範囲で変化する。ア
ナログ入力を利用して，ピンの電圧を読み取り，シリアルモニタに表示させている。プログ
ラムでは，可変抵抗器（variable resistor）とつながっている入力ピン A0 を定数 vr で定義
している。loop 関数では，analogRead 関数を使って，vr ピンの電圧を読み取り，変数 val
に代入している。変数 val の値は，Serial.print 関数により，シリアルモニタに表示される。

【習得すること：プログラム】

- analogRead 関数　　使い方：analogRead(ピン);
  アナログ形式で電圧を読み取る関数である。アナログ入力を使う場合は，pinMode 関
  数を使って入力ピンに指定しなくてもよい。アナログ入力が利用できるピンは，A0
  ～A5 までの 6 本であり，プログラム内のピン番号には，A0～A5 の表記を使用する。

4　デジタル入力：赤外線 LED と赤外線受光器

4.1　赤外線受光器とは

　赤外線受光器は，3 本の端子を持つ赤外光を検知するセンサである（図 3.9）。前面にあ
る半球部分が赤外光を検出すると，出力ピンから 0 V が，そうでなければ 5 V が出力され
る。太陽光などにも赤外線が含まれており，こういった環境光の影響を取り除くため，赤
外線受光器には，フィルタが備わっている。このフィルタは，特定の周波数（38 kHz）周
辺で振動するパルス状の赤外線のみを通過させる働きがある

　光源には，赤外線 LED を使用する。赤外線 LED は，底面・側面からの赤外線の漏れを防
止し，前方への指向性を高めるため黒いカバーを取り付けて使用する。赤外線受光器のフィ

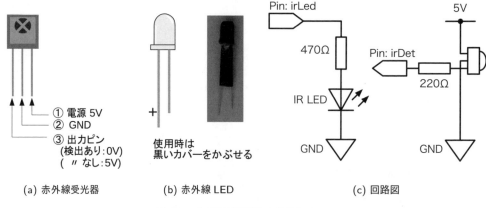

(a) 赤外線受光器　　　　(b) 赤外線 LED　　　　　(c) 回路図

図 3.9　赤外線受光器と赤外線 LED

ルタを通過するように，赤外線 LED の発光には，周波数 38 kHz のパルス信号を用いる。

4.2　赤外線による障害物検知

　赤外線 LED を前方へ向くように取り付けて，発光させる。前方に障害物がある場合は，障害物に反射した赤外線が返ってくるが，何もない場合には赤外線は反射してこない。この赤外線の反射光を，赤外線受光器で検出することで，障害物の有無が認識できる。

```
1   const int irLed = 8;
2   const int irDet = 9;
3   int val = 0;
4
5   void setup() {
6     Serial.begin(9600);
7     pinMode(irLed, OUTPUT);
8     pinMode(irDet, INPUT);
9   }
10
11  void loop() {
12    tone(irLed, 38000, 5);
13    delayMicroseconds(300);
14    val = digitalRead(irDet);
15    Serial.println(val);
16  }
```

リスト 3.4　赤外線による障害物検知（irDetect.ino）

【解説】

　赤外線受光器は，38 kHz で振動するパルス状の赤外線を検知できる。そのため，tone 関数を使って，光源となる赤外線 LED を発光させている。シリアルモニタには，赤外線受光器の出力ピンの状態が表示される。赤外線の反射がある場合は，0（Low），反射がない場合は 1（High）となる。

【習得すること：ハード】

- 赤外線受光器の使い方

  赤外線受光器は，38 kHz 近辺で振動するパルス状の赤外線を検出できる受光器であり，主に，赤外線リモコンの受光部として利用されている。

　Arduino 基板で赤外線 LED と赤外線受光器を使用する場合，注意すべき点が 2 点ある。1 つ目は，tone 関数は，タイマを使ってバックグラウンドで処理を行うこと，2 つ目は，赤外線受光器の出力は，赤外線を検知してから信号を出力するまでに多少の時間がかかることである。そのため，tone 関数で赤外線を発射した直後に，digitalRead 関数を実行して，センサの出力を読み取っても，正しい結果を得ることができない。赤外線受光器のデータシートを確認したところ，信号の遅延について，記載が有るものと無いものがあり，記載があるのでは，約 210 μs 程度であった。ここでは，多少の余裕を持って delayMicroseconds 関数を使って，300 μs 後にセンサの値を取得している。また，tone 信号が出力される時間が短すぎると，結果を正しく取得できない。こちらで確認したところ，少なくとも，delayMicroseconds 関数の指定時間＋数 ms は，赤外線を発光し続ける必要があった。プログラムでは，5 ms の時間 tone 信号を出力している。（tone 関数は，バックグラウンドで処理されるため，5 ms 間赤外線 LED を発光させてから，次の関数が実行されるのではなく，tone 関数の後に続く処理を実行している最中においても，赤外線 LED が発光し続けることになる）この，tone 関数の赤外線出力時間と，delayMicroseconds 関数の待機時間は，片方が大きすぎても，小さすぎてもうまくいかず，両方の時間をうまく調整する必要がある。

5　アナログ入力：距離センサ

5.1　距離センサについて

　赤外線を利用した距離センサを使って，物体までの距離を測定する。図 3.10 の SHARP 製 GP2Y0A21 は，赤外線の出力部と受光部を持ち，3 本の端子（5 V，GND，Vout）を有するセンサである。出力部から照射された赤外線は物体にあたると反射する。その反射光が受光部で検出されると，物体までの距離に応じた電圧が，Vout 端子から出力される。図 3.11 に Vout と距離の関係グラフを示す。物体との距離が近づくにつれ電圧 Vout は大きくなるが，距離が近すぎると Vout は急激に低下する。そのため，データシート [2] によると GP2Y0A21 の測定できる距離は 10 cm～80 cm までとなっている。

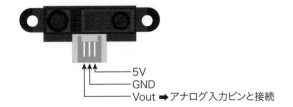

図 3.10　　SHARP 製 赤外距離センサ GP2Y0A21

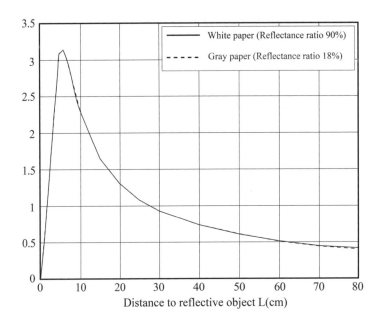

図 3.11　　電圧 Vout と距離の関係

```
1   const int irSensor = A0;
2   void setup() {
3     Serial.begin(9600);
4   }
5
6   void loop() {
7     int val = analogRead(irSensor);
8     if (val < 4 ) val = 4;
9     int distance = (6787 / (val - 3)) - 4;
10
11    Serial.print("val = ");
12    Serial.print(val);
13    Serial.print("  distance = ");
14    Serial.println(distance);
```

```
15    delay(100);
16  }
```

リスト 3.5　赤外距離センサを用いた距離の計測（distanceGP2Y0A21.ino）

【解説】

　距離センサの出力をアナログ入力で読み取り，距離に変換し，シリアルモニタに表示させる。analogRead 関数を使えば，距離センサからの出力電圧を読み取ることができる。プログラムでは，読み取った電圧を変数 val に，距離を変数 distance に保存している。読み取った電圧を，距離に変換するには，何らかの計算が必要である。ここでは，変換式を利用して電圧を距離にしている。ただし，val の値が 3 になると，変換式の中で 0 の割り算が発生するので，val の値が 3 より小さい場合は val を 1 にしている。

6　デジタル入力（パルス幅の測定）　超音波センサを用いた距離の測定

6.1　超音波センサとは

　超音波センサ HC-SR04 を使って，物体を検知する（図 3.12）。超音波センサとは，人間の耳には聞こえない高周波の音を利用するセンサである。HC-SR04 の場合は，40 kHz の超音波を発射し，その反射を受信することで，物体の有無を検知でき，さらに，発射した超音波が返ってくるまでの時間を計測することで，物体までの距離も測定できる。測定可能な範囲は，2 cm〜400 cm となる。

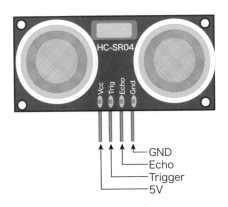

図 3.12　超音波センサ HC-SR04

```
1   const int Trig = 6;
2   const int Echo = 7;
3
4   void setup() {
5     Serial.begin(9600);
6     pinMode(Trig, OUTPUT);
```

```
 7      pinMode(Echo, INPUT);
 8    }
 9
10    void loop() {
11      unsigned long time = 0;
12      digitalWrite(Trig, HIGH);
13      delayMicroseconds(10);
14      digitalWrite(Trig, LOW);
15
16      time=pulseIn(Echo, HIGH);
17      Serial.print("time = ");
18      Serial.print(time);
19      Serial.print("   cm = ");
20      Serial.println(time / 58);
21      delay(100);
22    }
```

リスト 3.6　超音波センサを用いた距離の計測（distanceHCSR04.ino）

【解説】

　超音波センサを使って，物体までの距離を計測し表示している。超音波センサの Trigger は 6 番ピン，Echo は 7 番ピンと接続している。Trigger ピンに 10 μs のパルスを出力し，pulseIn 関数を使って Echo ピンに発生するパルスの幅を取得している。

【習得すること：ハード】

- 超音波センサ：HC-SR04 について
  HC-SR04 には，4 本の端子（Vcc，GND，Trigger，Echo）がある。電源ピンが，Vcc と GND になり，Vcc は 5 V，GND は Arduino の GND（0 V）と接続する。Trigger と Echo は，Arduino のデジタルピンにそれぞれ接続する。超音波センサを動作させるためには，まず Trigger ピンに 10 μs のパルス信号を与える。このパルス信号がスタートの合図（トリガ）となり，センサから超音波が出力される。このとき，超音波の出力と同時に Echo ピンは Low から High になり，超音波の反射が返ってくるまで High 状態を維持する。出力した超音波の反射が返ってくると，Echo ピンが High から Low に戻る。すなわち，Echo ピンが High 状態であった時間が，発射した超音波が戻ってくるまでの時間になる。音速と超音波が戻ってくるまでの時間から，物体までの距離が計算できる。室温における音速を 340 m/s，超音波が戻ってくるまでの時間を time として，物体までの距離を計算しよう。その計算結果を踏まえて，プログラム中の time / 58 の意味を考える。超音波を出力してから，次の超音波を出力するまでの時間は，データシートによると 60 ms 以上の間隔を空ける必要がある。

そのため，loop 関数の最後に delay(100); を追加している。

【習得すること：プログラム】

- pulseIn 関数　　使い方：pulseIn(ピン，状態);
 pulseIn 関数は，ピンに発生するパルスの幅（時間）を計測する関数である。**状態に**は，計測したいパルスの状態（High/Low）を指定する。ここでは，Echo ピンからは，High のパルスが出力されるので，HIGH を指定している。pulseIn 関数が実行されると，測定したパルスの時間が戻り値として返ってくる。その戻り値のデータ型が，unsigned long 型であるので，戻り値を受け取る変数のデータ型も unsigned long 型にしている（unsigned long time = 0 の部分）。

7　センサの応用

　スイッチの ON/OFF を読み取り，その状況に応じて LED の点灯/消灯を行う。次に，スイッチが押された回数をカウントするプログラムを作成する。これらの課題を通して，選択構造の使い方，変数の有効範囲について理解する。

7.1　LED の点灯

　図 3.13 の回路において，スイッチを押している間，LED を点灯させるプログラム（リスト 3.7）を作成する。

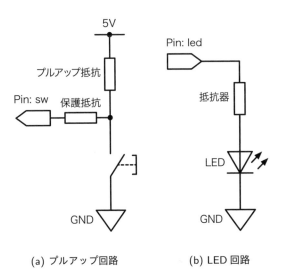

(a) プルアップ回路　　　　(b) LED 回路

図 3.13　プルアップ回路と LED 回路

```
1   const int sw = 5;
2   const int led = 13;
3
4   void setup() {
5     pinMode(sw, INPUT);
6     pinMode(led, OUTPUT);
7   }
8
9   void loop() {
10    int val = digitalRead(sw);
11    if (val == 1) {                      // if (val) {
12      digitalWrite(led, LOW);
13    } else {
14      digitalWrite(led, HIGH);
15    }
16  }
```

リスト 3.7　スイッチを押している間 LED を点灯（switchLed.ino）

【解説】

　pinMode 関数を使って 5 番ピンを入力ピンにする。読み取ったピン状態を保存するため，整数型（int）の変数 val を使用する。digitalRead 関数を 5 番ピンの状態を読み取り，変数 val に代入している。val には，1 または 0 が保存される。if 文を使って，LED の点灯と消灯を切り替えている。

【習得すること：プログラム】

- 選択構造：if 文

  if 文を使って，条件分岐を行っている。1 つの条件を判定し，その真偽によって，異なった処理を実行している。if 文の条件は，0 なら偽，0 以外は真と判断されるため，if (val == 1) は，if (val) と記述しても同じ動作となる。ただし，可読性を考慮すると，適当な変数名に変更し，if (isSwitchOff) などとすべきである。

7.2　スイッチのカウント

　スイッチを押した回数をカウントし，シリアルモニタに表示させる。まず，図 3.14 に示すスイッチとピン状態の対応関係を確認する。プルアップ回路を使う場合は，スイッチ OFF＝ピン状態 1（High），スイッチ ON＝ピン状態 0（Low）になり，プルダウン回路を使う場合は，スイッチ ON＝ピン状態 0（Low），スイッチ OFF＝ピン状態 1（High）となる。どちらの回路を使用するかを把握してからプログラムを作成すること。スイッチを押

す操作は，スイッチを「押した瞬間」→「押している間」→「離した瞬間」の3動作に分割できる。ここでは3動作のうち，スイッチを押した瞬間と離した瞬間に注目しプログラムを作成していく。

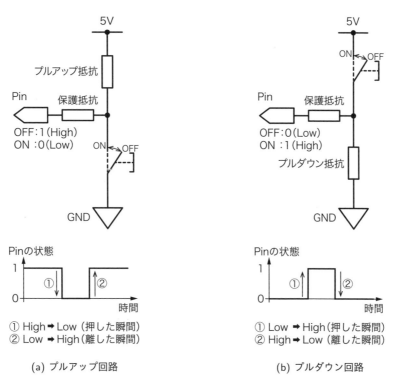

図3.14　スイッチ ON/OFF 時のピン状態

【習得すること：プログラム】

- ピン状態の切り替わりをとらえる

  プルアップ回路では，ピン状態が High から Low に変化したときがスイッチを押した瞬間に対応し，Low から High に変化したときが離した瞬間に対応する。プルダウン回路においては，High と Low の関係が逆になる。プルアップ，プルダウン回路のいずれにおいてもピンが以前の状態から変化したという事象を，プログラム上で表現するにはピンの現在の状態と過去の状態を保存し，それらを比較すればよい。状態の保存には変数が使われるが，その際には次に説明するローカル変数とグローバル変数の違いについて注意する必要がある。

- 変数について2

  変数が宣言されると，ATmega328P の RAM 内に，変数に必要なサイズ分のメモリが確保される。ただし，変数に利用できるメモリには限りがあり，ATmega328P の場合は2 KByte となっている。この有限のメモリを効率的に利用するため，変数に

は常にメモリに存在し続ける変数と必要な場合だけ一時的に存在する変数の 2 種類が存在する。基本的に，変数は宣言された関数の中でのみ，その変数にアクセスができる。関数内で宣言された変数は，関数が呼び出されたときに生成され，関数の処理が終了すると破棄される。このような変数をローカル変数といい，ローカル変数はメモリに一時的に存在する変数となる。また，関数内でローカル変数を利用すると，他の関数が不用意に変数の値を変更することを防止できる。

7.3　プログラムの作成

今回の例では，loop 関数内で宣言された変数は，loop 関数が実行される度に，生成と破棄を繰り返すことになる。すなわち，スイッチの過去の状態やスイッチを押した回数といった値を保持したい変数にローカル変数を利用すると，毎回変数が破棄されるため値を保持することができない。ここでは，次の 2 つの方法を利用して変数の値を保持する。

方法 1　グローバル変数の利用

変数を，すべてのブロックの外側で宣言して使用する。リスト 3.8 のプログラムにある int old_val と int c のようなブロック外で宣言された変数はグローバル変数といい，すべての関数からアクセスできる変数になる。グローバル変数は，他の関数から自由にアクセスできるので，意図しない値の変更に注意すること。また，グローバル変数はプログラム実行中常にメモリ内に存在するため，メモリのリソースを消費する。

```
1   const int sw = 5;
2   int old_val = 0;
3   int c = 0;
4
5   void setup() {
6     Serial.begin(9600);
7     pinMode(sw, INPUT);
8   }
9
10  void loop() {
11    int val;
12    val = digitalRead(sw);
13    Serial.print(" val = ");
14    Serial.print(val);
15    Serial.print("  c = ");
16    Serial.println(c);
17
18    if ((old_val == HIGH) && (val == LOW)) {
19      delay(10);
```

```
20      c = c + 1;                    // c++;
21    }
22    old_val = val;
23  }
```

リスト 3.8　グローバル変数を利用したスイッチ操作のカウント（countSwGlobal.ino）

【解説】

　プルアップ回路で実行したとき，スイッチを押した瞬間に回数をカウントするプログラムである。一方で，プルダウン回路で実行したときは，スイッチを離した瞬間にカウントするプログラムになる。変数 c にスイッチを押した回数，変数 val に現在のピン状態，変数 old_val に，1 つ前のピン状態を保存している。状態が High から Low に変化したら，スイッチを押した瞬間であると判断し，c の値を 1 だけ増やしている。最後に old_val に val を代入し，old_val を書き換えている。

【習得すること：プログラム】

- 変数の優先順位

  変数は，宣言されたブロックの内側においては常に有効であり，その変数にアクセスすることができる。プログラム中に同じ名前の変数が存在する場合がある。その場合，どちらの変数が内側のブロックで宣言されているかを考える。変数へのアクセスは，内側のブロックで宣言されている変数が優先される。ただし，同じブロック内に同じ名前の変数があるとエラーになる。例えば，グローバル変数とローカル変数が同じ名前である場合，変数のアクセスはローカル変数が有効な範囲においてはローカル変数が優先される。ローカル変数同士が同じ名前である場合においても，同様に内側のブロックにある変数が優先される（図 3.15）。例として，同じ名前の変数が使われている状況を説明したが，実際に変数を使う場合には紛らわしい名前は付けないで，他の変数と区別がつきやすく，変数の役目が理解しやすい名前を付けるべきである。

- チャタリングの対策　　delay(10);

  スイッチは，導体と導体が物理的に接触することによって ON 状態になる。物理的な接触は，人間の間隔ではほんの一瞬であるが，Arduino にとっては導体が接触する一瞬は，何十回とスイッチを読み取ることができるほどの時間になる。そのため，導体同士がぶつかった瞬間に接点がバウンドし，連続的に ON/OFF が切り替わる状態を読み取ってしまうことがある。この現象をチャタリングといい，チャタリングを読み取ると ON/OFF が短時間に切り替わり不安定な状態になるので，プログラム上の処理に影響を与える場合がある。チャタリングには，ハードウェアとソフトウェアの両方からの対策が可能である。ここではソフトウェア側からできる対策として，

```
int c = 0;←── グローバル変数 c の
               宣言と初期化

void setup() {
  int c;←─── ローカル変数 c の宣言
             (setup関数内のみ有効)
  c = 10;←── ローカル変数 c に代入
             (内部ブロック優先)
}

void loop() {
  c = 7;←─── グローバル変数 c に代入
}
```

```
int i = 0;←──── グローバル変数 i の宣言と初期化

void setup() {
  int i;←─── ローカル変数 i の宣言
             (setup関数内のみ有効)
  i = 10;←── ローカル変数 i に代入
             (内部ブロック優先)

  for (int i = 0; i < 5; i++) {
             └── ローカル変数 i の宣言と初期化
                 (for文ブロック内のみ有効)
    pinMode(i, OUTPUT);
             └── ローカル変数 i を使用
                 (内部ブロック優先)
  }

}

void loop() {
  i = 7;←──── グローバル変数 i に代入
}
```

図 3.15　変数の優先順位

チャタリングをやり過ごす方法を用いる。スイッチの状態が変化してからチャタリングが落ち着くまで，しばらくの時間待機してから処理を行うようにしている。

● 代入とインクリメント

変数の値を増やす場合，代入を表す=を使って記述できる。（左辺）＝（右辺）は，（右辺）を（左辺）に代入する働きがある。ここでは，c = c + 1 によって，c + 1を再度 c に代入している。結果として c の値が 1 増える。他の記述の仕方に，インクリメント演算子を使う方法もある。++を使って，c = c + 1 の代わりに c++と記述してもよい。++は，変数の値を +1 することができる。

方法 2　キーワード static の利用

```
1   const int sw = 5;
2
3   void setup() {
4     Serial.begin(9600);
5     pinMode(sw, INPUT);
6   }
7
8   void loop() {
9     int val;
10    static int old_val = 0;
11    static int c = 0;
12
13    val = digitalRead(sw);
```

```
14    Serial.print(" sw = ");
15    Serial.print(val);
16    Serial.print("  c = ");
17    Serial.println(c);
18
19    if ((old_val == HIGH) && (val == LOW)) {
20      delay(10);
21      c++;                    // c = c + 1;
22    }
23    old_val = val;
24  }
```

リスト 3.9　静的変数を利用したスイッチ操作のカウント（countSwStatic.ino）

【解説】

　変数 old_val と c が static を付けて宣言されている。そのため, old_val と c は, loop 関数の最初の実行時に初期化される。old_val と c は, loop 関数が終了しても破棄されないため, 値を保持し続けることができる。

【習得すること：プログラム】

- 静的変数 static
  static は, 静的変数を定義するキーワードである。静的変数は, 関数の処理が終了した後も破棄されず, メモリ内に存在し続けるため, 値の保持ができる。静的変数の初期化は, 最初に 1 度だけおこなわれる。

- 論理積と論理和を使った条件
  if 文の条件を記述する場面において, 2 つの条件を利用したい場合, 論理積&&と論理和||が利用できる。論理積&&は, 2 つの条件がともに真である場合, 全体が真となり, 論理和||は, 2 つの条件のうち, どちらか一方が真の場合, 全体が真となる。ここでは, if 文の条件には, スイッチが押された瞬間を設定したい。プルアップ回路の場合, スイッチが押された瞬間は, 前の状態が High であり, かつ, 現在の状態が Low になった場合である。したがって, 条件は論理積&&を使って, ((old_val == HIGH) && (val == LOW))と記述できる。なお, ==（イコール 2 つ）は, 等しいを表す演算子である。

方法 3　while ループを組み合わせたカウント

　ここでは 1 つ前のピン状態を保存することなく, ピンの状態を連続して読み取ることで, ピン状態が変化する瞬間を検出する方法を紹介する。

```
1  const int sw = 5;
2  int c = 0;
3
4  void setup() {
5    Serial.begin(9600);
6    pinMode(sw, INPUT);
7  }
8
9  void loop() {
10   int val = digitalRead(sw);
11   Serial.print("  c = ");
12   Serial.println(c);
13   if (val == LOW) {
14     while (val == LOW) {
15       val = digitalRead(sw);
16       delay(10);
17     }
18     c++;
19   }
20 }
```

リスト 3.10　while ループを組み合わせたスイッチ操作のカウント（countSwWhile.ino）

【解説】

　プルアップ回路においてスイッチを押して離すという操作をしたとき，ピンは，図 3.16 ①→②→③の順番に状態が変化する。このプログラムは，スイッチを離した瞬間③を検出して，カウントをおこなう。スイッチを離した瞬間を検出するために，プログラムでは，もしスイッチが押されたら離されるまで待ち，スイッチが離されたらカウントする方法を使っている。スイッチの状態①～③とプログラムの対応関係を考える。スイッチを押した瞬間は，スイッチの状態が LOW になるので，if (val == LOW) の条件が真となる。押している間，スイッチの状態は，LOW を維持するため，while (val == LOW) の条件が真となるので，while ループが繰り返し実行されている。すなわち，スイッチが押されると，if (val == LOW) の条件が真となり，後に続く while (val == LOW) の条件も真となる。そのため，スイッチが押されている間，while ループが実行され続けることになる。スイッチが離された瞬間，val が HIGH になるので，while ループの条件が偽となり，ループを脱出する。while ループを抜けたときが，スイッチを離した瞬間になり，ここで変数 c の値を +1 している。このとき，while ループ内に，ピンの状態を読み取る digitalRead 関数が必要である点に注意する。while ループ内でピンの状態を読む操作を行わないと，val の値が書き換わらないため，スイッチを離した状態を認識できない。while ループ内の delay(10);

は，チャタリング対策のためである。

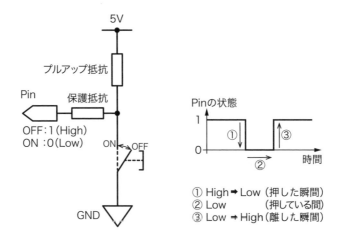

図 3.16　スイッチの 3 状態（プルアップ回路）

8　障害物回避

　BOE Shield-Bot にセンサを取り付け，センサが障害物を検知したら回避する。ここでは，センサから得られた情報により，BOE Shield-Bot に異なった動きをさせる。この課題を通して，選択構造の使い方を習得する。

8.1　プログラムの考え方

　プログラムに必要な機能は，大きく 2 つある。1 つはセンサから情報を取得する機能，もう 1 つは得られた情報から動作を選択する機能である。変数の宣言，初期設定も必要であることを考えると，プログラムの構成は図 3.17 のようになる。

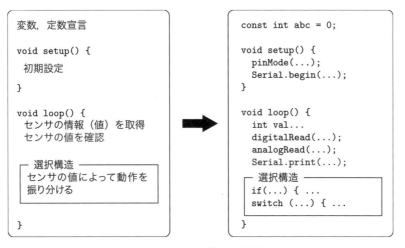

図 3.17　プログラムの構成

　これまでの例題は，センサの情報を取得してシリアルモニタで確認するまでのプログラ

ムであった。ここでは，さらに選択構造部分を追加して，センサの値に応じた動作をおこなうプログラムを作成する。

センサの値と動作の対応関係については，図 3.18 に考え方の例を示した，実際にはセンサから取得した値を確認しながら検討するとよい。

例1：デジタル入力の場合

センサ値が1のとき ⇒ 前進
センサ値が0のとき ⇒ 後退

```
if (val == 1) {
  前進
} else {
  後退
}
```

例2：アナログ入力の場合

センサ値が10以上，300未満のとき   ⇒ 前進
センサ値が300以上，700未満のとき   ⇒ ゆっくり前進
センサ値が700以上のとき   ⇒ 後退

```
if ((10 <= val) && (val < 300)) {
  前進
} else if ((300 <= val) && (val < 700)) {
  ゆっくり前進
} else if (val >= 700) {
  後退
}
```

図 3.18   センサと動作の対応関係例

8.2 プログラム作成

障害物の検知に使用するセンサを決め，全体のプログラムを作成する。センサの情報を取得する方法は，デジタル入力，アナログ入力のうち，適切なものを使用すること。使用するセンサから得られる情報（値）が，どのようなものか（離散的な値 or 連続した値）を考え，入力方式を決めるようにする。デジタル入力では，2通りの場合分けが，アナログ入力は，条件の設定次第では，より詳細に場合分けが可能となる。プログラムが完成したら，BOE Shield-Bot を床へ置き，動作を確認する。

9 まとめ

Arduino は，デジタル入力，アナログ入力を利用することで電圧を認識することができる。センサを利用すると，外部の物理的な変化を，何らかの変化として認識することができる。何らかの変化は，センサの特性によって異なり，例えば，スイッチや CdS 光センサは抵抗の変化になり，赤外距離センサは，電圧の変化になる。Arduino が認識できるのは，電圧であるので，スイッチや CdS 光センサを使う場合には，抵抗の変化を電圧の変化に変換する工夫が必要である。そのためには，センサと抵抗を組み合わせた回路（プルアップ回路・プルダウン回路）を利用する。また，プログラムを作成する際には，デジタル入力とアナログ入力のうち，どちらを使う方がより適切であるかを検討する必要がある。スイッチのような ON/OFF の2つの状態だけで成り立つ場合には，デジタル入力が適しているし，赤外線距離センサのような，距離と出力電圧が連続した関係である場合には，アナログ入力が適している。センサには，それぞれに特徴があり，どんなセンサでも，その能力を最大限に発揮する使い方がある。センサを使う場合には，何が目的でセンサを利用しているのかを考え，センサの特徴を引き出す使い方を心掛けること。

第 4 章

ライントレースとプログラミングの応用

- この実習の目標
  - ライントレースを通して，自律型ロボットとして必要な要素について理解する。

1　フォトリフレクタ LBR-127HLD

　LBR-127HLD は，赤外線 LED とフォトトランジスタが一体となった素子であり，赤外線 LED から出た赤外線の反射をフォトトランジスタで検出することができる（図 4.1）。赤外線 LED とフォトトランジスタは，両方とも極性を持つ素子である。赤外線 LED は足の長い端子が＋（アノード）であり，フォトトランジスタは足の短い端子が＋（コレクタ）になるので，回路を組み立てる際は間違えないようにする

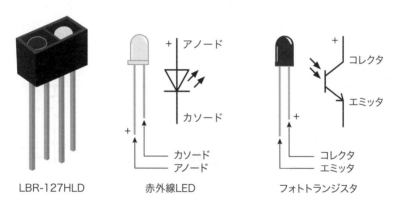

LBR-127HLD　　　　赤外線LED　　　　フォトトランジスタ

図 4.1　フォトリフレクタ LBR-127HLD

1.1　フォトトランジスタの動作 1

　フォトトランジスタは，赤外線がベースに入射するとコレクタ – エミッタ間に電流が流れる素子である。ここではフォトトランジスタを，ベースに入射した赤外線によってコレクタ – エミッタ間が ON/OFF するスイッチだと考えて回路の動作を理解していく（図 4.2）。フォトトランジスタのベースに赤外線が入射すると（赤外線を検知した状態），コレクタ –

エミッタ間に電流が流れスイッチ ON の状態になる。反対にベースに赤外線が入ってこない状態（赤外線を検知しない状態）はスイッチ OFF の状態になる。フォトトランジスタは，スイッチのように振る舞うので，その ON/OFF を Arduino が認識するためには，プルアップ回路またはプルダウン回路を使用する。

図 4.2　フォトトランジスタのスイッチ動作

1.2　LBR-127HLD の使用方法

　LBR-127HLD が検出できるのは，センサから約 1 cm の範囲にある物体の反射である。そのため離れた物体を認識することはできないが，近距離の物体からの反射を正確に読み取ることができる。ここでは，その特徴を活用してラインの検出に利用する。使用する回路を図 4.3 に示す。赤外線 LED と直列に接続されている抵抗は，赤外線 LED に流す電流の大きさを決める働きをしている。抵抗の片側が電源とつながっているので，赤外線 LED には常に電流が流れ，発光している。フォトトランジスタ側には，プルアップ回路を利用している。また，フォトトランジスタのコレクタは，保護抵抗を介して入力ピンと接続されている。

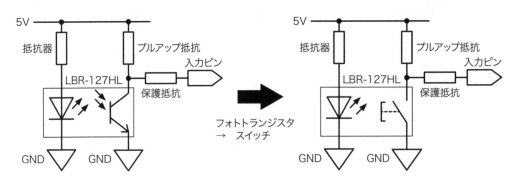

図 4.3　フォトリフレクタ回路図

```
1   const int pin = 2;
2
3   void setup() {
4     Serial.begin(9600);
5     pinMode(pin, INPUT);
```

```
6    }
7
8    void loop() {
9      int val = digitalRead(pin);
10     Serial.print(" val =");
11     Serial.println(val);
12   }
```

リスト 4.1　フォトリフレクタの動作確認（デジタル入力）（checkLBR127digital.ino）

【解説】

　2 番以外の入力ピンを使う場合は，プログラムを変更する。digitalRead 関数を使って，ピンの状態を読み取っている。赤外線 LED から発した赤外線の反射がフォトトランジスタのベースに届くと，フォトトランジスタのコレクタ – エミッタ間に電流が流れスイッチ ON の状態になる。そのとき，入力ピンのデジタル状態は「0」となる。

【習得すること：ハード】

- LBR-127HLD について

  LBR-127HLD は赤外線 LED を発光させ，その反射の有無をフォトトランジスタで検出するセンサである。動作のチェック時には，次の 2 点を注意する。1 つは LBR-127HLD が検出できるのはセンサから約 1 cm 以内の物体からの反射であること，もう 1 つはフォトトランジスタは環境光の影響を受けることである。LBR-127HLD が離れた物体を認識していると思われる場合は，認識している光が赤外線 LED からの反射光か，環境光かを区別する必要がある。認識しているのが赤外線 LED からの反射ではなく，環境光である可能性も考慮に入れる。LBR-127HLD は，赤外線 LED を発光させずにフォトトランジスタを手で覆うだけでも，環境光の増減で入力の値が変動する場合がある。

2　ライントレース

BOE Shield-Bot をラインに沿って動作させるライントレースを行う。

2.1　センサの配置

　LBR-127HLD をラインを検出するラインセンサとして使用する。ラインは黒色テープを使用することで，ライン上では赤外線が吸収されるため反射が小さくなりスイッチ OFF の状態になる。ここでは 2 個の LBR-127HLD を，ラインを挟む位置に配置しラインを読み取っていく。なお，実際にライントレースロボットを製作する場合，ライントレースを行うコースや製作するロボットの形状から，センサの個数およびセンサの配置場所を検討す

る必要がある。

2.2　ロボットの姿勢と動作

　センサの出力とロボットの状態から，そのときの動作を考える（図 4.4）。ロボットが常にラインと平行となるように（基本ポジション），ロボットを動作させる。ロボットが基本ポジションのとき，ラインに沿って動作するには前進すればよい。もし，ロボットがラインに対して左に傾いた場合，右側のセンサが黒ラインを検知する。このとき，基本ポジションに戻るためには，ロボットのフロントを右側に向ける必要がある。すなわちロボットは右回転の動作を行う。実習では，右回転・左回転の動作は，その場回転の動作（ロボットの両輪が回転する動作）であるが，オリジナルロボットを製作してライントレースを行う場合は，片輪のみを回転させる方法なども試して最適なものを採用するとよい。

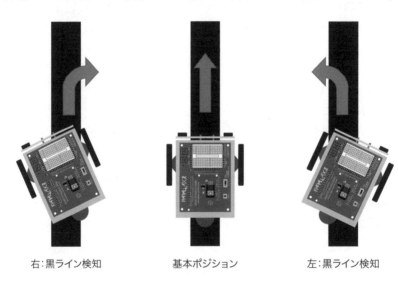

右:黒ライン検知　　　基本ポジション　　　左:黒ライン検知

図 4.4　姿勢と動作

2.3　プログラムの構成

　プログラムに最低限必要な機能は，センサの情報（値）を読み取る機能，読み取った情報から動作を振り分ける機能である。さらに，センサの値をシリアルモニタに表示する機能も追加できれば，センサの動作チェック時に役立つ。プログラムの構成を図 4.5 に示す。選択構造には，if 文を使ってセンサの条件によりロボットの動作を振り分けていく。さらに，ここからはプログラム作成時には，プログラムの汎用性についても考慮するよう心掛ける。例えば，センサに利用する入力ピンを直接数字で記述せずに，定数 const や#define で定義する。もし入力ピンを変更する場合，定義部分を変更するだけでよい。後々変更が生じる可能性がある部分は，容易に変更できるようにしておく。

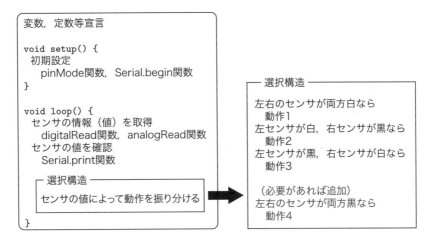

図4.5 プログラムの構成

2.4 デジタル入力を使ったライントレース

　動作部分を除いたプログラムをリスト 4.2 に示す。動作部分を追加してプログラムを完成させる。使用するピン番号を変更する場合は，プログラムの該当箇所も変更すること。

```
1   #include <Servo.h>
2   ////////////  Pin Number  ////////////
3   const int leftServoPin = 11;
4   const int rightServoPin = 10;
5   const int leftIr = 7;
6   const int rightIr = 6;
7   /////////////////////////////////////
8   Servo servoLeft;
9   Servo servoRight;
10
11  void setup() {
12    Serial.begin(9600);
13    servoLeft.attach(leftServoPin);
14    servoRight.attach(rightServoPin);
15    pinMode(leftIr, INPUT);
16    pinMode(rightIr, INPUT);
17  }
18
19  void loop() {
20    int Lin = digitalRead(leftIr);
21    int Rin = digitalRead(rightIr);
22  //  Serial.print("Lin=");
23  //  Serial.print(Lin);
```

```
24   //  Serial.print("  Rin=");
25   //  Serial.println(Rin);
26
27    if (Lin == 0 && Rin == 0) {
28     // forward
29    } else if (Lin == 0 && Rin == 1) {
30     // right
31    } else if (Lin == 1 && Rin == 0) {
32     // left
33    }
34   }
```

リスト 4.2　デジタル入力を使ったライントレース（linetrace.ino）

課題： ライントレースを行いながら，交差点のあるコースを1周するプログラムを作成しよう。上記プログラムに交差点での動作を追加する。なお，交差点では前進すること。

3　発展：交差点のカウント

　交差点のあるコースを使って，ライントレースを行う。ロボットは通過した交差点の数をカウントしながら，ライントレースを行うものとする。ここでは，交差点をカウントする方法として，while ループを使ったスイッチカウントプログラムと同様の考え方を利用する。図 4.6 において，プルアップ回路を用いたスイッチを使用する場合では，ピンが①→②→③の状態になったとき，スイッチが押されたと判断してカウントを行った。ラインセンサを使う場合も同様に考えて，ピンが①→②→③の状態になったときに，交差点を通過したと判断し交差点の数をカウントする。

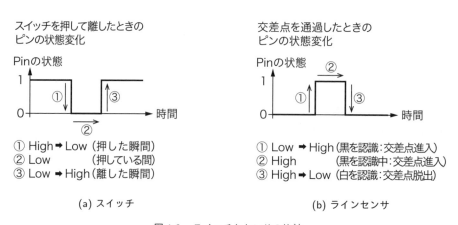

スイッチを押して離したときの
ピンの状態変化

Pinの状態

① High ➡ Low（押した瞬間）
② Low   （押している間）
③ Low ➡ High（離した瞬間）

(a) スイッチ

交差点を通過したときの
ピンの状態変化

Pinの状態

① Low ➡ High（黒を認識：交差点進入）
② High   （黒を認識中：交差点進入）
③ High ➡ Low（白を認識：交差点脱出）

(b) ラインセンサ

図4.6　スイッチとセンサの比較

3.1　交差点通過プログラムの考え方

第1段階　交差点通過時の動作を順番に並べる。

　下記①～③の動作を1回行うと，1つの交差点を通過したと判断してカウントを行う。①ロボットが交差点に進入→②交差点を通過中→③交差点を脱出

第2段階　センサから得られる情報とロボットの状態を結び付ける

　ロボットが外部の世界を認識する手段は，センサからの情報だけである。次に，①～③の状態とセンサからの情報を結び付けていく。

①　ロボットが交差点に進入

　　センサ情報：左右のセンサが黒を認識

②　ロボットが交差点を通過中

　　センサ情報：左右のセンサが黒を認識した状態を維持

③　ロボットが交差点を脱出

　　センサ情報：片方のセンサが白を認識（＝左右のセンサが共に黒ではない）

　②の状態（交差点通過中）から③の状態（交差点を脱出）に移ったか否かは，センサの状態で判定する。すなわち，②の状態の間はセンサの情報を読み取り続ける必要がある。

第3段階　プログラムを考える

　通過した交差点の数を保存する変数（例えば c など）を準備する。下記に選択構造部分の骨格を示す。これを，全体のプログラムに追加して，交差点をカウントするプログラムを作成しよう。ただし，交差点通過中には，センサの情報を読み取る処理，前進する処理が必要であるので追加しておくこと。

```
 1  if (Lin == 0 && Rin == 0) {
 2      // forward
 3
 4  } else if (Lin == 0 && Rin == 1) {
 5      // right
 6
 7  } else if (Lin == 1 && Rin == 0) {
 8      // left
 9
10  } else if (Lin == 1 && Rin == 1) {   // ① ロボットが交差点に進入
11      while (Lin == 1 && Rin == 1) {   // ② ロボットが交差点を通過中
12          // センサを読み取る
13          // forward
14      }
15      c++;                             // ③ ロボットが交差点を脱出　変数を+1
16  }
```

課題：交差点をカウントしながら，ライントレースを行うプログラムを完成させる。動作を確認するため，5つ目の交差点でロボットを停止させよう。

　動作を確認するとき，ロボットをスタート位置に置いてからリセットボタンを押すこと。最初からプログラムを実行しないと，交差点の数が正しくカウントできない場合がある。カウント動作が不安点な場合，カウントを確認するプログラムを追加するとよい。例えば，付録に紹介したシフトレジスタ内蔵型7セグメント LED 等が利用できる。

- 停止の処理

　停止時は，サーボモータの回転をストップすればよい。ストップの方法は，サーボモータにブレーキをかける方法と，サーボモータへの出力を止めて自然停止させる方法がある。

　loop 関数は繰り返し実行される関数であるので，サーボモータをストップさせた後 loop 関数が再び実行されるとプログラムが最初から実行されるため，問題が起こる。この課題では，ブレーキをかけて停止させた場合は再び動き始めてしまい，自然停止させた場合はロボットは停止したままだが，loop 関数が実行されている状態となる。その対処法として，無限ループを使って処理を終える方法がある。サーボモータを停止させた後に，何も処理を行わない無限ループを追加することで，処理をストップさせる（実際には何もしない処理を繰り返している）。

4　発展：アナログ入力の利用

　ここでは例として LBR-127HLD を取り上げ，アナログ入力が利用できるセンサを使う場合の利点を紹介する。

4.1　フォトトランジスタの動作2

　LBR-127HLD は，赤外線 LED から放射された赤外線の反射を，フォトトランジスタで読み取るセンサである。デジタル入力を利用する場合，フォトトランジスタは，赤外線の入射により ON/OFF が切り替わるスイッチであると仮定した。しかし，実際には，フォトトランジスタは，ゲートに入射する赤外線の増減によって，コレクタ – エミッタ間に流れる電流が連続的に増減する。そのため，入力ピン（フォトトランジスタのコレクタ）の電圧も，連続的に変化するので，入力ピンの電圧をアナログ入力で読み取ることが可能となる。

```
1  const int analogInput = A1;
2
3  void setup() {
4    Serial.begin(9600);
5  }
6
7  void loop() {
```

```
8     int val = analogRead(analogInput);
9     Serial.print("analogInput =");
10    Serial.println(val);
11    delay(100);
12  }
```

リスト 4.3　フォトリフレクタの動作確認（アナログ入力）（checkLBR127analog.ino）

【解説】

　アナログ入力を使って入力ピンの電圧を読み取り，その値をシリアルモニタに表示する。入力ピンはアナログ入力 A1 に接続する。A1 以外のピンを使う場合は，プログラムも変更すること。プログラムを実行し，シリアルモニタに表示される値を確認する。このときセンサを床の上や黒いテープなど，様々な物の上にかざしてセンサの値が変化する範囲を観察してみる。

4.2　アナログ入力の利点

　デジタル入力では，センサ（LBR-127HLD）から得られる情報は 0 と 1 の 2 通りであるため，黒いテープを認識したか否かの 2 通りの判断のみが可能であった。それに対してアナログ入力では連続的にセンサから値を得ることができ，このことが幾つかの利点につながる。以下に主な利点を紹介する。なお，ここでは LBR-127HLD を例として取り上げているが，入力の変化に対して出力が連続的に変化するようなセンサについては，同様の考え方ができる。

- 得られた値の増減を観測することで，ロボットが黒いテープに近づいているのか，遠ざかっているのかについても認識することができる。発展的な内容となるが，Arduino の Web サイト等には，センサ値の増減からモータの回転速度を制御する PID（Proportional-Integral-Differential）制御についても紹介されている。

- センサから読み取った値に対し，データ処理が可能となる。入力を読み取っている最中にノイズなどにより予期しない測定値が観測されることがある。対処法としてノイズの影響を軽減するスムージングと呼ばれる処理が可能となる。スムージングの例として測定値を複数回読み取り，その平均を利用する方法や中央値を利用する方法がある。

- アナログ入力で得た情報から対象物が何かを判断する場合，その判断基準（例えば，黒テープを認識しているか否か等）となるしきい値を状況に応じて設定する。例えばライントレースを行う場合，会場の明るさ，コースに使われている素材の色合いなどによってしきい値を設定する。また，しきい値近辺の入力に対して出力の変動を抑制したい場合には，デジタル入力に使われているシュミットトリガと同様の考え方を用いて，しきい値にヒステリシスの特性を持たせることもできる。

【アナログ入力使用時に役立つ関数】

- map 関数　　使い方：map(入力値，変換前最小値，変換前最大値，変換後最小値，変換後最大値)；
  センサ等から取得した入力値を指定した範囲の値に変換する働きがある。変換後の範囲外である入力値は，変換されずに，そのまま出力される。
- constrain 関数　　使い方：constrain(入力値，指定最小値，指定最大値)；
  値を指定した範囲内に収める。指定範囲内の入力値は，そのまま出力され，指定範囲外の入力値は，指定最小値もしくは指定最大値が出力される。

練習：アナログ入力を用いてライントレースを行うプログラムを作成する。

4.3　まとめ

　ライントレースを通して，自律型ロボットとして動作するプログラムを作成した。このような自律型ロボットには，2 つの要素を必要とする。1 つ目は，ロボットが外部の世界を認識することである。そのためには，ハードウェアとしてセンサが，ソフトウェア（プログラム）として，デジタル入力・アナログ入力の概念と使い方が必要である。2 つ目は，外部世界の情報を認識した後，その情報を判断しロボットの動作に結び付ける選択構造である。

　今後，オリジナルロボットを製作する場合には，外部の世界を認識して，その情報に基づいて判断することのできる自律型ロボットを目指すよう努める。

5　その他の機能紹介

5.1　デジタル入力時の内部プルアップ

　Arduino に搭載されている ATmega328P には，内部プルアップの機能がある。内部プルアップとは，ピンを電源電圧に引っ張り上げるプルアップ抵抗がマイコン内部に存在することである（図 4.7）。内部プルアップ抵抗には，スイッチの役割をする pMOS が直列につながっている。普段，この pMOS スイッチは OFF であるが，pMOS スイッチが ON になると内部プルアップが有効になる。例としてスイッチを使用する場合，内部プルアップを有効にすると，ピンにスイッチを接続するだけでプルアップ回路が出来上がる。内部プルアップ機能を使用する場合は pinMode 関数で指定する。

【習得すること：プログラム】

- pinMode 関数　　使い方：pinMode(7, INPUT_PULLUP)；
  7 番ピンの内部プルアップを有効にする。内部プルアップが有効になると，マイコン内部にある pMOS スイッチが ON になる。そのため，ピンにスイッチを接続するだけで，プルアップ回路が利用できる。

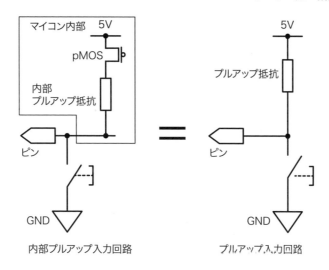

図 4.7 内部プルアップ回路

5.2 割り込み機能

　Arduino のプログラムは，setup 関数を実行し，その後 loop 関数を実行し続けるという 1つの流れで処理が行われている。そのため不定期に起こる事象に対処するためには工夫が必要となり，プログラムの作成が困難になる。Arduino には，不定期に処理を実行させる割り込みという機能が準備されている。割り込みはプログラムの流れを一度中断させ，そこに割り込んで処理をおこなう機能になる。Arduino では，ピンの状態が変化した場合に割り込みを発生させることができる。

　図 4.8 の回路において，スイッチの ON/OFF により LED の点灯/消灯を切り替える。

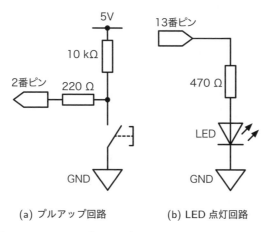

(a) プルアップ回路　　　　　(b) LED 点灯回路

図 4.8 プルアップ回路と LED 点灯回路

```
1   const int led = 13;
2   volatile boolean ledState = false;
3
4   void setup() {
5     pinMode(led, OUTPUT);
6     attachInterrupt(0, toggle, FALLING);
7   }
8
9   void loop() {
10  }
11
12  void toggle() {
13    ledState = !ledState;
14    if (ledState) {
15      digitalWrite(led, HIGH);
16    } else {
17      digitalWrite(led, LOW);
18    }
19  }
```

リスト 4.4　割り込み処理による LED の点灯・消灯（interruptLed.ino）

【解説】

　割り込みを使って，LED の点灯/消灯を切り替える。2 番ピンにつながっているスイッチを押すと，割り込みが発生し toggle 関数が呼び出される。その結果，LED の点灯/消灯が切り替わる。loop 関数の中身が空であることに注意する。ここに新たにコードを追加すると，その処理が実行され，その最中に割り込みが発生した場合に toggle 関数が実行される。

【習得すること：プログラム】

- attachInterrupt 関数　使い方：attachInterrupt(割り込み番号，関数名，条件)；
  ピンの状態が変化した場合に，予め登録しておいた関数を実行することができる。割り込みに指定できるピンは，2 番ピンと 3 番ピンだけである。割り込み番号は，0 か 1 を指定する。0 は，2 番ピン，1 は 3 番ピンの割り込みに対応する。関数名には，割り込み発生時に実行される関数の名前を指定する。ただし，この関数は，引数と戻り値を持たない関数であること。条件には，割り込みが発生する場合の条件を指定する。条件は，指定したピンの状態変化にあわせて下記の 4 種類がある。

  LOW：　ピンが Low の場合

  RISING：　ピンが Low から High に変化した場合

  CHANGE：　ピンの状態が変化した場合

FALLING: ピンが High から Low に変化した場合

プルアップ回路の入力ピンは，スイッチ OFF の場合 High，ON の場合は Low となるので，条件に FALLING を指定し，スイッチが押された場合に割り込みを発生させている。

- boolean 型

  boolean 型変数は，true，false の状態を保持できる変数である。プログラムでは，LED の状態と true，false を対応させている。LED が点灯の場合 true，消灯の場合 false となる。

- volatile 型修飾子

  変数の値を直接 RAM から読み取るように指示するオプションである。割り込み処理の中で値が変わる変数は，volatile を付けて宣言する。

- ledState = !ledState

  !は論理の否定を表す演算子である。=は右辺を左辺へ代入する働きがあり，ledState の論理を否定してから，ledState に代入している。すなわち，ledState が true なら false，false なら true になる。

5.3 配列について

配列は，変数の集まりであり，添え字を使って，個々の値にアクセスすることができる。関連する値をまとめて取り扱う場合に役立つ。配列も変数と同じく宣言してから使用する。宣言方法は，型　配列名 [要素数] となる。

サンプルプログラム toneMelody を使い，配列について説明する。（toneMelody の開き方は，Arduino IDE からファイル→スケッチ例→ 02Digital → toneMelody を選択する）

toneMelody には，2 つの配列 melody[] と noteDurations[] が使用されている。どちらも整数型（int）の配列であり，その要素数は，8 となっている。配列であるので，添え字を用いて配列内の変数（要素）にアクセスすることができる。添え字は，0 から始まるので，例えば melody[] の場合は，melody[0]=NOTE_C4, melody[1]=NOTE_G3, melody[2]=NOTE_G3 となる。noteDurations[] の場合は，noteDurations[0]=4, noteDurations[1]=8, noteDurations[2]=8 となる。

```
1  // notes in the melody:
2  int melody[] = {
3    NOTE_C4, NOTE_G3, NOTE_G3, NOTE_A3, NOTE_G3, 0, NOTE_B3, NOTE_C4
4  };
5
6  // note durations: 4 = quarter note, 8 = eighth note, etc.:
7  int noteDurations[] = {
8    4, 8, 8, 4, 4, 4, 4, 4
```

```
9  };
10                              （toneMelody から配列部分抜粋）
```

【toneMelody 解説】

　pitches.h は，ヘッダファイルであり，#include することで，ヘッダファイルがプログラムに取り込まれ，その中で定義されている関数等が使用できる。pitches.h には，プリプロセッサディレクティブ#define を使った音階の定義が記述されており，プログラム中で使用する音階には，この名前を使用できる。例えば，NOTE_C4 と記述すると，コンパイル時に 262 に置き換えられ，実行するとドの音が鳴る。

　スピーカから流れるメロディの音階は，配列 melody[] に，音の長さは，配列 noteDurations[] に記述されている。音階と音の長さが対応するので，melody と noteDurations の配列要素の個数と順番に注意する。実際の音の長さは，1000 を noteDurations[] に記述された値で割ったものになる。

　for 文は，繰り返し構造であり，melody に記述された音の個数（8 回）だけ繰り返しを実行する。繰り返すたびに，配列 melody に記述された音階を，tone 関数を使って順番に鳴らしている。

5.4　異なるデータ型の取り扱い

　整数型と実数型の変数を組み合わせて，割り算を計算する。その結果を整数型変数と実数型変数に代入し，シリアルモニタに表示させる。

- 演算
  整数型どうしの演算は，大きい方の型に統一されてから計算される。C 言語では，変数の型の大小が定義されており，例えば int 型と long 型の演算の場合，long 型に統一される。また，整数型と実数型の演算は実数型に統一されてから計算される。
- 代入
  =は，右辺を左辺に代入する働きがある。左辺の型が右辺の型より小さい場合，データが消失するので注意する。
- 注意すべき点
  変数 = 演算式の場合，最初に右辺の演算式が計算される（演算のルールが適用される）。次に，その計算結果が右辺の変数に代入される（代入のルールが適用される）。

```
1  void setup() {
2    Serial.begin(9600);
3    int a = 10;
4    int b = 3;
5    int ians;
6    float fa = 10;
```

```
 7      float fb = 3;
 8      float fans;
 9
10      ians = a / b;
11      fans = a / b;
12      Serial.println(ians);        // 3
13      Serial.println(fans);        // 3.00
14      ians = fa / fb;
15      fans = fa / fb;
16      Serial.println(ians);        // 3
17      Serial.println(fans);        // 3.33
18      Serial.println(a / 3);       // 3
19      Serial.println(a / 3.0);     // 3.33
20  }
21
22  void loop() {
23  }
```

リスト 4.5　整数型と実数型を用いた除算（divisionIntFloat.ino）

【解説】

変数 a，b，ians は整数型，変数 fa，fans は実数型として定義している。

ians = a / b;　整数型同士の演算結果を整数型変数に代入している。実行結果では 3 と表示される。

fans = a / b;　整数型同士の演算結果を実数型変数に代入している。演算した結果は 3 になり，それが実数型変数に代入され，3.00 と表示される。小数点以下の表示が 2 桁なのは，Serial.println 関数は，特に指定がない場合，小数の表示は，小数点以下 2 桁となるためである。

ians = fa / b;　整数型と実数型の演算結果を整数型変数に代入している。演算の際に，実数型に統一されて計算される。整数型変数に実数型の演算結果を代入しているので，代入の際にデータの消失が起こり，3 と表示される。

fans = fa / b;　整数型と実数型の演算結果を実数型変数に代入している。こちらも演算の際に，実数型に統一されて，計算される。上記と異なり実数型変数に計算結果を代入しているため，データが保持され，3.33 と表示される。

a / 3　演算時は，整数型同士の演算として計算されるので，実行結果では 3 と表示される。a / 3.0 は，3.0 は実数型の定数であるので，演算時に実数型に統一されて計算される。そのため，3.33 と表示される。

6 取り扱わなかった項目

- goto 文　　使い方：goto ラベル；
  goto 文は指定されたラベルへ実行先を移す働きがある。プログラムは移動したラベルから実行される。ラベルはラベル名の後に「：（コロン）」を付けて，goto 文と同じ関数内に記述する。goto 文はプログラムの構造を無視して実行先を決めることができるため，実行の流れが理解しづらいプログラムとなるので使用する際は注意が必要である。

- ポインタと配列
  変数や関数は ATmega328P のメモリに存在しており，メモリにはそのメモリ内での場所を表すアドレスが割り振られている。ポインタを使うことで，指定されたアドレスに保存されている値の参照や書き換えができる。配列は変数の集合体であり，同じ型の変数をまとめて取り扱うことができる。簡単な使用例は，tone 関数のサンプルプログラム（toneMelody）が参考になる。ポインタと配列の関係については，C 言語の教科書等を参照すること。

- 文字列について
  文字列は，文字型変数の配列として取り扱うことができる。また，Arduino 言語には文字列を扱う String クラスも準備されている。実際にプログラムで文字列を使う場合には，String クラスを使用するとよい。

- EEPROM について
  Arduino には，プログラム中で使用するデータを保存できる EEPROM が搭載されている。EEPROM は，不揮発性のメモリ（電源 OFF でもデータが消えない）である。ただし，読み書き可能な回数に寿命（10 万回）があるため，プログラム中で何度も読み書きする場合には注意する。

- AVR のライブラリ
  Arduino IDE には，AVR マイコン用のコンパイラが使われている。そのため，AVR マイコン用のライブラリやレジスタの定義がそのまま利用できる。例えば，ピンの出力に対応するレジスタを直接変更することで，複数のピンから同時に電圧を出力させることが可能である。

＜付録＞シフトレジスタ内蔵型 7 セグメント LED の使い方

- シフトレジスタとは
  フリップフロップ回路は，1 bit の情報を記憶できるレジスタとして使用できる。このレジスタを直列に複数個接続し，制御信号のタイミングに合わせて，次段のレジスタへ情報を伝達する回路をシフトレジスタという。8 bit のシフトレジスタの場合は，8 個のレジスタが接続されている。8 bit のシフトレジスタを使うと，1 本の信号線を使った入力から 8 つの出力が得られる。シリアル通信を用いた High/Low の信

号を，信号線に順番に送信することで，8つのレジスタから入力信号に対応する出力
を取り出せることになる。

ここでは，AE-7SEG-BOARD（秋月電子）[3] を参考例として取り上げる。図 4.9 に
Arduino との配線を示す。

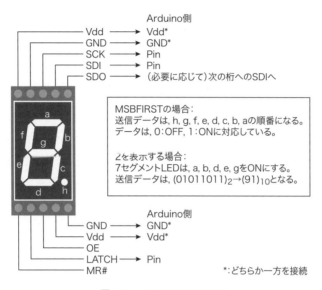

Arduino側
Vdd ⟶ Vdd*
GND ⟶ GND*
SCK ⟶ Pin
SDI ⟶ Pin
SDO ⟶ （必要に応じて）次の桁へのSDIへ

MSBFIRSTの場合：
送信データは，h, g, f, e, d, c, b, aの順番になる。
データは，0：OFF，1：ONに対応している。

2を表示する場合：
7セグメントLEDは，a, b, d, e, gをONにする。
送信データは，(01011011)$_2$→(91)$_{10}$となる。

Arduino側
GND ⟶ GND*
Vdd ⟶ Vdd*
OE
LATCH ⟶ Pin
MR#

*：どちらか一方を接続

図 4.9　AE-7SEG-BOARD

```
1   const int clk = 2;          // SCK
2   const int datapin = 3;      // SDI
3   const int latch = 4;        // LATCH
4
5   // MSBFIRST 0-9
6   int data[10] = {63, 6, 91, 79, 102, 109, 124, 7, 127, 103};
7
8   // MSBFIRST 0-9,E
9   //int data[11] = {63, 6, 91, 79, 102, 109, 124, 7, 127, 103, 249};
10
11  void setup() {
12    pinMode(clk, OUTPUT);
13    pinMode(datapin, OUTPUT);
14    pinMode(latch, OUTPUT);
15  }
16
17  void loop() {
18    for (int i = 0; i < 10; i++) {
19      on7seg(i);
20      delay(1000);
21    }
```

```
22    }
23
24    void on7seg(int number) {
25      digitalWrite(latch, LOW);
26    //  shiftOut(datapin, clk, MSBFIRST, data[number / 10]);    // 10の桁
27      shiftOut(datapin, clk, MSBFIRST, data[number % 10]);     // 1の桁
28      digitalWrite(latch, HIGH);
29    }
```

リスト 4.6　シフトレジスタ内蔵型 7 セグメント LED（AE7SegBoard.ino）

【解説】

配列 data[10] に，0 〜 9 の表示に対応するデータを保存している。データは，MSBFIRST として送信する場合の値となる。on7seg 関数は，引数として受け取った数字を 7 セグメント LED に点灯させる働きをもつ。LATCH には，かんぬきの意味があり，シフトレジスタの出力を維持したい場合は High（かんぬきを掛けた状態）にする。数字を表示させる場合，最初に LATCH ピンを Low（かんぬきを外す）にして，シフトレジスタの出力を変更可能な状態にする。次に，クロックのタイミングにあわせて，SDI ピンへ，8 bit のデータを送信する。これには，shiftOut 関数を利用する。データを送信した後は，表示が変更されないように LATCH ピンを High にする（なお，％は，割り算の余りを返す演算子である）。2 個の AE-7SEG-BOARD を使用すると，2 桁の表示が可能となる。その場合は，1 桁目の SDO ピンと 2 桁目の SDI ピンを配線する。こうすることで，16 個のレジスタが直列につながった状態になり，データは，10 の桁，1 の桁の順番に合計 16 bit 分の送信を行う。コメントアウトされている shiftOut 関数を有効にすると，2 桁の表示が可能となる。他のプログラムで on7seg 関数を利用するときは，変数・定数の定義部分，setup 関数内の初期設定部分，on7seg 関数本体を，使用したいプログラム中にコピーする。実際に使用する場合は，on7seg 関数に引数のチェック機能を設けるとよい。例えば，1 桁の表示を行う場合は，0 〜 9 までの値，2 桁の表示を行う場合は，0 〜 99 までの値を有効とし，それ以外の値が引数となる場合には，エラー表示をさせるなど，何らかの確認ができるようにする。コメントアウトされている data[11] には，E の表示をさせるデータを最後に格納しているので利用してもよい。

【習得すること：プログラム】
- shiftOut 関数　　使い方：shiftOut(ピン，クロックピン，送信形式，送信データ);
  指定したピンからクロックのタイミングに同期をとりながらシリアル通信をおこなう。送信されるデータは 1 Byte（8 bit）である。送信形式は，データの最上位 bit から送信する場合は MSBFIRST を，最下位 bit から送信する場合は LSBFIRST を指定する。

第 III 部

Hama ボード製作実習

第1章

Hamaボード（Arduino Uno学習ボード）製作の準備

- この実習の内容
    - Hamaボード製作実習の概要を学ぶ
    - 製作に必要な材料の準備・工具の準備としくみを学ぶ
    - 【安全教育】製作活動を安全に遂行するために必要な安全に関する知識を学ぶ
    - 【レポート作成技法】製作活動をまとめるために必要な知識と技術を学ぶ
- 各自用意するもの

名称	数量等	備考
Arduino Uno	1	
ブレッドボード	1	270穴，45 mm×85 mm
丸ビス	4	（配布）M2.5×10
ナット	4	（配布）M2.5
スペーサ	4	（配布）プラスチック製M3ナット
アクリル板	1	（配布）95 mm×130 mm×2 mm厚
ゴム足	5	（配布）10 mmϕ
プリント基板	1	（配布）電源シールド基板
ピンソケット	6	（配布）2ピン×2，6ピン×1，8ピン×2，10ピン×1
ピンヘッダ	4	（配布）6ピン×1，8ピン×2，10ピン×1
LED	2	（配布）3 mm×1，6 mm×1
ダイオード	1	（配布）整流用10D1または同等品
抵抗（1 kΩ）	1	（配布）カラーコード：茶・黒・赤
抵抗（10 kΩ）	2	（配布）カラーコード：茶・黒・橙
タクトスイッチ	2	（配布）リセット用×1，入力用×1
スライドスイッチ	1	（配布）電源用
電解コンデンサ	1	（配布）470 μF，16 V
電源ソケット	2	（配布）基板取り付け006Pスナップオン（+，−）

1 この実習について

　この実習では，Arduino Uno を搭載したマイコンシステム（学習ボード）を製作し，動作確認を行うことによって「ものづくり」に役立つ基礎知識（素材や部品の知識，安全作業に関する知識，レポート作成技法）や技術（穴あけ，削り，はんだ付け加工，IT 技術）を学ぶ。

　身の回りにはチャンネルリモコンからテレビ，洗濯機，冷蔵庫，エアコンにいたるまで，マイコンを搭載した機器があふれている。この実習を通して，それらの機器のしくみが理解できるとともに，専門分野での研究活動の幅を広げることができる。実験装置が自作できたり，自作できないまでも装置の原理・原則が理解でき改造を行ったり，装置から得られるデータの信頼性が評価できるようになる。本実習では，具体的な実習に先立ち，製作実習全体の概要を説明し，製作部材の準備と工具への理解，製作活動に必要な知識（安全・報告）の習得を行う。

2 Hama ボード製作実習全体の概要

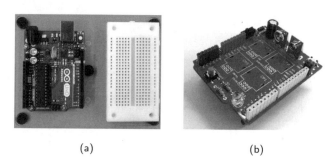

(a) (b)

図 1.1　Hama ボード (a) 透明アクリル製ベースプレートに Arduino Uno とブレッドボードを取り付けた状態,
(b)Arduino Uno を拡張する電源シールド

　図 1.1 に実習で製作する学習ボード（以降，Hama ボードと称す）を示す。同図 (a) は，第 2 章の実習で製作する。透明なアクリル板（以降，ベースプレートと称す）を加工し，ベースプレート上面に Arduino Uno（ねじ止め）とブレッドボード（貼り付け）を指定位置に取り付ける。ベースプレート下面にはゴム足を取り付ける。同図 (b) は，第 3 章の実習で製作する。Arduino Uno は USB 給電でも稼働させることができるが，PC や電気コンセントから離れて自律的に駆動できるよう電源供給用のシールド[1]（以降，電源シールドと称す）を製作する。第 4 章の実習では，電源シールドを Arduino Uno に取り付けた状態で Hama ボード全体の動作チェックを行う。なお，第 2 章と第 3 章では合成樹脂素材や金属素材についての知見を広げる活動も行う。

---

　[1] Arduino はボードの機能を拡張する目的でボードの端に電源やデータ入出力用のソケット（ピンソケット）が用意されている。このソケットに適合するピン（ピンヘッダ）を備えた拡張基板をシールドと呼んでいる。

3　部材と工具について

3.1　部材の準備（仕分け）

　Hama ボード製作実習で使用する部品の仕分けと確認を行う。部品リストに従いグループ内で協力して必要個数を取り分ける。取り分けに際しては，人数分の小皿を用意して行う。取り分けが終了したら，部品類をビニル袋に入れ，袋には学籍番号，氏名を明記しておく。

3.2　部材の構造と役割

　Hama ボード製作実習では，使用する部材（材料や部品）の構造に関する知識，製作作業に使用する工具の使い方に関する知識，製作したものをチェックするための機器についての知識が必要である。以下に概要を説明する。

1) Arduino Uno

　Arduino Uno は，ATmega328P-PU（以降 ATmega328P と略す）マイコンを搭載し，電源回路（5 V と 3.3 V），リセット回路，クロック回路（セラミック発振子（16 MHz）とクロック発生回路），パソコン（PC）との通信回路（ATmega16U2 マイコンを使った USB-UART 変換機能）と各種の汎用入出力用端子を実装したボードである。マイコンを搭載した機器の中でマイコンが行っている役割は下記の 2 点である。

- 入力された電圧を判断する（高い or 低い）
- 出力する電圧を決める（高くする or 低くする）

Arduino Uno を活用する上では，この役割を具体的な動作につなげることが大切である。また，ATmega328P マイコンの 28 本の端子（ピン）の機能と情報を理解することが大切である。例えば，供給電源はどの位の大きさが必要で，どの端子へ接続するのか，プログラムを書き込むためにはどのような回路が必要で，どこへ接続するのか，外部への入出力（Input/Output : I/O）を行うにはどの端子が使用できるのか，各端子から外部へ取り出せる電流値，流し込める電流値の限界はどの位であるか，などといった具体的な情報である。図 1.2 に ATmega328P を Arduino として利用する際の各端子の配列とその概要を示す。

2) Hama ボード構造材

　Hama ボードの構造の基礎となるベースプレート（アクリル板），衝撃吸収材（ゴム足），ねじ・ナット・スペーサについて紹介する。

- アクリル板とゴム足（図 1.3）
  ベースプレート材として透明アクリル板（95×130 mm の寸法で 2 mm 厚）を使用する。アクリル板の表面には傷防止のため保護紙が貼り付けられているので，指示があるまで剥がさないこと。次回の実習でアクリル板の指定箇所に 3.5 mmφ の穴をあける。穴の位置を指定する際に保護紙が必要である。
  ゴム足は，機器の底部に貼り付けることによって作業テーブルや机の傷の発生を防

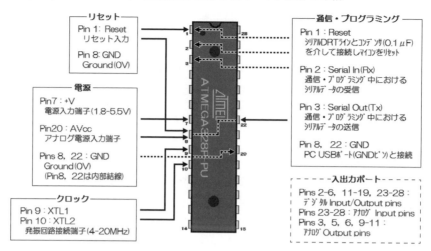

図1.2　ATmega328P マイコンの端子の概要

いだり，すべり止めとして機能したりする。実習では，天然ゴム材で直径 10 mm の
ゴム足をアクリル板の底部 5 か所に貼り付ける。

(a)　　　　　　　　　　　　　　　　　　(b)

図1.3　透明アクリル板 (a) とゴム足 (b)

- ねじ，ナット，スペーサ（図 1.4）
  ねじとナットは JIS 規格のものを使用する。十字穴（プラス），なべ頭で M2.5×10（直
  径 2.5 mm，長さ 10 mm）のステンレス製ねじと M2.5 ナットを使用する。図 1.4 (a)
  に使用するねじ，ナットを示す。また，M2.5 のねじ用のスペーサは入手性が悪いた
  め，ここでは M3 プラスチック製ナット（プラナット）をスペーサの代用として使
  う。ねじとナットの形状を図 1.4 (b) に示す。なお，ねじには通常のねじとタッピン
  グねじ（プラスチック材などに使用）があるので注意する（図 1.4 (c) 参照）。

3) 電子部品

Arduino Uno や製作する電源シールドには抵抗や LED に限らず，さまざまな電子部品
類が使われている。この部品類は大きく分けて，受動部品，能動部品，機構部品の 3 つに
分類できる。

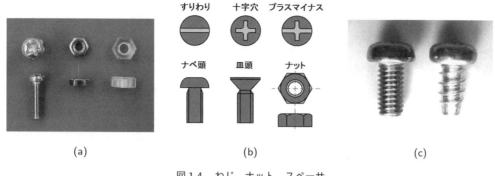

図 1.4　ねじ，ナット，スペーサ

【受動部品】

　回路の中で電気の流れに変化をもたらす役割をする部品で，抵抗器，コンデンサなどがある。部品単独では特別な機能を持たない。

● 抵抗器

　実習で用いる抵抗器は図 1.5 に示す炭素皮膜抵抗である。構造は，カーボンが塗られたセラミック碍子（中空）の両端に金属キャップが電極として圧入装着されたものである。抵抗値はカーボン上に切れ目を入れることで調整されている。両端のキャップにはリード線が溶接され，抵抗器表面は塗膜でコートされている。抵抗器は回路中にあっては電気の流れを制限する（妨げる）目的で使われ，抵抗器の部分で妨げられた電気エネルギーが熱エネルギーに変換されるため，制限する電流（電力）値に応じて適切なワット数の抵抗器を用いる必要がある。

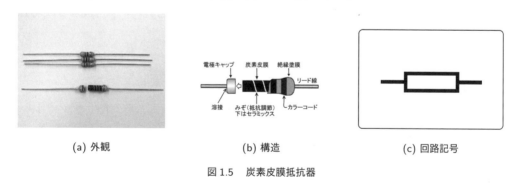

(a) 外観　　　　　　　　　(b) 構造　　　　　　　(c) 回路記号

図 1.5　炭素皮膜抵抗器

● コンデンサ

　コンデンサは，電気（電荷）を蓄える働きをする部品である。電源近くに配置し電圧を安定させたり，各種 IC の近くに配置しノイズを除去したりする役割で使われる。コンデンサは誘電体を電極ではさんだ構造が基本となる。セラミックコンデンサ（図 1.6(a) 左）はセラミック誘電体を電極で挟んだだけの構造で極性はない。電解コンデンサ（図 1.6(a) 右）は粗面化（表面積を増大）したアルミニウム箔を酸化処理して形成させた酸化アルミニウム層（細孔構造を持ちさらに表面積が増大）を誘電

体としている。この酸化アルミニウム層（誘電体）を下地のアルミニウム（陽極に
なる）と別のアルミニウム箔（陰極になる）で挟んでコンデンサとしている。なお，
陰極のアルミニウム箔と誘電体との電気的な接続性は悪いため，両電極の間に電解
液（カルボン酸やアミン類などの電解性物質をエチレングリコールやラクトン類の
溶媒に溶かしたもの）を含侵させた紙（セパレータ）をはさんでいる。セパレータ
は電解液の保持と2つの電極の接触防止の役割を果たし，実質的には電解液が陰極
となっている。電解コンデンサは電気容量を大きくするため，2枚のアルミニウム箔
を細長くし，陽極箔と陰極箔の間にセパレータをはさみ，全体を巻きずしのように
巻いた構造となっている（図1.6(b)右）。リード線は先端部と電極箔とが機械的にか
しめられている。電解コンデンサの両極のアルミニウムが酸化処理されている場合，
コンデンサに極性はない。なお，電解液の漏れ，蒸発，経年劣化などのため電解コ
ンデンサには寿命がある。

(a) 外観（左：セラミックコンデン
サ，右：電解コンデンサ）

(b) 構造（左：セラミックコンデ
ンサ，右：電解コンデンサ）

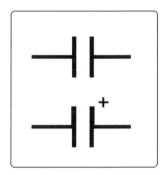

(c) 回路記号（上：無極性のコンデ
ンサ，下：電解コンデンサ）

図1.6 コンデンサ

【能動部品】

電源につないだり，電気信号を入力したりすることにより何らかの動作（発光，音を発
生，物理的運動，回路のスイッチング（接続したり遮断したりする動作），電流の増幅など）
をする部品である。実習ではダイオード，スピーカ，トランジスタや CdS 光センサを使う。

● ダイオード

図1.7に整流用ダイオードを示す。ダイオードは電流を一方向にしか流さない半導
体部品（整流作用）である。p型半導体とn型半導体を接合した構造（pn接合）で，
p型半導体側に付けた電極をアノード，n型半導体側に付けた電極をカソードと呼
ぶ。図1.7(a)の外観図において，帯マークに近い電極がカソードである。図1.7(b)
の右端部分がpn半導体素子で左側の電極はリード線につながっている。ダイオード
全体はエポキシ樹脂で封入されている。

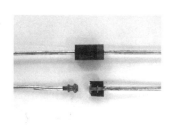  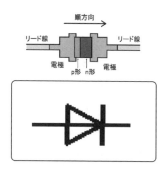

(a) 外観　　　　　(b) ダイオード素子の拡大写真　　　　(c) 内部構造と回路記号

図1.7　ダイオード

- 発光ダイオード（LED）

  一般的な LED（Light Emitting Diode）は図 1.8(a) のような形をしている。足（導線）の長い方がアノード，短い方がカソードである。LED 内部のホーン部に pn 半導体が導電性接着剤で接着されている。ホーン部はカソードで pn 半導体上部からアノード部へは金線で接続されている（図 1.8(a)，(b)）。金線の接続は超音波接着で行われているため，この接続部分は熱的衝撃に弱い。LED にたくさんの電流を流すと金線の接合部分が発熱し，断線する（封入樹脂も焦げる）。LED を使用する場合，電流の流れを適切な量に調節する制限抵抗を必ず接続する。

 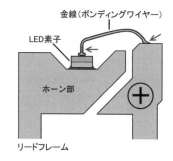 

(a) 外観　　　　　　(b) 内部構造　　　　　(c) ホーン部の拡大写真と回路記号

図1.8　LED

- ピエゾスピーカ

  図 1.9(a) にピエゾ素子を利用したスピーカを示す。ピエゾ素子の両端に一定周波数（約 20 〜 20 kHz の可聴領域がよい）の電圧を加えると，その周波数でピエゾ素子は

伸縮を繰り返し，周りの空気を振動させ音を発生させることができる。ピエゾスピーカは，ピエゾ素子を電極でサンドイッチした構造である（図 1.9(b)）。電極にリード線を直接はんだ付けしているため，電極リードワイヤを引っ張ったりして力をかけると簡単に外れてしまうので取扱いに注意する。

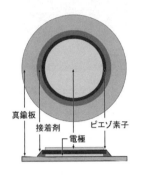

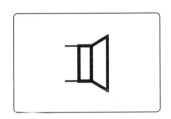

(a) 外観　　　　　　　　(b) 内部構造　　　　　　　　(c) 回路記号

図 1.9　ピエゾスピーカ

- CdS 光センサ

  温度，湿度，光，圧力，磁気などの物理的な変化量を，電流，電圧や抵抗値などの電気的な変化量に変換する素子をセンサという。実習ではセンサの中でも光を検知して電気信号に変換する光導電セル（CdS セル）を使用する（図 1.10(a)）。CdS セルはセラミック基板上に CdS 光導電層を形成させ，表面にくし型電極を形成させた構造となっている（図 1.10(b)）。電極は，リード線で引き出されている。光導電層は，硫黄（S）とセレン（Se）との混合比を変化させることで照度に対する光抵抗値が変化する様々なセンサが作られている。

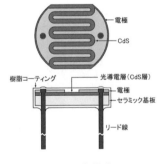

(a) 外観　　　　　　　　(b) 内部構造　　　　　　　　(c) 回路記号

図 1.10　CdS 光センサ

- トランジスタ

  トランジスタは代表的な半導体素子の1つである。バイポーラトランジスタ（npn 型と pnp 型）と FET（n 型と p 型）トランジスタがあり，ともに3本の端子が引き出されている。トランジスタには増幅とスイッチングの2つの作用を行わせることができ

るが，実習ではスイッチング作用を利用する．図 1.11 に実習で使用する MOSFET
（n 型）を示す．

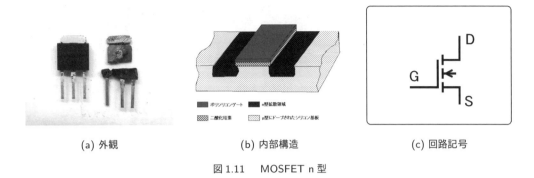

(a) 外観   (b) 内部構造   (c) 回路記号

図 1.11   MOSFET n 型

【機構部品】

　電気回路の中で電気的な接続を図る役割をする部品で，スイッチ，コネクタなどがある．
回路の作製を簡単に行う目的で使われるブレッドボードも機構部品と呼んでかまわない．

- スイッチ（タクトスイッチ，スライドスイッチ，トグルスイッチ）

　スイッチは回路を物理的に接続したり，遮断することにより電流を流したり切ったりする電子部品である．図 1.12 にスイッチの外観，内部構造を示す．スイッチは端子に取り付けた金属（クリップ状または板状）をスライドさせたり，押し込んだりして 2 つの端子間を接触させる構造となっている（図 1.12(b) の下から 2 段目が金属部分）．

(a) 外観   (b) 内部構造   (c) 回路記号

図 1.12   スイッチ（左：スライドスイッチ，右：タクトスイッチ）

- ブレッドボード

　電子部品をボードの穴に差し込むだけで，簡単に回路を作製することができるものである．実習で使用するブレッドボードは，表面の穴の中に板バネ状の 5 連あるいは 20 連ソケットがある（図 1.13）．同一のソケットに差し込まれた電子部品は電気的につながった状態になる．

- コネクタ類

　実習では，プリント基板（Printed Circuit Board：PCB）間や外部（例えばブレッド

|（a）外観|（b）内部構造|（c）内部のクリップ|

図 1.13　ブレッドボード

ボード）との電気信号の入出力用にピンヘッダとピンソケット（それぞれ 2, 6, 8,
10 連）を使用する。ピンヘッダは細長い金属ピンをプラスチックで束ねた構造である（図 1.14(a) 左）。ピンソケットはプラスチックで成形された箱の中に金属端子が挿入された構造である（図 1.14(a) 右）。9 V 乾電池（006P）とプリント基板とを接続するためのスナップオンもコネクタである（図 1.14(b)）。スナップオンは金属を打ち抜いたものに電池との接続部品を挿入した構造である。

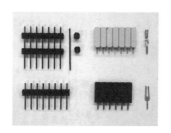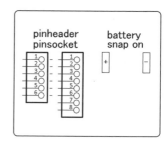

|（a）ピンヘッダとピンソケット|（b）スナップオン|（c）回路記号|

図 1.14　コネクタ類

- 電源部品

  図 1.15(a) に電池ボックスと電源取り出し用の電源スナップを示す。電池ボックスは使用する乾電池の大きさと本数に応じたものがある。図 1.15(b) には単三乾電池，006P の乾電池を示す。006P の乾電池の内部には単四よりも小さい乾電池が直列で 6 本挿入されているタイプがある（図 1.15(b) 右）。

- モータとプリント基板

  図 1.16(a) にモータの外観，同図 (b) に回路記号を示す。また，図 1.16(c) に Hama ボードの電源シールドのプリント基板を示す。プリント基板は電子部品類を配置し，電気信号の通路（流れ）を作る役割を果たす。

(a) 電池ボックスと電源スナップ

(b) 乾電池

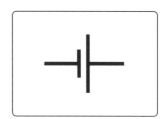

(c) 回路記号

図 1.15　電源部品

(a) 外観

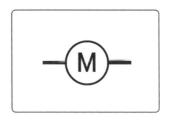

(b) 回路記号

(c) プリント基板の外観図

図 1.16　モータとプリント基板

3.3　部材を扱うために必要な工具類

　どんなものを作る場合でも工具が必要である。安全に作業ができる人は工具の正しい使い方を理解し、使いこなせる人でもある。実習では、ドライバ、ラジオペンチ、ニッパ、ワイヤストリッパ、はんだごてなどの工具を使用する。ここでは、代表的な工具について説明する。

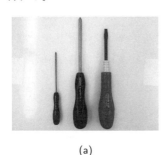

(a)

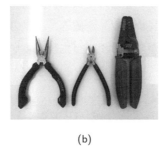

(b)

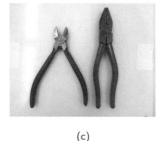

(c)

図 1.17　代表的な工具 1 (a) ドライバ、(b) 左からラジオペンチ、ニッパ、ワイヤストリッパ、(c) 電工用ニッパ、電工用ペンチ
※工具の金属部分は一般に錆びやすくなっている。工具を扱う場合は、ラバー部分のみに手を触れるようにする。

- ドライバ（図 1.17(a)）
　ねじを回して締め付ける時に使用する道具である。図 1.4(b) に示すねじの頭の形状に合わせたドライバ（プラスドライバとマイナスドライバ）があり、ねじ山の大きさに合わせた大きさのドライバを使用する。プラスドライバの種類は、小さい順に0 番（#0）、1 番（#1）、2 番（#2）、3 番（#3）となっている。M2.5 プラスねじに

は，1 番（#1）のドライバを使用する。

※ ドライバでねじを締付ける場合，上から押さえつける力（推力）が弱いと，ねじ
穴からドライバが手元に浮き上がってくる。これをカムアウトと呼ぶ。ドライ
バを回す時には押しながら行うことが基本である。目安として，押す力を 7，回
す力を 3 位とする。緩める時も押しながら回す。そうしないとねじ山をつぶし
たりしてしまう。

- ラジオペンチ（図 1.17(b) の左）
電子部品やジャンパ線など，小さいものをはさんだり，根元の部分で配線を切断し
たりする時に使う工具である。また，ねじにナットをかけて回す時に，ナットをつ
かんで空回りを防ぐ時にも使う。

- ニッパ（図 1.17(b) の中）
プラスチック模型で部品をランナから外したり，銅線や錫メッキ銅線を切ったり
する時に使う工具である。刃先は鋭いが，硬いピアノ線などを切ったりすると刃先
がボロボロになるので注意する。ピアノ線を切る場合は，電工ペンチか電工ニッパ
（図 1.17(c)）を使用する。

- ワイヤストリッパ（図 1.17(b) の右）
被覆電線の被覆材だけを剥く時に使う工具である。内部の電線の太さより少し大き
めの穴に電線を差し込み，被覆材だけを切断する。使用に慣れないと電線まで切っ
てしまったり，電線に刃先が噛んでいるのに無理に被覆材を剥がそうとして刃先を
傷つけてしまったりするので注意する。

- ボール盤（図 1.18(a)）
一般的にドリルと呼ばれているものであり，穴をあけるための工作機械である。ス
テージ上に加工物（板やブロック）を置き，主軸のドリルチャックにドリルを取り
付け，これを回転させながら主軸を下げて加工物を切削（穴あけ）する。詳しい取
り扱い方は第 2 章の実習ページを参照すること。

- サンドペーパーと棒やすり（図 1.18(b)）
サンドペーパーや棒やすりは工作部のバリ取りやとがった角を削るために使用する。
どのくらいの粗さに削るかで様々な粒度のものがある。実習では粒度 120（粗削り
用）と 400（研磨用）のサンドペーパーを使用する。

- はんだごてと糸はんだ（図 1.19(a)）
はんだ付けは，金属と金属を接合させるロウ付けの 1 つである。この作業を行う工
具がはんだごてであり，ロウ材が糸はんだである。はんだ付けの原理，注意点につ
いては，第 3 章の実習ページを参照すること。

- テスタ（図 1.19(b)）
電気回路中に流れる電流や電圧を測定したり，抵抗値，電気容量などを測定したり

する道具である。また，導通や絶縁チェックを行う時にも使用する。詳しい取り扱い方はデジタル回路実習や第 3 章の実習ページを参照すること。

(a) ボール盤　　　　　　　　　(b) サンドペーパーと棒やすり

図 1.18　代表的な工具 2

 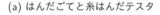 

(a) はんだごてと糸はんだテスタ　　　　　　(b) テスタ

図 1.19　代表的な工具 3

4　製作活動を安全に遂行するために必要な安全に関する知識

　大学の実験・実習や研究活動に限らず日常生活のあらゆる場面（例えば自転車などの車両運転時，調理の時，掃除の時など）で，危険性を伴う作業は数多くある。自分自身や周りの人の身を守るため，事故や災害を未然に防ぐことは大切である。トラベラーズ損害保険（米国最大の保険会社で現トラベラーズ）のエンジニアであったハーバート・ウィリアム・ハインリッヒ（Herbert William Heinrich）は勤務する保険会社が保有する膨大な事故事例，事故データを統計的に分析し，産業事故に関する 3 つの重要な法則を提唱した。[4]

- 「Rule of Four」－産業災害が発生した場合，会社は被災労働者への補償額の 4 倍に相当するコスト（間接的または付随的，あるいは隠されたコスト）を負担することになる（レポート "Incidental Costs of Accidents to the Employer" 1926 年）。

- 「88：10：2 の法則」－事故事例の 98%（88%は従業員の不注意，10%は労働環境上の問題に起因）は回避可能なものであり，2%は避けがたいもの（"Acts of God"）である（レポート "The Origins of Accidents" 1929 年）。

- 「300：29：1 の法則」－1 件の重大事故の背後には 29 件の軽微な事故があり，更にその背後には 300 件のヒヤリ・ハット事故（事故には至らなかったもののヒヤリとした，ハッとした事例がある（レポート "The Foundations of a Major Injury" 1929 年）。

　ハインリッヒの 3 つの法則のうち，最後の「300：29：1 の法則」は特に有名であり，ハインリッヒの法則と呼ばれ災害防止の指標として広く知られている。図 1.20 にハインリッヒの法則をモデル的に表したものを示す。

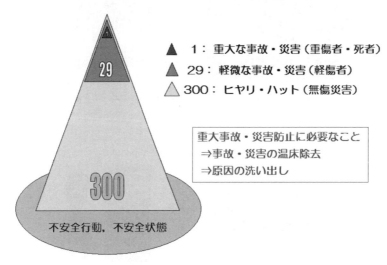

図 1.20　ハインリッヒの 300 対 29 対 1 の法則の説明図 [4, 5]

　ハインリッヒの分析によると，事故の 98％は回避可能（すなわち予防可能）である。事故は多くの原因が重なって起きるため，原因を可能なものから順次取り除いてやれば事故は起きにくくなる。図 1.20 からヒヤリ・ハットをなくせば，軽微な事故がなくなり，結果として重大事故を回避できる可能性があることがわかる。ヒヤリ・ハットはどこにも潜んでいるが，特に，何も考えない，これくらいなら大丈夫だろうという根拠のない自信や皆も同じようにやっているという同調感からの行動時によく現れてくる。ヒヤリ・ハットの時点で事故事例を分析し，原因を究明し対策をとることにより，背景にある「不安全行動」や「不安全状態」といった事故・災害の温床を取り除くことができる。その結果として，軽微な事故や重大事故を未然に防止することにつながる。

　ハインリッヒによると災害防止は，「組織編制」「事実の発見」「解析」「改善方法の選定」「改善方法の適用」の 5 つの段階を経て達成されると説いている。[6] ここでは，ハインリッヒの考えに基づき，「予知・予防」「対処」「分析・対応」の三項目についてグループ討論を通して，事故防止についての心構えを身に着ける。ささいな取り組みではあるが，事故の発生を抑えるためには不可欠である。

4.1　予防・予知

　作業や活動に際して，「どんな危険性が潜んでいるか」を事前に考え，事故の発生を未然に防ぐ手立てを講じること。実習では，「4S 活動」と「KY 活動」をそれぞれ行う。

1) 4S 活動

「4S」とは，「整理 S」「整頓 S」「清潔 S」「清掃 S」をローマ字表記した時の頭文字をまとめたものであり，これらの行動様式を徹底する活動を「4S 活動」と呼ぶ。この活動は，不安全状態を改善し作業を安全で衛生的に，効率的に行うために励行すべき基本の取組みとなるので，実習前後で各自，あるいはグループ単位で励行すること。

- 整理

  実習テーブルの上の個人所有物や物品について，実習中に必要なものと必要でないものに分け，不要なものはロッカー等に移動させる。不要なものがテーブルの上や床に置かれていると，作業の安全性が低下したり，作業の流れが悪くなったりする。また，床に物品を放置すると，つまずいて転倒したりして危険であるので床にはかばんなどの物品を置かない。

- 整頓

  部品，工具，器具など，実習に用いたものは作業終了時には使いやすいように，「片付けシート」を参考に分かりやすく収納する。同じ部品，工具がいくつもある場合，向きをそろえて収納する。刃物類は刃先を閉じておく。収納が悪く，作業中に必要な部品や工具を絶えず探さなければならない状態に置かれると，作業の能率が下がる。また，壊れている部品や破損した器具・工具を発見した場合，担当者に直ちに報告し補充しておく（放置は事故発生の原因となる）。

- 清潔

  使用後の工具や機器は汚れを取り除いてきれいにする。設備・器具の正常な機能を維持するためにも必要である。また，実習が終了したら手洗いを励行する（無意識に薬品，重金属等に接触している場合があるため）。

- 清掃

  施設・設備，実習テーブル周り，床などの汚れやゴミを除去する。特に，床が濡れている場合，すぐに拭き取るとともに周囲に注意を喚起する（転倒防止）。また，薬品類の廃液は流しに捨てず，決められた容器内に回収する。

2) 危険予知活動（KY 活動）

人間は誰でも，つい「ウッカリ」したり，「ボンヤリ」したり，錯覚をしたりする（ヒューマンエラー）。また，横着して近道や省略もする。このような不安全行動が，事故・災害の原因となる。事故・災害の多くはヒューマンエラーがもとになっている。このヒューマンエラー事故をなくすためには，施設・設備などの物の面の対策と，安全衛生についての知識・技能教育などの管理面の対策が必要である。そして，それに加えて，一人ひとりが実験・実習現場の状況や作業行為に潜在している危険（エラーや事故が起きる可能性）を察知し，事前に防止する手立てを講じられる能力（危険に対する感受性）を身に着けておくこと，行動の要所要所で集中力を高めることが欠かせない。これらの能力や集中力を高め

ることを目的として「危険予知活動」（これもローマ字表記の頭文字を取って KY 活動と呼ぶ）がある。

　KY 活動は，作業前に現場や作業に潜む危険要因とそれにより発生する災害についてグループ内で予測し，対策を話し合う活動である。この活動によって，作業者の危険に対する意識を高めて災害を防止しようというものである。第 2 章からの製作実習では，開始前に図 1.21 に示す KY シート「討論用個人メモ」と「活動表」を配布する。このシートを使用して，KY 活動を行う。全グループの KY 活動が終了し「活動表」が提出された段階で，当日の実習に取り掛かる。ここでは，グループ活動を通して，KY 活動の進め方を把握する。

　※　危険要因 ── 事故を引き起こす可能性がある状況や行為，出来事である。潜在的な事故原因となる。

(a) 討論用個人メモ

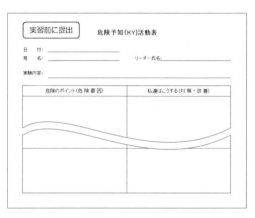

(b) 活動表

図 1.21　KY 活動を行うためのアイテム

【危険予知グループ活動の進め方】

　以下の手順に従ってグループ活動を行う。

① ＜役割の決定＞

　　司会者（リーダー），報告者（書記）を決める。

② ＜活動の趣旨を理解＞

　　リーダーは，グループのメンバーに，下記の内容を説明し，全員で課題に取り組むことの意義を皆で確認する。危険予知練習は個人の危険予知の能力を高め，実験・実習時での事故を防止するために有効な活動である。また，メンバー全員が「発言」をしてこそ活動に意味がある。

┌─ グループ活動の意義 ─────────────────────────

グループで調べ討論学習すると，一人で学習するよりも何倍も効果が上がり自分の弱点も克服できる。さらに自ら学ぶことへの弾みがつき，その習慣が身に付くことになる。また，問題解決の糸口も見つかりやすくなる。考える力は自分一人で内向きに考えるだけでなく，気分を一新して外に向かって一歩踏み出すこと（言葉を発すること）でさらに湧き出てくる。考える力は他人と交流し連携する力でもある。そのためにはコミュニケーション力も自ら養っていかなければならない。議論にどんどん加わり，仲間の提案の欠陥にはこだわらず，いい点のみに目を向け，「それ面白いね」と肯定的にとらえ，グループで協力して課題を考え，報告をまとめるように心がける。グループ学習の原型を獲得するのが，この活動の目的でもある。

└─────────────────────────────────────

③ ＜1R 現実把握 ── 自問自答：「どんな危険がひそんでいるか？」＞

リーダーは，課題事例を自分のことばで説明する。次に，事例の中にどんな危険がひそんでいるか，作業や状況の問題点について，メンバーに自問自答し，「討論用個人メモ欄1」（図 1.21(a)）に必要事項を記入することを促す（メモ欄1の記入時間は3分程度）。

┌─ メモ欄1に書くこと ─────────────────────────

「危険要因」を想定（発見）し，それによって引き起こされる「現象」や「事態」を各自が想定する。想定した「危険要因」と「現象や事態」をできるだけたくさん，「メモ欄1」に記入する。なお，記入は簡潔に行う。例えば，「～なので～する」「～なので～が起きる」「～して～する」などの表現で構わない。

└─────────────────────────────────────

④ ＜1R 現実把握 ── 皆で考える：「どんな危険がひそんでいるか？」＞

リーダーはメンバー全員がメモ欄1を記入したことを確認した後，メンバー全員に「危険要因」と「現象や事態」を皆の前で紹介させる。その際，下記の点に留意しメンバー全員が積極的に自分の考えを出すよう努める。

- 常識的に考えてありそうでないことでも紹介する。
- 少数意見でも構わないので，気後れせず紹介する。
- メンバーから出された内容に反論しない（自由な発想で意見を出し合うことが大切であり，反論を繰り返すと議論は終息してしまう）

┌─ メモ欄2に書くこと ─────────────────────────

グループメンバー全員が気づきの感性を養うことが大切である。他のメンバーの紹介内容で自分が気付かなかった事項を簡潔に書く。

└─────────────────────────────────────

⑤ ＜2R 絞り込み（本質追求）:「これが危険のポイントだ」＞

　　リーダーはグループ討論を行い，班員全員が出し合った「危険要因」（メモ欄 1 と 2）
の中で，危険事態が発生する確率や，確率は小さくてもそれが起きた場合，重大事故
につながると考えられる「危険要因」を皆で決めさせる（メモ欄に○印をつける）。ま
た，特に重要と考える危険と危険要因を選び（通常 2 〜 3 項目），◎印をつけるととも
に，書記は「危険予知（KY）活動表」（図 1.21(b)）の危険のポイント欄に記入する。

⑥ ＜3R 対策検討:「あなたならどうする」＞

　　⑤で絞り込んだ「危険要因」について，危険が現実のものにならないようにするため
にどうすればよいかをグループ全員で考えて具体的で実施可能な予防策を話し合う。

⑦ ＜4R 目標設定:「私たちはこうする」＞

　　書記は，「危険予知（KY）活動表」のわたしたちはこうする欄に⑥の予防策（安全対
策）を記録する。リーダーは，記録された内容を皆に紹介し，作業の行動規範（安全
のコツ，安全目標＝安全のための行動目標）とし，グループ全員で確認する。

【説明用課題事例】

＜状況＞　　あなたは，非常階段の扉の水拭き作業をして
います。水が入ったバケツが近くにあると便利ですので，足
元に置いて作業を行っています。その時，扉の上が錆びて
いることを見つけましたので，錆びをおとすためにサンド
ペーパーがけを急きょ始めました。扉の上部は手が届かな
いので，実習室にあった丸椅子に乗って作業をしています。

【演習用課題事例】

　　図 1.23 と図 1.24 について，「どんな危険が潜んでいるか」
についてグループで考えてみる。

- 状況 1 あなたは，水を入れた試験管に濃硫酸を入れ
10％希硫酸に薄めている。

- 状況 2 あなたは，クライアントと同僚に添付ファイ
ル付きのメールを送信しようとしている。

図 1.22　KY トレーニング（説明
用状況）

図 1.23　KY トレーニング（状況 1）

図 1.24　KY トレーニング（状況 2）

表 1.1　説明用課題事例に対する KY シート「討論用個人メモ」と「活動表」の記載例 [7]

＜ 1R および 2R　現実把握と絞り込み＞

現実把握 「どんな危険がひそんでいるか？」	絞り込み 「これが危険のポイントだ」
扉が半開きなので，風にあおられ扉が閉まったら手をはさまれる	○
丸椅子が手すりに近く高さがあるので，手すりを超えて落ちる	◎
扉が半開きで，丸椅子上の作業なので，風にあおられた時，ぐらついて丸椅子から転ぶ	
丸椅子が狭いので，踏み外して転ぶ	
内側から扉を押し開けられて転ぶ	◎
扉に近く，顔を近づけているので，錆びやほこりなどが飛び散ったとき目に入る	◎
丸椅子のそばに水が入ったバケツがあるので，丸椅子から降りた時，つまずいて倒し下の人に水をかける	○

＜ 3R および 4R 対策検討と目標設定＞

危険のポイント（危険要因）	私たちはこうする（対策・改善）
丸椅子が手すりに近い 高さがある 手すりから落ちやすい	丸椅子を手すりから離す 扉の内側におく 丸椅子を安定な踏み台に変える 安全帯をしめ，手すりにかける
扉の反対側から人が来る 丸椅子を踏み外す	扉の反対側に「作業中につきドアを開けないこと」の看板を立てる 扉はロックし，しばる 安全帯をしめ，手すりにかける
錆びやほこりが飛び散る 錆びやほこりが目に入る	養生シートをかけて作業する 安全めがねを着用する

4.2 対処（緊急事態対応マニュアル）

事故は起きるものとし，事故時に適切な対応ができる体制を整えるとともに，心の準備をしておく。この目的のため，「危機管理ガイドライン」が本学においても定められている。ガイドラインの内容を理解しておくとともに，特に，事故発生時に，だれが対処するのか，どのように対処するのか，についてグループ内で確認しておくこと。

1) 事故発生時の対応（個人レベル）

積極的に安全対策を行っていたとしても，事故の発生をゼロにすることはできない。万一，実習中に事故が発生してしまったら，周りの人が積極的に対処する！

- 事故が発生したら，すべての活動を停止し，まずは落ち着く！（慌てて駆け寄って，同じ事故に見舞われない）
- 被災者の救護
- 教職員への連絡

※ 工具による軽微なケガの場合は自分で対処しても構わないが，どんな軽微なケガであっても必ず教職員への連絡は行うこと。

2) 事故発生時の対応（組織レベル）

実習担当スタッフは，本学の危機管理ガイドラインに従って行動する。

4.3 分析・対応

作業現場に限らず実社会では様々な事故に見舞われる。同じような事故の発生を未然に防ぐためには，起きてしまった事故について事故要因を正確に把握し，対策を講じておくことが大切である。この目的のため「4M 分析」がある。

4M 分析とは，事故の要因・原因は以下に示す 4 つの M のどれかに当てはまることを前提にしている。この分類に従って事故発生のすべての要因・原因を洗い出し，対策を立案する原因対策対応式（Matrix 式）の分析手法である。活動に際しては，表 1.2，1.3 に示す「4M 分析シート」を使用する。

- Man（人）：作用者の心身的な要因や作業能力的な要因
  身体的要因，心理・精神的要因，技量，知識など
- Machine（設備や機器）：設備・機器・器具固有の要因
  強度，機能，配置，品質など
- Media（環境）：作業者に影響を与えた物理的・人的な環境の要因
  自然環境（気象，地形），人工環境 (施設，設備)，マニュアル・チェックリスト，労働条件・勤務時間など
- Management（管理）：組織における管理状態に起因する要因
  組織，管理規程，作業計画，教育・訓練方法など

【4M 分析の例】

　以下に事故例を挙げるとともに 4M 分析シートへの記載例を示す。なぜ事故が発生したのか，背後の要因を分析し対策をたてる（4M 分析）。

＜説明用事故例＞ 初心者・しろうとの事故

　外食チェーン店でコックのバイトをしている時，注文がたくさん入ってきたので一度にたくさんの調理をしなければならなくなった。なべ，フライパンの調理を複数行っている時，1 つのフライパン（揚げ物）から火が出てしまった。気が動転して何をやったらよいのか分からないまま時間が経過し，気がついた先輩が消火器で火を消し止めてくれた。しかし，天井が丸焦げ，料理は台無しになった他，消防車までが出動して店はしばらく営業停止となってしまった。

表 1.2　説明用事故例に対する 4M 分析シート例

4M	要因	対策
人（Man） 知識・技量・身体的要因・精神的要因	目を離した	目を離さない
設備・機器（Machine） 機能・配置・品質・強度等	温度センサの不備	過加熱防止装置
環境（Media） 室内環境（室温・明るさ）・労働条件・マニュアル	たくさんの揚げ物	同時作業を減らす
管理（Management） 組織・規則・教育法	1 人の人間が行う作業について規則の未整備	規則整備，揚げ物担当者を作る

【4M 分析グループ活動の課題】

　ここでは以下に例示した事故についてグループで話し合い，4M 分析手法による問題解決力の向上を図る。司会者，記録係をあらかじめ決めておき，下記の手順で討論を行う。4M 分析において，要因，対策は「自分がどうする」という立場，観点で提案する。担当者を増やす，安全装置を取り付けるは一般の事故事例では妥当な対策であるが，時として他人まかせになり，対策としては適切でない場合があることに注意する。また，研究・開発現場ではマニュアル化されていない事象が起こりやすいため，対象の把握が大切になってくる。

＜4M 分析の進め方＞

　4M 分析は，まずグループ全員で事故事例（文書報告など）について把握し，事故の概要・直接の要因について皆で考え，まとめることが第一歩である。次に事故発生の背景にある要因について 4 つの M（Man, Machine, Media, Management）の観点から分類分けを行う。分類分けされた各 M の要因に対して深く掘り下げた議論を行い，事故を未然に防

ぐための対策を考え，最後に議論の内容を 4M 分析シートにまとめる。以下に具体的な手順を示すので，この手順に従ってグループ活動を行う。

① ＜役割の決定＞

司会者（リーダー），報告者（書記），事故例の読み手を決める。

② ＜事故結果を把握＞

読み手は声を出して事例を読む。この時，分からない言葉を書き出し，グループの中で知っている人がいたら説明する。皆が知らなかったら辞書等で調べる

③ ＜問題点の把握＞

リーダーはメンバー全員に事例の問題点について発表させる。発表された問題箇所にはアンダーラインなどを引かせる。

④ ＜ 4M 分析＞

リーダーはメンバー全員がアンダーラインを引いたことを確認した後，メンバー全員で 4M 分析を行うことを促す。

4M 分析では，まず事故の概要・直接の要因を把握する。次に事故の背後にある要因をすべて洗い出し，それぞれの要因がどの M に当てはまるか考え，各要因に対する対処法（対策）を検討する。すべての結果はシートに記録するとともに各自ノートなどに書き写しておく。

表 1.3 4M 分析シート

4M	要因	対策
人（Man） 知識・技量・身体的要因・精神的要因		
設備・機器（Machine） 機能・配置・品質・強度等		
環境（Media） 室内環境（室温・明るさ）・労働条件・マニュアル		
管理（Management） 組織・規則・教育法		

＜演習用事故事例＞

- 実験テーマ ― 磁束密度の測定（物理実験）
- 実験内容 ― 磁界発生用コイル（大電流）で発生させた磁束密度を測定用コイル（微小電流）で測定する。
- 事故者の行為 ― 測定用コイルがあっという間に燃え上がり，測定用コイルが焼ける

とともに，テーブルの一部を焦がしてしまう。

● 事故の直接要因 ─ （誤り）測定用コイルに交流電源をつないだこと。

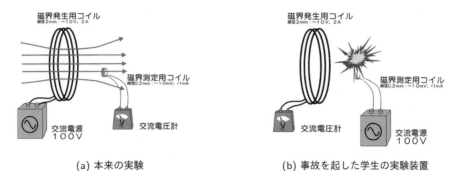

(a) 本来の実験   (b) 事故を起した学生の実験装置

図 1.25　実験装置

　演習用事故例の直接要因（原因）は，配線ミスである。監督者・管理者の想定外の行為による事故発生であったが，なぜこのようなことが発生したのか，背後の要因を分析し対策をたてておくことが大切である。何ら対策を立てておかないと，何度も同じ事故を繰り返し，最後には取り返しのつかない重大な事故に結びつく可能性がある。研究・開発現場ではマニュアル化されていない事象が起こりやすく，対象の把握が大切である。

5　製作活動をまとめるために必要な知識と技術

　大学生になってレポート課題が出された時，何を書けばよいのか，どこから手を付けたらよいのか分からない人が多い。大学では，実験・実習に限らず講義，セミナーで課題としてレポートの提出が求められる。また，社会ではプロジェクトの提案書，活動の予算申請書や報告書など，様々な文章を書く機会が多い。内容を順序立て，簡潔に，他人に分かりやすい文章を書く技術は，文系，理系を問わず社会人として必要なスキルの 1 つである。レポートを書くために参考となる優れた成書 [8–11] がたくさんあるので，自分なりにあったものを入手し，日々努力する姿勢が大切である。

5.1　レポート作成にあたっての大まかな手順

　レポートは書き始める前に，構成（ストーリー）を考えなければならない。大まかな構成が決まったら，準備，下書き（草稿），編集（修正，校正，校閲，推敲）の各段階を経てレポートを作成し，最後に提出（発表）となる。それぞれの段階で行わなければならないことを図 1.26 に示すとともに，以下に説明する。

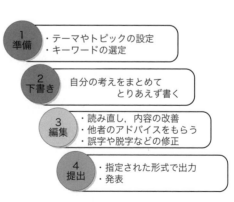

図 1.26　レポート作成のおおまかな手順

1）準備

これから何を書こうとするのかを計画する

段階である。いきなり文章を書き出そうとせず，書こうとする事項（トピック）について
キーワードとなる言葉を思いつくまま書き記す。また，必要に応じて図表を用意（PC など
を用いて作成）する。良いレポートを書くためには，準備段階において以下の項目の内容
を考慮し，自問自答しながら行う。文節の論理構成（順番）は次の下書き（草稿）の段階で
行えばよいので，この段階では思いついたキーワードのみを書き記す。

- 何を書くのか？

  実験・実習のレポートを書くのか？ 講義のレポートを書くのか？ 報告書を書くの
  か？ インターネットで公開する記事を書くのか？

  どんな文章を書こうとしているのかを書き始める前にはっきりさせる。ある決まっ
  たテーマ（例えば「ナイロンの合成」）のレポート書く場合でも，実験レポートと講
  義で課されるレポートでは書く内容が異なる。

- 読者は誰か？

  レポートを課した先生が読むのか？ 友達が読むのか？ 小学生が読むのか？

  対象はできるだけ具体的に設定する。例えば，漠然と「高校生」と設定するだけでな
  く，「高校 3 年生の文系の人」といったようにできるだけ具体的に想定すると良い。
  対象が明確化されると，対象が背景にもつ知識や技能を考慮した文書構成や表現を
  行うことができる。

- 目的は何か？

  ものごとを行うための手順や注意点をまとめるのか？ 得られた結果に関して論ずる
  のか？ 情報を発信するのか？ なぜレポートを課されているのか？

  作成するレポートで何を伝えたいのかを明確にしておく。例えば，同じ実験・実習
  テーマのレポートでも，事前に提出するレポートと事後に提出するレポートでは伝
  えたい内容は異なってくる。例えば，実習の事前レポートの作成においては実習内
  容を理解することが目的である。そのため，内容を理解している事をレポートとし
  て書くため，実習を行う上での注意点や手順をまとめた形になる。また，不明だっ
  た事項について調べたことや，発展させて考えたことなども加えることで，理解度
  を増すこともできる。一方，事後レポートでは得られた結果に対してなぜそうなっ
  たのか，結果の特徴はなんなのか，実習を通して何を得たのか（学んだこと，経験し
  たこと）などをまとめることになる。

- 説明に必要なデータや材料はそろっているか？

  データや材料がそろっていない場合はどこで入手したら良いのか？

  データとは実験結果の数値だけでなく，結果を説明する根拠や利用した機器の性能・
  特性なども含む。利用する機器などで知らないものがある場合に，その機器につい

て調べることもデータをそろえる活動の一部である。また，データは集めるだけでなく見せ方も考える必要がある。例えば，数値データを表現する場合，表にするか，折れ線グラフにするか，円グラフにするか，データの提示の仕方によって読者に与える印象や理解度も変わる。

- どのような形式で提出するのか？
  紙媒体で提出するのか？ 電子媒体（ファイル）で提出するのか？ Web 上で公開するのか？
  レポート提出に際しては提出様式も同時に定められている場合が多いので，様式を確認して従うこと。ファイルで提出する場合，指定されたファイル形式（Word，PDF等）に準拠すること。また，1 行当たりの文字数や 1 ページ当たりの行数など多くの指定がなされていることが普通である。後で設定を変更すると，図表のレイアウトが変わってしまったり，ページの区切りが変わってしまったりすので，文を書く前に設定を行っておくと良い。

2）下書き（草稿）

自分の考えた論理構成に沿った文節構成を考える。各文節には 1 つのトピックが設定されていることが大切である。準備段階で集めた言葉やデータなどを利用し文章を書いていく。文字の間違い，文法の間違いなどは後で修正できるので，この段階では完璧な文章を目指さなくてよい。キーワードとして書き留めた言葉などを繋ぎ合わせながら，時系列を合わせて文章を作成していく。

下書きの段階で注意すべき点としては，設定したテーマに対して必ず「事実」を述べることである。よくある間違いとして，「事実」でなく「意見」だけを述べてしまうことがある。「事実」は観察や実験結果（データ）により導き出されるもので，確証のある情報である。一方，「意見」は特定の人の信念や思いといった感情から生まれる確証のない情報である。データから導き出された「事実」をどのように解釈するかといった思いでもある。レポートを書く上では，まず「事実」を述べ，それに対する「意見」を述べること。また，「事実」と「意見」を明確に区別することが大切である。

「事実」を客観的に提示する方策として図や表，グラフなどの使用を勧める。図や表，グラフなどから得られる情報（データ）をもとに自分の「意見」を展開すると，「事実」と「意見」が明確に区別され，分かりやすいレポートを作成することができる。また，事象を正確に伝えるため，"5W1H"（Who / What / Where / When / Why / How）を明確にした文章を書くことが好ましい。文学的な作文を書く場合，邦文では内容の論理構成として起承転結が推奨されているが，レポートに関しては「転」は必要ない。段落ごとに核となるまとまり（トピック）を作ることが大切である。

3) 編集（修正，校正，校閲，推敲）

　下書きで作成したレポートを一度読み直し，不足を感じた点について，より分かりやすい表現に変えたり，不足事項を追加したりして，より良い文章へ加筆・修正する。文書が簡潔・明瞭であるか，意味を成しているか，読者の興味をそそるか，といった観点で行うとまとめやすくなる。長すぎる文や類似の内容の短い文が繰り返されると，文章全体が読みにくくなったり，文章が稚拙になったりする。必要に応じて箇条書きや章立てを利用すると，文章がすっきりとし，内容を伝えやすくなる。また，関連する文と文とは，文章の時系列やつながりを明確にするため，適切な接続詞でつなぐとよい。さらに，文章構成として，各文節にはその文節でテーマとする内容を提起する「トピック文」と，トピック文を解説または補助する「サポート文」，最後に文節を締めくくる「クローズ文」という構成になると文節のまとまりがよくなる。

　編集作業は複数回行う。短時間に回数を重ねると，目線が主観的になり，誤りを認識しづらくなる。数時間以上の時間をあけ，自分の頭を一度リフレッシュさせた後，客観的に読み直すとよい。また，可能であれば，実際に客観的な視点を取り入れるため周りの人に見てもらい，内容や表現に関してアドバイスをもらうと良い。何度も読み直す中で，各文章に文法的な誤りがないか，誤字・脱字がないかのチェックを行い，間違いを見出したら適時修正を行う。句読点や，文体の統一も確認が必要である。「です／ます」調の文と「である」調の文が混在しているととても読みにくくなるので統一する。

4) 提出（発表）

　文書の作成が完成したら，提出条件に合わせた形式（紙媒体，電子ファイルなど）を確認し，提出物を準備する。

　紙媒体での提出を求められているのであれば清書または印刷し，できたものの乱丁や落丁，不鮮明な点がないかなど確認する。表紙の添付が指定されている場合は，表紙に指定された項目を漏れなく記入すること。提出に際しては，提出物が分散する恐れのあるクリップ止めは好ましいものでない。通常は，左上の一か所をステープラで止める。なお綴り方が指定されている場合もあるので注意する。

　電子ファイルで提出する場合は，必要に応じて提出するファイル形式に変換する。変換したファイルは必ず内容を確認し，問題なく変換できているか確認する。また，ファイル容量など，細かに指定がある場合もあるので，指定内容の通りにできているか確認すること。提出方法も Web へアップロードしたり，電子メールに添付して提出したりと，様々な形式があるため，確認の上，指示に従って提出する。

　どのような形式でも，提出の期限が定められているため，期限を守って提出する。期限が守られていないレポートは受領が拒否されたり，評価の対象から外されたりする場合があるため注意が必要である。

　提出の内容を聴衆の前で発表することを求められる場合もある。発表用の資料を準備す

る場合は，発表用の資料に対して，上記 1)〜3) の手順を行う。提出した内容から逸脱したり，異なったデータを用いたりしないよう注意が必要である。

5.2　実験・実習レポートの構成と内容

　実験・実習のレポートでは実験結果だけを報告するだけでなく，自ら課題を設定し，実験結果の解釈の仕方を考えたり，理論づけを行ったりすることが求められる。実験・実習内容や結果は既に解明済みのものである。従って，レポートを課す側の立場からレポート課題に期待することは，得られたデータから話しの筋道を考えまとめる力，過去の文献データと比較し自分のデータの信憑性が判断できる力，自分の考えを表現する力，そして自分で書く，ということである。

　実験・実習のレポートでは構成が決まっている。下記に順を追って説明する。

① 表紙

　独立した 1 ページの紙に「実験・実習名」「テーマ（題目）」「所属」「学籍番号」「氏名」「提出日」などを記入する。表紙が配られていたり，内容が指定されていたりする場合はそれに従う。

② 目的

　実験・実習にはテキストや指導書があらかじめ用意されている。そこには実験・実習の目的や概要項が必ず記載されているので，その内容を簡潔にまとめて書く。必要に応じて実験・実習の原理などについて触れてもよい。

③ 方法（手順）

　②と同様，テキストに書かれている実験・実習方法について，簡潔にまとめて書く。フローチャート形式や必要に応じ，図，グラフをつけてもよい。

④ 結果

　実験・実習で実際に行った内容，得られた結果，観察事実を簡潔に書く。③で書かれた順，または実際に行った順に書く。なお，実験・実習にもよるが，当日の気温，湿度，気圧や天候も実験データとなる。次の考察項で実験結果に基づいたトピック（課題）設定が行えるよう，注目すべきデータについては必要に応じて表やグラフにまとめるとよい。また，失敗した結果についても，どのように行って失敗したかなど，原因の究明につながる状況，データを具体的に書く。

⑤ 考察

　実験・実習レポートで一番大切な項目である。すべての結果に対して考察を行う必要はないが，考察全体を貫く 1 つのテーマを設定する。最初の段落（パラグラフ）では，テーマを明確に示すとともに，テーマに関して一般的に知られている事実，法則，過去の文献やデータを付け加えて 1 つの段落を作成する。次に，設定したテーマに関するトピックを設定しそれについて，議論（考察）を展開する。1 つのトピックにつき 1

つのパラグラフ構成とし，パラグラフは最低でも 3 つ書く（3 つのトピックス設定が必要）。最後に，各段落の結果を受けたまとめや結論を展開する段落を加える。考察項は全体で最低でも 5 パラグラフ構成とする。全体構成や各パラグラフ構成については，パラグラフライティング技法による文章構成（5.3 節参照）を心掛ける。

また，各段落の論理展開では，自分の意見や考えと事実とを明確に区別すること。文献を参照して議論を展開しても構わないが，調べた事項には文献番号を付すとともに出典を明示すること。調べた事だけで自分の考えがない文章とならないようにする。

トピックを設定した各段落内で記述する内容例

- 観察・測定された事実（結果項で書いたこと）に対し，トピック（課題）を設定する文章を書く。
- 設定した課題の補足説明，課題に関連して実験・実習で得られた「事実（データ・観察結果）」「事実」の解釈（理解）に必要な自分の「意見」，他の人が行っている類似の実験・実習結果や解釈（文献項で出典を明示のこと）などを詳細に述べる複数の文章を書く。この段階は提示した課題を補足説明するものであり，次のまとめの段階へと導くものでなければならない。
- まとめや結論を書く。設定された課題に対する自分の「意見や考え」を記述する文章を書く。
---

⑥ 文献

②〜⑤の項で他の人が行った成果やアイデアを参照した場合，文献項で出典を明記する。他の人がそれを見ただけで文献が確認できるよう必要最低限の情報を記載する。記述順序は専門分野で若干の相違がみられるが，以下の内容を必ず含んでいる。

著者名，書名（タイトル），ページ番号，出版社名（出版年）

⑦ その他

- 実験・実習レポートは作文ではないので，個人の感想や反省は書かない。
- データの取り扱いに注意する（データねつ造，有効数字など）。
- 知的財産権を保護する（データ，文章，図等，著作権で保護されるべきものは文献として明示）。
- 読みやすさを心がける（あいまい表現を避ける，長文は簡潔な複数文にする，「です／ます」調，「である」調を統一する，主部と述部の対応に注意する，述部が欠落しないようにする，誤字・脱字に注意する など）。

5.3　パラグラフライティング技法による文章の書き方

　一般的なレポート作成にも当てはまるが，実験・実習の考察項の構成は，段落（パラグラフ）ごとにトピックとなる文を始めに置き，主張したいことを伝える。次に，自分の主張する考えを補足する文や解説する文を複数加え主張に厚みを増し，パラグラフの最後には結論となる文を置くとよい。パラグラフが長くなっても 1 つのトピックについて書かれていれば，1 つのパラグラフ内に書く。

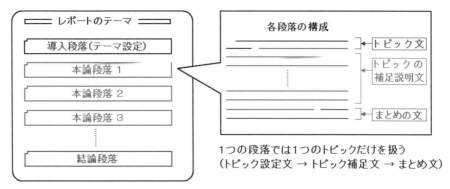

図 1.27　パラグラフライティングによる文章作成法

5.4　レポート課題

　実習で使う部材（材料，電子部品）について，テーマ設定を行い A4 用紙 1 枚程度でまとめる。各自のテーマはグループ内で重複しないよう，調整を行うこと。

第 2 章

ベースプレートの製作

- この実習の内容
  1. 合成高分子材料についての知見を広げる。
  2. ボール盤を使った穴あけ，やすりを使った端面処理（バリ取り，削り）技術を学ぶ。
  3. アクリル板に穴をあけ，端面処理（バリ取り，削り）を行ってベースプレートを製作する。
  4. ベースプレートに Arduino Uno とブレッドボードをねじ止めするとともにゴム足を貼り付ける。
- 各自用意するもの

名称	数量等	備考
卓上ボール盤	1	
センタードリル刃	1	
工作用ドリル刃	1	3.5 mmϕ
グラフ用紙	1	A4
セロハンテープ		（各班に数個）
紙やすり		粒度 120 と 400（各班に数枚）
ドライバ		プラスドライバ 1 番（#1）（各班に数本）
ラジオペンチ		（各班に数本）
ネジ	4	（配布済）丸ビス M2.5×10，皿ネジ M3×15
ナット	4	（配布済）M2.5
スペーサ	4	（配布済）プラスチック製 M3 ナット
アクリル板	1	（配布済）95 mm×130 mm×2 mm 厚
ゴム足	5	（配布済）10 mmϕ
ブレッドボード	1	270 穴，45 mm×85 mm
Arduino Uno	1	

1　実習の概要

1.1　合成高分子材料の観察と評価

　高分子（ポリマー）は，セルロース，天然ゴムやたんぱく質などの天然高分子とポリエチレン（PE），ポリプロピレン（PP）やポリエチレンテレフタレート（PET）のような合成高分子に大別されるが，すべての高分子は繰り返し単位である単量体（モノマー）が共有結合によってつながって構成されている。[12] グルコース，イソプレンやアミノ酸はそれぞれセルロース，天然ゴムやたんぱく質のモノマーである。ポリエチレン，ポリプロピレンのモノマーはエチレン，プロピレンであり，PET にはテレフタル酸とエチレングリコールの 2 種類のモノマーが使われている。実習では様々な合成高分子から作り出された製品，材料を扱うので，ここでは合成高分子材料についての知見を広げていく。

　合成高分子は 1 種類のモノマーや複数のモノマーを互いに結合させて作られているが，モノマーの種類と組み合わせ，添加剤の種類や量により様々な特性を示すことが知られている。製作実習で使用する教材（図 2.1）には，下記に示す合成高分子や天然高分子が素材として使われている。

- ベースプレート ― ポリメタクリル酸メチル樹脂（Polymethyl methacrylate：PMMA）を板状に加工したもの（アクリル板と呼ぶ）。PMMA は，切削，研磨や切断加工に適し，透明性や耐衝撃性にも優れた，劣化しにくい高分子材料の一つであるため大型水族館の水槽にもよく使われている。

- ブレッドボード ― ABS 樹脂を加工し内部にクリップ形状をしたステンレス製の電極を埋め込んだもの。ABS 樹脂はアクリロニトリル（Acrylonitrile），ブタジエン（Butadiene）とスチレン（Styrene）を共重合させた合成樹脂であり，耐衝撃性に優れているため家電製品，自動車や住宅用建材にいたるまで様々なところで使用されている。

- Arduino Uno ボードや電源シールドの電子回路基板 ― ガラス織布（グラスファイバを布状に編んだもの）にエポキシ樹脂をしみこませ固めて成形した板材に銅箔を貼り合わせたもの（ガラスエポキシ基板と呼ぶ）。エポキシ樹脂を用いることで，強度，絶縁性や難燃性に優れたものとなる。基板材料として，紙基材をフェノール樹脂（PF）で固めて作られた紙フェノール基板も存在する。電気的特性や耐熱性の点でガラスエポキシ基板に劣るが，安価で製造できるため世界的に多用されている。

- ゴム足 ― 天然ゴムから作られている天然高分子材料の 1 つで，耐衝撃吸収性に優れている。

- Arduino Uno 上の電子部品類 ― ATmega328P マイコンや各種 IC 部品は全体が黒いエポキシ樹脂で固められている。コネクタ類はグラスファイバーやポリブチレンテレフタレート樹脂（PBT）を添加した ABS 樹脂が用いられている。

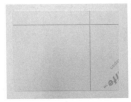
(a) アクリル板

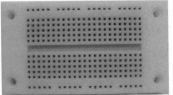
(b) ブレッドボード

(c) 電子回路基板

(d) ゴム足

図2.1　実習で使用する高分子材料例

1.2　ボール盤を使った穴あけ加工について

　ベースプレートの穴あけ加工はボール盤（図 2.2）とドリル（図 2.3）を用いて行う。正確な位置に穴をあけるには，多少の慣れが必要である。特に，初めてボール盤を使用する場合，目的とする箇所に正確に穴をあけることは難しい。一般的に，穴あけ加工は，下記の手順に従って行う。

図2.2　ボール盤

図2.3　使用するドリル

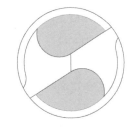
図2.4　ドリルの刃先形状

① ポンチング ― ポンチなどで目標とする穴あけ箇所にガイドとなるくぼみを作る行為をポンチングという。くぼみがないと，ドリル刃を材料に当てた場合，刃先が滑り目的とする位置に正確に穴あけができなくなる。ポンチングの代わりにセンタードリル（図 2.3（左））を使って穴あけ位置に下穴をあけてもよい。このドリルは刃先が鋭いため材料に当てても滑りにくい。

② ドリル刃の選択・取付け ― 穴あけ材の材質，穴径に応じたドリル刃を選択し，ボール盤に取付ける。

③ ドリルの回転速度の選択 ― 穴あけ材料の材質，ドリル径に応じて，適切なドリルの回転速度を選択する。径の小さいドリルを使用する場合，切削能力を高めるため，回転数は高めに設定すると良い。

④ 穴あけ ― 堅い材料に穴あけ加工を行う場合，油を付け加工性を良くしておく。また，穴あけは，一気に行うのではなく，最初に穴あけしたい箇所にドリル刃を少し接触させ戻す。この操作により，ドリルの刃先が当たる部分に少し傷がつき，位置確認が容易になる。穴あけ位置がずれている場合は，適時，位置を微調整した後，本格的な穴あけ加工を行う。

⑤ バリ取り ― ドリルが貫通した表面（うら面）にはバリが発生する。アルミ材，プラス

チック材など，やわらかい材料に生じたバリは，穴径より大きなドリル刃を用いて，穴の上からドリル刃を数回手で回すことによって簡単に除去できる。鉄材など堅い材料の場合は，棒ヤスリなどの切削工具を適時使用してバリを取る。産業現場では，バリ取りも1つの仕事になっている。

※ ドリル（図2.3（右））の先端をよく観察するとチゼルエッジと呼ばれる稜線のような直線（点ではない）の部分が存在する（図2.4中心部の直線）。この部分が穴あけ対象の材料表面に最初に接触するため，ボール盤を慎重に操作しないと目的とする位置に正確な穴をあけることができない。そこで，ドリルの先端がずれないようにするため，①でポンチングやセンタードリルを使った下穴加工が必要となる。

※ プラスチック板などあまり堅くない材料にいきなり強くポンチでくぼみをつけると，板を破損してしまう。また，ポンチングで正確な位置にくぼみを作るには多少，熟練を要する。そのため，アクリル材のベースプレートの穴（3.5 mmφの径）に対しては，ポンチングは行わない。センタードリルを用いて下穴をあけた後，指定穴径のドリルに交換して穴あけを行う。

※ 穴あけ加工に限らず，材料の機械加工時には破損した工具が飛び散ったり，切削した材料が飛び散ったりして危険である。実習時間中は，自分が加工処理を行っているか否かに関わらず，必ず安全めがねを着用すること。

1.3 穴あけ箇所の指定について

HamaボードはArduino Uno，ブレッドボード，電源シールド，ベースプレートの4つ部品・部材で構成されている。Arduino Unoとブレッドボードはアクリル製のベースプレート（130 mm×95 mm×2 mm）上に固定して使われる。図2.5にArduino Unoの外形[13]とベースプレートへの各部品・部材の配置イメージを示す。図2.5(a)からわかるようにArduino Unoには直径0.125 in（約3.175 mm）の固定用の穴が4か所あけられている。ベースプレートに固定用穴に対応する穴をあけておくと，Arduino Unoをねじ，スペーサ，ナットを使ってベースプレートに固定できる。また，ブレッドボードの四隅には直径3.5 mmの穴があけられている。ブレッドボードの両面テープを用いず，ネジとナットを使ってベースプレートに固定するために四隅の穴に対応する穴をあけておく。さらに，ベースプレート本体を他の筐体などに固定するためには，最低2か所の穴をあけておくとよい（図2.5(b)の中央2か所）。

ベースプレートの加工図面を図2.6に示す。ベースプレートに10か所（Arduino Uno用に4つ，ブレッドボード用に4つ，本体固定用に2つ）穴をあけるので，穴あけの位置指定は重要である。加工図面では，プレート上の特定な場所（ここでは左下の角）を原点に指定し，原点から穴の中心点までの縦横方向の長さをそれぞれ指定している（XY座標による表記）。なお，原点は必要に応じて変えても構わないが，どこを原点にしているかわか

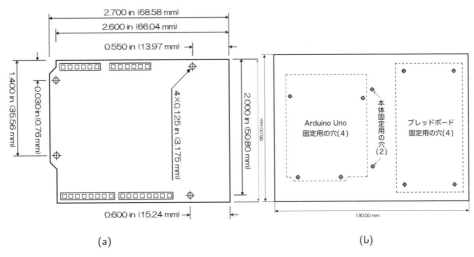

図 2.5 Arduino Uno の外形 (a) とベースプレートへの Arduino Uno，ブレッドボードの配置

るように寸法を記入することが大切である。穴の大きさはそれぞれの穴の箇所に記入する。すべての穴径が同じ大きさの場合，1 か所だけ穴の個数とともに記入して残りは省略することもできる。

※ 加工図面では線の太さと種類も重要な情報である。太い実線は「外形線」と呼ばれ物体の形を表す。図 2.6 の加工図面からベースプレートは長方形で，穴は円形であることがわかる。細い一点鎖線は「中心線」と呼ばれ，穴の中心を表すために使われる。細い実線は「寸法補助線」と呼ばれ，寸法を示すために使われる。細い矢印付きの実線は「寸法線」と呼ばれ，添えられた数字により長さや大きさが表わされる。なお，寸法線を引く際は寸法補助線や外形線に接するように引くこと，図形外に引き出して引くことが原則である。

※ 図 2.6 の加工図面では穴の大きさが 3.5 mm に指定され，穴の位置指定は 0.5 mm 単位となっている。これらの寸法表記は機械加工の現場では奇異に感じる大きさである。0.5 mm 単位となっている原因は，Arduino Uno ボードの寸法が inch 単位で設計されていることにある（図 2.5(a) 参照）。inch 単位から mm 単位への表記の換算に伴い，端数処理に起因する誤差と加工誤差を念頭に入れ，加工図面では 0.5 mm を基本単位として大きさの表記を行っている。また，0.5 mm の基本単位であれば，定規や方眼紙を使ってベースプレートに穴の位置を写し取っても，誤差はあまり大きくはならないことも利点である。

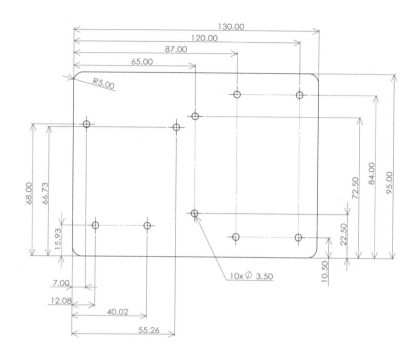

図 2.6　ベースプレートの加工図面

2　実習の手順

2.1　合成高分子材料の観察と評価

　合成高分子材料を用途ごとにみてみると，包装材から商品の筐体まで幅広く使われるポリオレフィン（ポリエチレン（PE）やポリプロピレン（PP），ポリスチレン（PS），ポリ塩化ビニル（PVC）など），パソコンやテレビの筐体に使われ剛性に優れ，耐衝撃性を持つ ABS 樹脂，各種内装・外装部品から歯車などにも使用され耐久性のあるポリオキシメチレン（POM）樹脂，スマホやカメラの筐体に使われ耐衝撃性や耐候性に優れたポリカーボネート（PC）などに分けられる。合成高分子材料は同じ名前のものであっても重合度，結晶化度，添加剤（有無，量，種類など）によって特性は大きく変わってくる。

　図 2.7 に食品の包装材に表示されている合成高分子材料に関する記載例を示す。図より，この商品を梱包するために，PP，PS，PE，PA，PET 樹脂といった 5 種類もの合成高分子が使われていることがわかる。1 つの商品の梱包材になぜこのようにたくさんの合成高分子材料が使われているかについては，商品の用途や梱包目的，表示目的，見栄えなどを考慮した上のことではあるが，各合成高分子の特徴も深くかかわっている。合成高分子材料をものづくりの現場で素材として用いる場合，使用予定の合成高分子の特徴を理解し適材適所で使わないとコスト的に不利になるばかりか安全性を損なう結果となるので注意する。

　ここでは，提示された合成高分子試料（図 2.8 に示す PE，PP，PVC，ABS，PC，PMMA，PET，POM などの板材）について，各自，観察（触れたり，叩いたり，曲げてみる）を行

い，結果を評価シート（表2.1）に記入する。また，グループ内で議論を行い，各合成高分子試料の同定（樹脂名の特定）を試みるとともに，合成高分子材料について，A4 レポート用紙1枚程度の文量となる「考察テーマ」を設定する（1人1人違うテーマにする）。

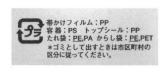

図2.7　商品の包装紙の合成高分子材料例　　　図2.8　合成高分子から作られた板材

表2.1　合成高分子材料サンプルの評価シート

評価・観察項目	サンプル番号							
	No. 1	No. 2	No. 3	No. 4	No. 5	No. 6	No. 7	No. 8
外観（色や透明度）								
におい								
硬さ・触った感じ								
曲げ性能								
比重								
その他								
合成高分子名								

2.2　ベースプレートの作製

1)　穴あけの位置決め

　加工図面に従って工作物の表面に穴の中心位置や基準となる線を描く作業をケガキという。金属の板や棒を加工する場合は専用の工具類（定盤，M ブロック，V ブロック，ハイトゲージ，ケガキ針など）があるが，アクリルなどの樹脂板の加工用の工具類はない。樹脂板に保護紙がついている場合，保護紙に定規を使って鉛筆等で線を引いて位置決めを行う。しかし，この作業は慣れていないと位置決めが大変であるため，実習ではグラフ用紙を使って下記の手順で穴あけの位置決めを行う（図2.9）。

　① 定規，グラフ用紙，ベースプレートを用意する（図2.9(a)）。
　② ベースプレートの加工図面（図2.6）に従い，グラフ用紙上に外形線を引くとともに8つの穴の位置をマークする。
　③ 外形線に沿ってグラフ用紙をはさみで切る（図2.9(b)）。
　④ 切った用紙をベースプレートの外形に合わせて貼り付ける（図2.9(c)）。

2)　ベースプレートの穴あけ加工

　具体的な穴あけ加工は，下記の手順に従う。

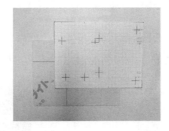
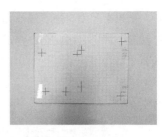

(a) ベースプレートの準備 　(b) 図面にしたがいグラフ紙に穴　(c) グラフ紙をベースプレートの
　　　　　　　　　　　　　　　　　あけ位置を指定　　　　　　　　　形に合わせて切り取り貼り付
　　　　　　　　　　　　　　　　　　　　　　　　　　　　　　　　　ける

図2.9　ベースプレート穴あけの位置決め手順

【穴あけ手順】

① ドリルの仮締め — ドリルを取り付ける部分はドリルチャックと呼ばれている。ドリル
　チャックの一番太いカバー（差し込みカバー）を指でつかんで右，左に回すと，ドリ
　ルを固定する3本のつめが閉じたり開いたりすることを確認する。次に，3本のつめ
　が作り出す空間を取り付けるドリル径よりも少し大きくなるように調整し，ドリルの
　胴体部分を差し込んだ後，差し込みカバーを回してドリルの仮締めを行う（図2.10）。

② ドリルの本締め — 図2.11に示すようにドリルハンドルをドリルチャックの穴に差し
　込み，右方向に回してドリルの本締めを行う。この時ドリルは3本のつめで均等につ
　かまれた状態，ドリルチャックの中心に取り付けられているか確認をしておく。ドリ
　ルがドリルチャックの中心に取り付けられていないと穴はきれいにあけられないので
　確認を怠たらない。

③ 高さと左右の位置調整 — 図2.3に示したように，センタードリル（図2.3（左））と
　3.5 mm径のドリル（図2.3（右））の長さは異なっている。ドリルを最初に取り付ける
　場合やセンタードリルと3.5 mm径のドリルを交換する場合，ボール盤の高さを調整
　する必要がある。ボール盤の高さはボール盤の背後のレバーを緩めることで調整でき
　る。図2.12に調整の様子を示す。調整の際にはボール盤本体を抱え込むように支えて
　行わないとボール盤本体が落下してドリルの刃先を損傷させてしまう危険性があるの
　で注意する。また，高さ調整と同時にドリルの刃先がボール盤のテーブルにあけられ
　た穴に入るよう，左右方向の調整も行っておく。

④ ベースプレート（アクリル板）の設置 — 目的とする穴あけ位置の真上にドリル刃がく
　るようにベースプレートをボール盤のテーブル上に置く。

⑤ 穴あけ位置の確認 — 右手でレバーを操作しドリルを軽くアクリル板に落とし，穴が開
　く位置をマークする。マーク位置がずれていたら調整する（図2.13）。

⑥ ドリル刃を再度さげ穴開けを行う。センタードリルで下穴をあける場合，下穴の大き
　さは最終的にあける穴の大きさよりも小さくなければならないので注意する（セン
　タードリルの大きな円錐部分が少し入ったあたりで止める）。3.5 mm径のドリルで貫

通孔をあける場合，穴あけ作業中にドリル刃の抵抗がなくなったら貫通した証である（図 2.14）。ドリル刃を上げてベースプレートから離した後，穴開け結果を確認する。また，削りくずはドリルに絡みつく危険性があるため穴あけ作業 1 回ごとに箸を使って削りくずを掃除する。

⑦　穴をあけ加工が終了したら，バリを大き目のドリル刃を用いて削ぎ落としてきれいにする。なお，ドリル刃でけがをしないよう気を付ける（図 2.15）。

※　図 2.13，図 2.14 に示すように穴あけ作業時は材料（ベースプレート）を左手で固定する。穴あけの際，ドリルがベースプレートに接触する直前に位置の微調整が必要となってくるので，余り強い力でベースプレートを固定していると微調整が難しくなる。反対に弱い力でベースプレートを固定していると，穴あけ作業中にがたつきが生じ，あけた穴の形がいびつになったり，ベースプレートが手から離れドリルと一体になって回転してしまったりして危険である。電源や主軸のレバーの操作は右手で行う。なお，穴あけ対象物が柔らかい材料である場合，レバーの操作は力をかけすぎないように注意するする。

※　ドリルによる穴開け加工は，実際にドリルの刃がベースプレート上に落ちる動線と操作者の位置からの目線で推定した動線はずれてくる。このずれを自分なりに補正して穴開け処理を行わなければ正しい位置に穴を開けることはできない。ボール盤のドリル刃の先端とベースプレートとの間の距離が大きくなると，このズレは大きくなり，結果として，希望した箇所に正確に穴開けができなくなる。また，どのくらいのズレが生ずるかは個人差があるため，いくつかの穴を開けて練習し，ズレを実感しておくとよい。

図 2.10　ドリルの仮締め　　図 2.11　ドリルの本締め　　図 2.12　ドリルの高さ調整

3)　ベースプレートの端面処理（バリ取り，削り）

　ベースプレートはアクリル板を丸鋸で切り出しただけのものであるので，切り出し面にバリが残っている可能性がある。また，四隅は直角形状で刃物のようになっている。これらの端部は鋭利で危険な状態であるので，研磨加工を行っておく。切り出し面はバリ取り加工，四隅の角は R 面取り加工を行う。バリ取りは，図 2.16 に示すように，紙やすりを使

図2.13　穴あけ作業（センタードリル）　　図2.14　穴あけ作業（ドリル）　　図2.15　バリ取り

う。ベースプレートの切り出し面を紙やすりに対して45度位の角度に置き，前後，左右に動かすとバリは除去できる。四隅の角は図2.17に示すように，角に紙やすりを当て角が円弧を描くように削る（R5位の面取りがよい—図2.18参照）。図2.19にはすべての端面処理が終わり完成したベースプレートを示す。

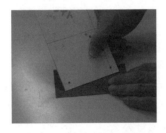
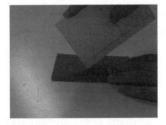

図2.16　ベースプレートのバリ取り　　図2.17　ベースプレートのR面取り　　図2.18　R面取り例（R5）

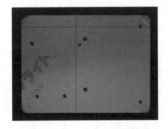

(a) 全体写真　　　　　　　　(b) 角部分の写真

図2.19　完成したベースプレート

2.3　ベースプレートへの部品取り付け（穴の修正）

　穴あけと端面処理を施したベースプレートにブレッドボード，Arduino Uno，ゴム足を取り付ける。2.2節でベースプレートに穴をあけた箇所とブレッドボードやArduino Unoにあいている穴の位置とが対応していることを確認する。ベースプレートの穴の位置がずれていて，ねじが入らない場合はリーマ，ドリルやカッターナイフなどを用いて穴を広げておく。

【Arduino Uno のねじ止め】

　M2.5 のねじ，ナット，スペーサ（各 4 組）を用いて Arduino Uno をベースプレートに固定する。（図 2.20 ）1 本目のねじの固定は以下の手順で行う。

　1. ベースプレートの裏面からねじを差し込む。

　2. ベースプレートの表面に出てきたねじにスペーサを取り付ける。

　3. Arduino Uno の穴にねじを差し込む。この時，スペーサは落とさないように注意する。

　4. Arduino Uno（上面）に出てきたねじにナットをかける（仮締め）。1 本目のねじをきつく締めすぎると残りのねじが入らなくなるので注意する。

　2 本目以降のねじの取り付けは各自，工夫して行う。4 本すべてのねじの仮締めが完了したら，ナットをラジオペンチで固定しながら，ねじの頭にドライバを差し込み，ドライバを回して締め付ける。締め付けは 4 本のねじを交互に少しずつ行う。

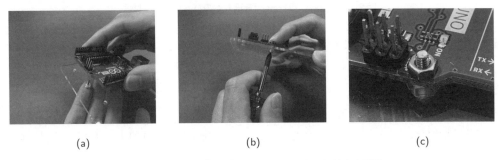

(a)　　　　　　　　　　(b)　　　　　　　　　　(c)

図 2.20　　ベースプレートへの Arduino Uno ねじ止め手順

【ブレッドボードのねじ止め】

　ブレッドボードの四隅の穴に皿ネジを差し込み，両面テープを貫通させる。この時，ブレッドボード裏面にある強力な両面テープでは貼り付けないため，剥離紙は剥がさない。貫通した四隅のネジをベースプレートに開けた穴に合わせて差し込み，裏面に出てきたネジをナットで固定する。

(a)　　　　　　　　　　(b)　　　　　　　　　　(c)

図 2.21　　ベースプレートへのブレッドボードの貼り付け手順

【ゴム足の貼り付け】

　ベースプレート裏面の四隅と中央部分にゴム足を貼り付ける。（図 2.22）貼り付け位置はどこでも構わないがブレッドボード直下の裏面には穴があけられているので，この穴を避けてゴム足を貼り付ける。

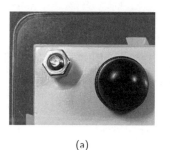  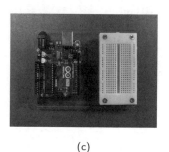

　　　　(a)　　　　　　　　　　　(b)　　　　　　　　　　　(c)

図 2.22　ベースプレート（裏面）へのゴム足の貼り付け

　問：ドリル刃の回転速度を上げると，なぜ切削能力が高まるのか。

3　解説

3.1　合成高分子材料について

　高分子材料は，用途や特性に合わせて活用され，我々の生活を豊かにしている材料の一つである。合成高分子材料は原油から生産された石油化学燃料（ナフサ）を原料として，様々な工程を経て製造されている。原油を蒸留することによってナフサが製造され（石油精製工場），次にナフサからエチレン，プロピレンなどの合成高分子の原料であるモノマーが製造され（石油化学工場），樹脂メーカでモノマーを化学反応させて合成高分子（粉状や不定形の固まり）を製造した後，様々な添加剤を加えて米粒状（ペレット）の形状で成形工場に出荷されている。成形工場では合成高分子の特性に応じた加工・成形処理が行われ，身近なプラスチック製品が作られている [14]。合成高分子を作るための化学反応は次の 3 つがある [15]。

- 付加重合 ─ エチレンやプロピレンなど二重結合をもった単純な分子が付加反応を繰り返して次々と重合する反応である。
- 縮重合 ─ 単量体（モノマー）2 分子から水や塩化水素などの小さな分子が取れながら結合（縮合）を繰り返して重合する反応である。
- 開環重合 ─ 環状化合物が開環しながら重合を繰り返す反応である。

合成高分子は大きく分けて熱可塑性樹脂と熱硬化性樹脂とに分けられる。生産量や付加価値に基づく分類では，ポリエチレンやポリプロピレンのような一般に多量に使用される汎用プラスチックと，大量には生産されないものの付加価値が高く，特別な使われ方をするエンジニアリングプラスチック，エンジニアリングプラスチックよりもさらに生産量が少ない

がより高性能で特徴があるスーパーエンジニアリングプラスチックに分けられる [16, 17]。

- 汎用プラスチックの例 — ポリエチレン（PE），ポリプロピレン（PP），ポリ塩化ビニル（PVC），ABS，ポリメタクリル酸メチル樹脂（アクリル）（PMMA），ポリエチレンテレフタレート（PET）など
- エンジニアリングプラスチックの例 — ポリアミド樹脂（PA）（商品名としてナイロン6，ナイロン66，MCナイロンなど），ポリアセタール樹脂（POM）（商品名としてジュラコン，デルリン），ポリカーボネート（PC），フェノール樹脂（PF）（商品名ベークライト）など
- スーパーエンジニアリングプラスチックの例 — フッ素樹脂（商品名テフロン）など

3.2　穴あけに必要な力

ドリルを使って物体に穴をあける時に必要な力について考えてみよう。とはいっても数式を使って考えるのは専門の学科で使用する書物に譲ることにする。まずドリルに加わる一番大きな力はモータから伝わる回転力であり，多くのボール盤はモータの回転をプーリとベルトを使って変速させて主軸に取り付けられたドリルに伝えている（図 2.23）。しかし，回転力は水平方向の力であるためこの力だけでは物体に穴をあけることはできない。ドリルには物体に食い込む方向（垂直方向）の力を別に加えなければ，ドリルの刃は物体の表面を滑るだけである。そこで適切な力を主軸に加えれば，ドリルの刃先が楔のように物体へ食い込むことにより表面を薄くはぎ取るように削ることができる（図 2.24）。

図 2.23　ボール盤の変速機構

図 2.24　削りのイメージ

モータから伝わる回転力はプーリとベルトを使って変速することができるので，プーリにかかっているベルトの位置を換えて主軸の回転を変化させてみよう。ドリルは主軸に取り付けられているのでドリルの回転も変化する。ドリルの回転が速くなると削るペースは速くなるのだが，物体とドリルに発生する熱が大きくなり冷やす工夫が必要になる。ドリルの刃は熱が原因となりすぐに悪くなることも考えられ，プラスチック板では熱で溶けて変形することもある。ドリルの回転を遅くすると熱の心配は少なくなるが，削るペースが遅くなるので作業効率が悪くなる。びびり振動と呼んでいる余計な振動が発生することもあり，これもドリルの刃が悪くなる原因になる。

　つまりドリルの回転数は速すぎず，遅すぎず適切な値があることがわかってくる。しかし，本当に重要なのはドリルの回転数ではなくて「周速度」と呼んでいるドリル外周の速さである。この考えを使えば，主軸の回転を速くすることとドリルを太くすることは同じ表現になり，周速度を適切な範囲に保つには，「主軸の回転数」と「ドリルの直径」の積で考えればよくなる。少々乱暴な表現ではあるが，細いドリルは回転数を速くして，太いドリルは回転数を遅くして作業をすることになる。

　それではドリルの刃先が楔のように物体へ食い込む力はどのようなものから影響を受けているのであろうか。この力は主軸についているレバーから与えられるのであるが，物体の硬さに応じて加減しなければならない。ドリルの刃は削られた後の新しい表面を次々と削ることで穴を掘り進めていくので，特に柔らかい物体は簡単に食い込む量が増えてしまい，ドリルと物体が一体化して物体やドリルが破壊されることもある。

第3章

電源シールドの製作と回路検証

- この実習の内容
    1. はんだ付け技術を学ぶ。
    2. 金属材料についての知見を広げる。
    3. 電源シールド基板上に電子部品を実装（はんだ付け）する。
    4. 作製した回路が正しく動作することを確認する。
- 各自用意するもの

名称	数量等	備考
Hama ボード	1	
電池（9 V）	1	006P 乾電池
プリント基板	1	（配布済）電源シールド基板
ピンソケット	6	（配布済）2 ピン ×2，6 ピン ×1，8 ピン ×2，10 ピン ×1
ピンヘッダ	4	（配布済）6 ピン ×1，8 ピン ×2，10 ピン ×1
LED	1	（配布済）3 mm 電源用
LED	1	（配布済）6 mm（デジタル出力用）
ダイオード	1	（配布済）整流用 10D1 または同等品
抵抗（1 kΩ，1/4W）	1	（配布済）カラーコード：茶・黒・赤
抵抗（10 kΩ，1/4W）	2	（配布済）カラーコード：茶・黒・橙
タクトスイッチ	2	（配布済）リセット用 ×1，入力用 ×1
スライドスイッチ	1	（配布済）電源用
電解コンデンサ（470 μF）	1	（配布済）
電源ソケット	2	（配布済）基板取り付け 006P スナップオン（+，−）
はんだごて	1	20 W または 70 W（温度調節機能付）
こて台	1	
糸はんだ	1	
ヘルピングハンド	1	はんだ付け用サポート工具
ニッパ	1	（各班に数本）
ラジオペンチ	1	（各班に数本）
テスタ		（各班に数台）

1　実習の概要

1.1　接合方法としてのはんだ付け

　金属と金属とを接合する技術は，ビル，橋，航空機，船舶，自動車など大型建造物から，空調器，家電製品などの一般機器，コンピュータ，時計など各種電子機器にいたるまで，様々な所で使われている。金属同士を接合する主要な技術に溶接法がある。溶接法には，加熱した金属同士を強くたたいて接合する "圧接"，金属の一部を溶かして接合する "融接"，接合する金属よりも融点が低い金属を接合部に流し込んで接合する "ろう接" がある。

　はんだ付けは，ろう接の中でも "軟ろう付" と呼ばれるもので，JIS では「接合母材を溶解することなく，その継手すきまに母材よりも融点の低い金属または合金を溶解・流入せしめて接合する」と定義されている。この継手すきまに溶解・流入させるものが "はんだ" と呼ばれ，金属同士の接合（機械的，電気的）を確実にするためには，溶けたはんだが接合させる母材の金属表面によくなじむことが大切である。また，はんだは，金属間にただ存在するのではなく，はんだと金属との界面に合金層が適度に形成されることが大切である。

　はんだ付けに関連する学問分野は，物理学（ぬれ，拡散，溶解など），化学（フラックスの化学作用，酸化・還元など），金属学（合金，金属組成など），電気電子学（電気抵抗，酸化還元電位，熱起電力など），材料力学（強度，疲労，剥離など）まで多岐多様に渡っている。技術的な観点からはんだ付けを確実とするためには，はんだの組成，ぬれ性を左右するフラックスの役割，はんだ付けされた金属界面の構造について理解しておくことは大切である。

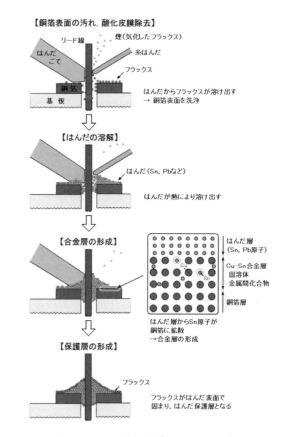

図 3.1　はんだ付け作業工程とその役割

　はんだ付けの作業工程と役割を図 3.1 に示すとともに，以下にまとめる。

　① はんだ付け面の加熱：はんだ付けを行う電子部品のリード線と基板表面の銅ランド面の両方を加熱し，以降の作業をしやすくする。

　② 銅箔表面の洗浄：はんだから溶け出したフラックスにより，銅箔表面上の汚れや，酸

化被膜を除去する。

③ はんだの溶解：銅箔表面，リード線部にはんだ成分を溶かして流し込む。

④ 合金層の形成：はんだと銅箔との接合力を増すため合金層を形成させる。

⑤ はんだ付け面の冷却（はんだの固化）：はんだ成分を固化させることにより，リード線－銅箔とを物理的に接合する。同時に，電気的な導通が得られる。

1.2　金属材料の観察と評価

　金属とは，展性，延性に富み，電気および熱の良導体であり，金属光沢という特有の光沢を持つ単体物質の総称である。水銀を除き常温・常圧状態では固体であり，機械加工が可能である。金属を素材とした材料には，板材，棒材，線材があり，金属の特徴や使われる環境に応じて加工方法を選択しなければならない。実習で取り組んでいるはんだ付けに対しても，適した金属とそうでない金属がある。銅，真鍮，鉄は比較的容易にはんだ付けができるが，ステンレス，アルミニウムは，はんだ付けが難しい。金属の表面状態，はんだと金属との間の電極電位差がはんだ付けを左右する因子である。

　ここでは，はんだ付け加工を通して各種の金属材料の違いとその原因について学ぶ。

1.3　電源シールドの作製

1)　電子部品の取り付け（はんだ付け）

　電子部品をプリント基板へ実装して図 3.2 に示す電源シールドを作製する。図 3.3 にシー

(a) おもて面　　　　　　　　　　　　　　(b) うら面

図 3.2　作製する電源シールド

ルドの回路図と部品リストを示す。部品の実装は，取付ける電子部品をそのまま基板に挿入，あるいはリード線がある部品はリード線を適時折り曲げて基板に挿入した後，はんだ付け作業で行う。工業的な電子基板作製は，機械化あるいは自動化されていて，①前処理（電子部品のリード線研磨，予備はんだ付，整形など），②部品取付け，③フラックス塗布，④加熱・はんだ付，⑤冷却，⑥洗浄（フラックスの除去），⑦回路チェックの各工程を経て

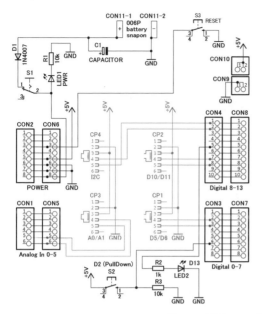

部品番号	仕様	数量	備考
C1	470μF	1	電解コンデンサ
CON1	連結6ピンヘッダ	1	汎用部品(SH-1x40SG(18) 6/9/3カット)
CON2	連結8ピンヘッダ	1	汎用部品(SH-1x40SG(18) 6/9/3カット)
CON3	連結8ピンヘッダ	1	汎用部品(SH-1x40SG(18) 6/9/3カット)
CON4	連結10ピンヘッダ	1	汎用部品(SH-1x40SG(18) 6/9/3カット)
CON5	6ピンソケット	1	汎用部品(FHU-1x40SG-Uカット)
CON6	8ピンソケット	1	汎用部品(FHU-1x40SG-Rカット)
CON7	8ピンソケット	1	汎用部品(FHU-1x40SG-Yカット)
CON8	10ピンソケット	1	汎用部品(FHU-1x40SG-Yカット)
CON9	2ピンソケット	1	汎用部品(FHU-1x42SGカット)
CON10	2ピンソケット	1	汎用部品(FHU-1x40SG-Rカット)
CON11	SNAP ON	1組	電池スナップ・Bスナップ
D1	1N4007	1	汎用整流用ダイオード
LED1	OSDR3133A	1	3mm赤色LED(赤色)
LED2	OSNG5113A	1	5mmLED(黄緑色)
R1	10kΩ	1	1/4Wカーボン抵抗
R2	1kΩ	1	1/4Wカーボン抵抗
R3	10kΩ	1	1/5Wカーボン抵抗
S1	SS22SDP2	1	小型スライドスイッチ
S2	DTS-6	1	小型タクトスイッチ
S3	B3F-4000	1	小型タクトスイッチ
−	プリント基板	1	
CP1〜4	(Q)MJ-64C-SD335	4	モジュラーコネクタ(6極4芯)

図 3.3　電源シールドの回路と部品リスト

行われている。ここでは，①工具類，部品類の確認，②部品の取付け，③はんだ付け，④回路チェックの順に行う。

2) 回路チェックについて

回路チェックは，製作したシールドの構造を理解した上で行わなければ意味がない。シールドは Arduino への電源供給回路（9 V 乾電池，コンデンサ，逆流防止用ダイオード，パワー表示用 LED と抵抗），外部への電源供給端子（5 V と GND），リセット回路，プルダウン入力回路，LED 出力回路，汎用入出力端子を備えている。また，拡張用としてモジュラジャックによる外部入出力端子も取り付け可能である。

2　実習の手順

2.1　製作に必要な工具類と部品類の確認

電源シールドの製作には工具類（図 3.4）と部品類（図 3.5）が必要となる。ここで使用する部品類のほとんどは形状が小さいため，プラスチック製のトレイ等に収納して使用するとよい。製作に取り掛かる前に，各自，部品類に過不足がないことを確認する。ものを作る上では，ビス 1 本足らなくても完成しない。確認作業は時間を要するものであるが，後のことを考えると大切な作業である。

2.2　はんだ付け技術の習得（練習）

はんだ付けの良し悪しによって電子回路の信頼性が決まるといっても過言ではない。はんだ付けされた基板は，電気的にも機械的にも，その特性を長時間にわたって維持できる

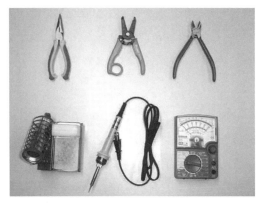

図 3.4　製作実習に必要な工具類（上段：左からラジオペンチ，ワイヤストリッパ，ニッパ，下段：左からこて台，はんだこて，テスタ）

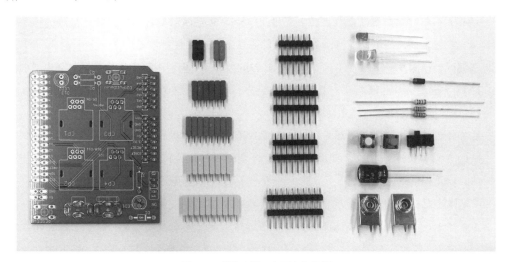

図 3.5　製作実習に必要な部品類

ものでなくてはならない。ここでは，電源シールド基板のはんだ付け作業に先立って，練習基板を用いたはんだ付け練習を行う。作業に習熟するとともに，はんだ付けの原理についても理解を深める。

図 3.6　練習基板の例

1）使用部品・材料
- 練習用基板 — ユニバーサル基板を小さく切った基板（図 3.6）
- 模擬リード線 — 0.6 mmφ 程度の錫メッキ銅線，アルミ線，ステンレス線（それぞ

れ 3 cm 程度の長さ）など。抵抗器やコンデンサなどの電子部品のリード線の代わり
とする。真中あたりで U 字形に折り曲げ 2 ～ 3 mm の幅とする（基板のピッチ幅は
0.1 in（約 2.54 mm）のため）。

2) はんだ付けの準備

① はんだごての準備 — はんだごて（電気容量 20 W タイプまたは温度調節機能付の 70 W
　タイプ）を通電するとともに，こて台のスポンジに水をしみ含ませておく（余分な水
　は絞っておく）。

　　● はんだごての電気ケーブルは作業中に体あるいは他の物にひっかけたりしないよ
　　　う，安全な位置に配置する。また，作業中は絶えずコードの存在を念頭に置き，
　　　コードのからみ等に注意を払うよう心掛ける。

　　● はんだ付け作業により，こて先はフラックス残渣（炭化物）や酸化被膜で覆われ
　　　てしまう。スポンジは，これらを除去するために使用する。

② 基板への模擬リード線（錫メッキ銅線）の取付け — 練習用基板上の適当な 2 カ所の穴
　に U 字形に折り曲げたリード線を差し込み，リード線を少し折り曲げて軽く固定する
　（図 3.7(a)(b)）。

③ こて先の洗浄 — はんだごてが温まっていることを確認したら，こて先をスポンジで
　拭いきれいにする。コテ先ははんだで薄く覆われ銀色に光っていることを確認する
　（図 3.8）。

　　● はんだごては，握るのではなく，鉛筆を持つように持つとよい。

　　● はんだごてが十分に加熱されている場合，こて先にはんだをつけるとはんだが溶
　　　けて，コテ先を覆うように薄く広がる。はんだがうまく溶けないようであれば，少
　　　し時間を置きはんだごてが十分に加熱されるまで待ち，はんだごての加熱状態を
　　　確認する。

　　● こて先の温度は 200 ～ 300 ℃位までになるため，やけどや火災に注意する。

　　● こて先が汚れたままはんだ付け作業を行うと，はんだが溶けにくくなり，はんだ
　　　の仕上がりが悪くなる。作業中はこて先の状態には絶えず注意を払い，きれいな
　　　状態を保つことを心掛ける。

3) はんだ付け

図 3.9 の工程に従って行う。

① 前加熱 — はんだ付け箇所（リード線の根元とランド）にこて先を押し付け，リード線
　とランドを同時に加熱する（約 3 秒）。加熱中を含め，③の段階までこて先は動かさな
　い。前加熱の時間はリード線とランドの熱容量の大きさに応じて調整する。リードの
　金属部分が大きい，ランドがグランド配線につながっている場合，熱容量が大きいの
　ではんだ付けは難しくなる（こての当て方を工夫したり，加熱時間を長くする）。

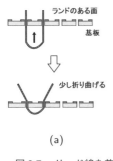

(a)

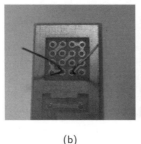

(b)

図 3.7 リード線を差し込み，根元で折り曲げたところ

図 3.8 こて先の洗浄

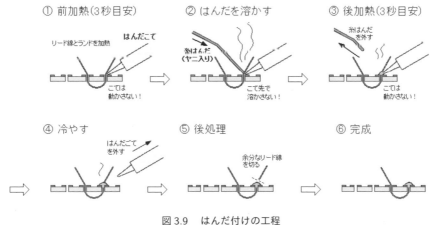

図 3.9 はんだ付けの工程

② はんだを溶かす ── こて先以外（こて先と反対側のリード線，あるいはランド部）で，糸はんだ（フラックス入り）を接触させて溶かす。こて先は動かさず加熱し続ける。糸はんだはこて先で溶かさないことが推奨されるが，前加熱が足りずはんだが溶けない場合，ごく少量のはんだをこて先とリード線の間で溶かし加熱特性を向上させた後，引き続き他の箇所ではんだを溶かしてもよい。

③ 後加熱 ── はんだを適量溶かしたら糸はんだを離す。こて先は動かさずに 3 秒位加熱し続ける（後加熱）。この間，はんだと接触しているリード線とランド部に合金層が形成されるので，溶けたはんだがランドとリード線部に一様に広がることを確認する。

④ 冷やす ── はんだの広がりを確認したら，こて先を離し加熱を止め，はんだ付け箇所を冷却する。

⑤ 後処理 ── はんだ付けした箇所が冷え，はんだ形状に問題がない場合，余分なリード線をニッパで切断する。リード線は長いままにしておくとショート等の事故の原因となる。すべてのはんだ付け作業が終了した時点で余分なリード線を切断してもよいので，必ずこの処理は行う。なお，リード線の切断時に切ったリード線が弾丸のように飛び散るので，リード線の先を指で押さえながらニッパで切断する。

⑥ 完成 ── はんだ付け箇所がはんだ不足で「穴」が開いている，「いもはんだ」や「つの」

状態になっている場合，完全に冷えるまで待って，①の工程から再度，はんだ付け作業（少量のはんだを足す）を行う。はんだ付け箇所をはんだごてを使ってケーキのデコレーションのようにはんだを溶かしながら修正し，形を取り繕う例が時々見受けられる。これは全く意味がない行為である。はんだ付け箇所の形は，③の工程をしっかりと行うことで出来上がるためである。

- はんだ付け工程は，溶かすはんだの量が重要である。はんだは少な目が良く，はんだ付けが終了した後のリード線の根元が部品面を上にした時，逆さ富士の形状になる位の量がよい（はんだ付けはリード線の全周に行うこと）。また，こて先を離すタイミングも重要である。ちょうどよいタイミングでこて先を離した場合，はんだ付け表面はなめらかで，しかもフラックスで覆われはんだに輝きがある状態となる。早すぎた場合，加熱不足により「いもはんだ」状態となる。遅すぎた場合，はんだの輝きがなくなり，こてを引き離した際に，はんだが引き付けられ「つの」ができてしまう。
- はんだ付け工程全体の作業時間は，はんだ付け部分の大きさや清浄度により異なる。抵抗などの部品の場合，1〜6秒くらいを目安とする。長時間加熱すると，はんだ付けの仕上がりが悪くなるとともに，電子部品を破損したり，ランドが基板から剥がれたりするので注意する。

2.3　各種金属線のはんだ付け特性の評価

　錫メッキ銅線を使ったはんだ付け練習が終了し，次のステップへ移る準備ができたら，提示された金属線（銅，真鍮，アルミやステンレス線など）を模擬リード線として，練習用基板上の銅ランドへのはんだ付け試みる。はんだ付けの手順は，2.2 節で示した銅ランドへの錫メッキ銅線と同じ手順で行う。錫メッキ銅線を用いた場合との違いを体験するとともに，下記の表を用いて各種の金属材料に対してはんだ付けによる金属接合の可否の評価を行う。

表 3.1　各種金属線のはんだ付け評価シート

評価・観察項目	錫メッキ銅線	銅線	真鍮線	アルミ線	ステンレス線
濡れ性					
密着性					
容易さ					
要した前加熱時間					
要した後加熱時間					
総合評価					

2.4　電源シールド基板への電子部品のはんだ付け

　はんだ付け練習が終了し，次のステップへ移る準備ができたら，電源シールド基板への電子部品の取付け作業を行う。電源シールドの完成写真（図 3.2）や電源シールド部品配置

図（図 3.10）を参考に，下記の【注意事項】に留意し，【作業手順例】を参考にして行う。

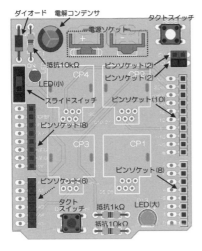

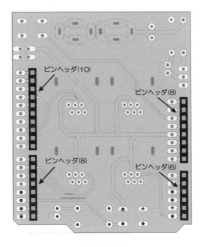

(a) おもて面　　　　　　　　　　　　　　　　(b) うら面

図 3.10　電源シールド基板の部品配置

【注意事項】

- 電源シールド基板へのはんだ付けは背の低い部品，奥まった箇所に取付ける部品から順次行う。背の高い部品，手前の部品を先に付けてしまうと，他の部品の取付けに支障を来たす場合がある。

- リード線の長い部品（抵抗，LED，ダイオード）は，基板上の取付け箇所の穴の間隔に合わせリード線を曲げてから取付ける。リード線ははんだ付け面の根元で少し曲げておく（部品の脱落防止）。

- 極性や方向のある部品（電解コンデンサ，LED，ダイオード，スナップオン，タクトスイッチ）は，取付け方向に注意する。なお，抵抗，スライドスイッチ，ピンソケット，ピンヘッダは極性や方向がない。

- 部品の配置箇所を確認する。

- リード線を加熱し過ぎない — コンデンサ，LED は過熱により破損しやすい。

- 電子部品は基板面に密着するようにはんだ付けを行う — スイッチ，スナップオンなど使用時に力がかかる電子部品は，取り付け部分が基板から浮いている場合，度重なる使用によりランドの銅箔部が基板からはがれる場合がある。

- 端子が多く出ている電子部品のはんだ付けは，一度に行わない — ピンソケット，ピンヘッダなど端子が多い電子部品をはんだ付けする際は，角の 1 カ所をはんだ付けした後，はんだ付け箇所をはんだごてで温めながら，部品の基板からの浮きや傾きを修正する。次に反対側の端子のはんだ付けを行い，同様に基板からのずれを修正する。最後に残りの部分を順次はんだ付けする。なお，ピンソケットやピンヘッダ

　のはんだ付け作業は部品を固定保持（ホルダーなど）した後に行う。

- 余分なリード線はニッパで切断する。リード線が長く残っていると，他の金属部分と接触してショートなど思わぬ事故，故障の原因となる。

【作業手順例】

　以下の番号順に部品をはんだ付けすると，比較的容易に部品類をはんだ付けすることができる。

① 抵抗（3本）（図 3.11(a) と (b)）

② ダイオード（図 3.11(a)）

③ リセットスイッチ（図 3.11(c)）

④ タクトスイッチ（図 3.11(b)）

⑤ LED（2個）（図 3.11(a) と (b)）

⑥ スライドスイッチ（図 3.11(a)）

⑦ ピンヘッダ（4本）（図 3.12(a)）

⑧ ピンソケット（4本（図 3.12(b)））

⑨ 電源関係のピンソケット（図 3.11(c) または図 3.12(b)）

⑩ 電源スナップオン（図 3.12(c)）

⑪ 電解コンデンサ（図 3.11(a) または図 3.12(c)）

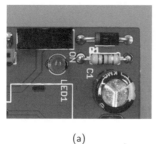

(a)	(b)	(c)

図 3.11　電源シールド基板のはんだ付け（小型部品）

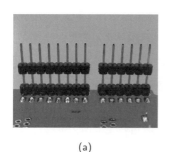
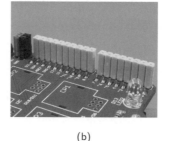

(a)	(b)	(c)

図 3.12　電源シールド基板のはんだ付け（大型部品）

　ピンヘッダのはんだ付けは，Arduino Uno のピンソケット（図 3.13(a)）を利用する。ピ

ンヘッダを Arduino Uno のピンソケットに差し込んで固定する（図 3.13(b)）。次にピンヘッダに電源シールド基板を取り付け（図 3.13(c)），はんだ付け作業を行う。

(a) Arduino Uno の準備　　　　(b) ピンヘッダの差し込み　　　(c) シールド基板のセット

図 3.13　ピンヘッダのはんだ付け手順例

ピンソケットのはんだ付けは，固定冶具を使用する（図 3.14）。ピンソケットを固定冶具に差し込んで固定する（図 3.14(b)）。次にピンソケットに電源シールド基板を取り付け（図 3.14(c)），はんだ付けを行う。

(a) 固定冶具の準備　　　　　　(b) ピンソケットの差し込み　　　(c) シールド基板のセット

図 3.14　ピンソケット固定冶具を使ったピンソケットのはんだ付け

電源スナップの取り付けは注意が必要である。シールド基板との間に隙間を作らないこと（図 3.15(a)），9 V 乾電池が正しく取り付けることができるよう電源スナップを電源シールド基板に垂直に立てる（図 3.15(b)），いもハンダやブリッジ状態にならないように注意する（図 3.15(c)）。電源スナップは金属のみで作られているだけであり熱容量が非常に大きい部品である。はんだ付け時の「前加熱」に時間をかけ，部品全体が加熱された後，少しずつ糸はんだを盛ってはんだ付け作業を行う。

2.5　回路検証

電源シールド基板のはんだ付けが完了したら，はんだ付け箇所の検証を行う（Arduino Uno に装着したり，電源を入れたりしない）。検証を行わずにいきなり使いだすと故障や事故の原因となる。検証は「たぶん大丈夫だろう」という観点ではなく，「どこかに必ず不良箇所があるので必ず見つける」という姿勢で行うとよい。検証は下記の手順で行う。

- 目視検査 ── 図 3.16 と表 3.2 を参考に部品の取り付け間違い，極性のある部品の取り付け方向の間違い，はんだ付け箇所のはんだ不良（いもはんだ，つの，ブリッジ）

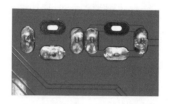

(a) 基板との間に隙間を作らない	(b) 基板に垂直に立てる	(c) いもはんだやブリッジに注意する

図 3.15　電源スナップのはんだ付け

をチェックする。ブリッジは隣同士のランドや配線がはんだでつながってしまった状態である。ブリッジを放置すると故障や事故の原因となるので注意する。

- テスタを使った回路検査 ── テスタを使用し，「導通チェック」「絶縁チェック」，そして「電圧チェック」の3種類の検査を行う。各検査は，以下の留意点を理解の上で行う。

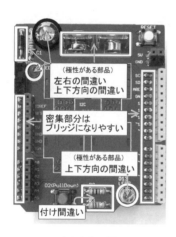
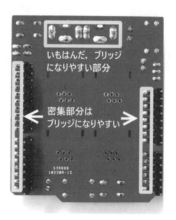

(a) おもて面　　　　　　　　　(b) うら面

図 3.16　製作した電源シールドの目視検査項目例

1) テスタ使用の留意点（図 3.17）

- テスタは電圧，電流，抵抗，導通などを測定する道具である。それぞれの目的に応じてレンジの設定が違うので注意する。
- テストリードのテスタへの取付け ── テストリード黒端子は "COM"，赤端子は "VΩ" に接続する。

2) 導通チェックの留意点（図 3.18）

導通チェックは電気的なつながりを調べるもので，以下の手順で行う。

① レンジを設定する。

表 3.2　はんだ付け箇所の目視検査リスト

検査項目	チェック欄	
3 つの抵抗の取り付け間違い	なし□	あり□
ダイオードの取り付け方向	適　□	不適□
スライドスイッチと基板との間の間隔	なし□	あり□
リセットスイッチと基板との間の間隔	なし□	あり□
タクトスイッチと基板との間の間隔	適　□	不適□
2 つの LED の取り付け方向	適　□	不適□
電解コンデンサの取り付け方向	適　□	不適□
6 ピンヘッダ（アナログ）の取り付け	適　□	不適□
8 ピンヘッダ（電源）の取り付け	適　□	不適□
8 ピンヘッダ（デジタル）の取り付け	適　□	不適□
10 ピンヘッダ（デジタル）の取り付け	適　□	不適□
6 ピンソケット（アナログ）の取り付け	適　□	不適□
8 ピンソケット（電源）の取り付け	適　□	不適□
8 ピンソケット（デジタル）の取り付け	適　□	不適□
10 ピンソケット（デジタル）の取り付け	適　□	不適□
2 ピンソケット（電源 5 V）の取り付け	適　□	不適□
2 ピンソケット（電源 GND）の取り付け	適　□	不適□
電源スナップオンの取り付け位置	適　□	不適□
電源スナップオンのはんだ不良	あり□	なし□
基板（おもて面）各部品のはんだ不良	あり□	なし□
基板（うら面）各部品のはんだ不良	あり□	なし□
その他のはんだ不良	あり□	なし□

② テストリードと測定物とを接続（接触）させる。→導通がある場合はブザー音あり，断線などで導通していない場合はブザー音なし。

3) 電圧チェックの留意点（図 3.19）

電圧チェックは電源部分の出力電圧を調べるものであり，以下の手順で行う。

① レンジの設定

② テストリードと測定部位（DC 電圧発生部）を接続する（マイナス側（黒），プラス側（赤））。

回路検査を行う場合，作製した電源シールドの構造，回路の理解がままならない状態で行うことは意味のないことである。図 3.2 で示した電源シールドの回路は，電源供給回路（9 V 乾電池，コンデンサ，逆流防止用ダイオード，パワー表示用 LED と抵抗），外部への電源供給端子（5 V と GND），リセット回路，プルダウン入力回路，LED 出力回路と汎用入出力端子から構成されている。各部の役割，動作を理解した上で回路検査を行う。

① 電源回路部の検査

電源シールド上には，9 V 乾電池を取り付け，Arduino の Vin 端子に電源を供給する回路が作られている。図 3.20 に示すように，CON11-1 につながれた乾電池の（＋）極は，

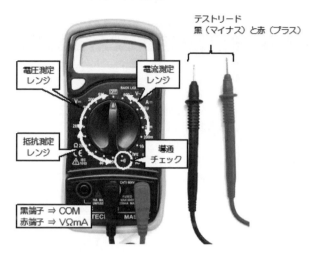

図 3.17　テスタの外観（例）

図 3.18　導通チェック時のレンジ設定とチェック方法

電圧変動を吸収するの電解コンデンサ C1，逆流防止用のダイオード D1 を経てスライドスイッチ S1 の 1 番端子と接続されている。S1 を ON 側にスライドさせると（S1 の）1 番端子と 2 番端子がつながり，CON6，CON2 の 8 番端子（Vin）に至る。電源シールドを Arduino Uno に装着すると CON2 の 8 番端子は Arduino Uno の電源部（5 V 電圧を作る三端子レギュレータ）と接続される。CON11-2 につながれた乾電池の（−）極は，シールドの GND と接続されている。シールドの GND は，CON6，CON2 の 6 番，7 番端子（GND）を介して Arduino Uno の GND と接続されるている。スライドスイッチ S1 を ON 側にスライドさせることによって Arduino Uno に電源が供給され駆動する。また，スライドスイッチ S1 の 2 番端子は LED1，制限抵抗（R1），そして GND と接続されているため，Arduino Uno への電源供給と同時に LED1 も点灯する。

② 外部電源供給端子部の検査

Arduino Uno は電源（7.5 〜 12 V DC）が供給されると Arduino Uno ボード上のレギュレータで電圧調整が行われ，外部に 5 V と 3.3 V の電圧を供給することができる。電源シールドは，Arduino Uno で作られた 5 V 電圧を外部に供給する端子（CON10（5V）と CON9（GND））を備えている（図 3.21）。CON9 と CON10 の端子同士の絶縁性，CON9 と CON6，CON2 の 6 番，7 番端子（GND）との導通性，CON10 と CON6，CON2 の 5 番端子（5V）との導通性をチェックする。

電源部の＋と－に
つなげて測る

図 3.19　　電圧チェックの設定と方法

③ リセット回路部の検査

マイコンのリセット端子に一定時間（最小のパルス幅以上の時間 2.5 μs）LOW 信号が入力（GND に接続）されるとリセット（ハードウェアリセット）動作が始まる [18]。電源シールド上の RESET スイッチ（S3）はこのためのものである（図 3.22）。S3 の一端は CON6，CON2 の 3 番端子（RESET）を経て Arduino Uno の ATmega328P マイコンの 1 番端子（RST）と接続され，他端はシールドの GND と接続されている。したがって，S3 を押すと ATmega328P マイコンにリセット動作がかかることになる。

④ プルダウン入力回路部の検査

電源シールド上には，Arduino Uno の汎用入出力ポート（D2）に接続するプルダウン入力回路が作られている（図 3.23）。シールド上ではタクトスイッチ（S2）と 10 kΩ抵抗（R3）が直接接続され，接続部分より CON3，CON7 の 6 番端子を経て Arduino Uno の D2 端子へ接続される。S2 と R3 の他端はそれぞれ電源（5 V），電源（GND）に接続されているため，S2 が押されていない状態では D2 端子へ Low 信号が，押されると High 信号が入力されることになる。

⑤ LED 出力回路部の検査

Arduino Uno ボード上にはマイコンの D13 端子と接続した LED と制限抵抗が配置されている。電源シールド上にも同じような回路が作られている（図 3.24）。Arduino Uno の D13 端子は，シールド上の CON4，CON8 の 5 番端子を経て 1 kΩ 抵抗（R2），LED2，そして GND へ接続される。D13 端子から High 信号が出力されると LED2 が点灯し，Low 信号が出力されると LED2 は消灯する。

⑥ 汎用入出力端子部の検査

電源シールドの CON1 ～ CON4 の 4 組のピンヘッダは Arduino Uno ボード上のピンソケットと接続し，CON5 ～ CON8 の 4 組のピンソケットが Arduino Uno の汎用入出力端子，電源関係端子の役割を果たす（図 3.3 参照）。シールド上の CON1 と CON5，CON2 と CON6，CON3 と CON7，CON4 と CON8 は，それぞれ対応するピンヘッダとピンソケットである。対応するピンヘッダとピンソケット内の各端子はお互いにつながり，隣の端子とは絶縁されていなければならない。作製したシールドのピンヘッダ，ピンソケット部ははんだ付け箇所が密集しているため，ブリッジやいもハンダにより各端子の隣同士が電気的に接続してしまう危険性がある。ここでは汎用入出力ポー

トの隣り合った端子同士の絶縁状態を調べておく（図 3.25 と図 3.26 参照）。

⑦　電源端子 ─ 汎用入出力端子間の検査

　　電源ラインと汎用入出力ポートとのショートは，電源部やマイコンの破損につながる恐れがある。電源ラインと汎用入出力ポート（アナログ A0 〜 A5，デジタル 0 〜 13）との絶縁状態を図 3.27 を参考に調べる。

- はんだ付け箇所に少しでも不安がある箇所，テスタを用いた導通チェックで異常が認められた箇所は，必ずはんだ付けをやり直し，回路検証を再度行う。この段階で手間を省くと，最悪の場合，Arduino Uno に搭載されたマイコンや電子部品が破壊されるので注意する。

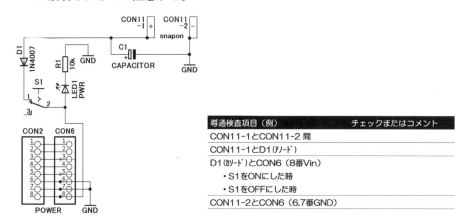

図 3.20　電源シールドの電源回路部と導通検査項目

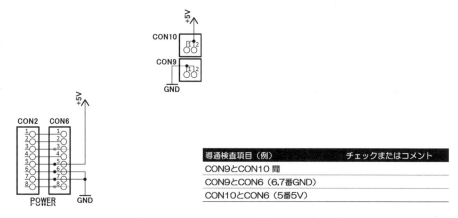

図 3.21　電源シールドの外部電源供給端子部と導通検査項目

2.6　フラックス・ヤニの除去

　　電源シールド基板のはんだ付けを行った部分や，その周辺にはフラックスが飛び散っている。気になるようであれば専用の除去溶液をティッシュペーパ等にしみこませ，基板表面に飛び散っているフラックス，はんだ付け箇所をきれいにふき取っておく。

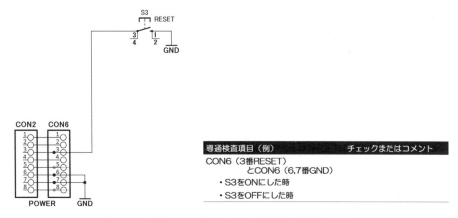

図3.22　電源シールドのリセット回路部と導通検査項目

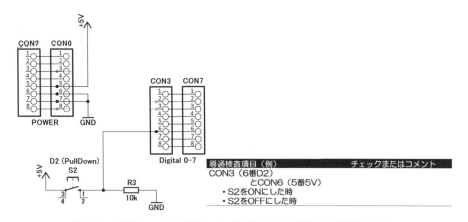

図3.23　電源シールドの外部へのプルダウン入力回路部と導通検査項目

2.7　Arduino Uno への取付け・取り外し

Arduino Uno への電源シールドの取り付けは図3.28を参考に下記の手順で行う。

① 電源シールド裏面のピンヘッダと Arduino Uno 表面のピンソケットは物理的に接続できるように設計されている。電源関係ポート，アナログポート，デジタルポートの各ピンヘッダとピンソケットをゆっくりと，ゆるくつなげる。

② すべてのピンヘッダとピンソケットが組み合わさっていることを確認したら，電源シールドの端（ピンソケットに力をかけない！）を指で力をかけ押し込むように確実に取り付ける。

電源シールドを Arduino Uno からの取り外す場合，電源シールドのピンソケットが曲がってしまうことがあるので十分に注意する。取り外す場合は下記の手順で行うとよい。

① 電源シールドの取り外しのためにかける力の方向を確認する。力をかけてよい方向は，電源シールドの4か所の細長いピンヘッダの短手方向（図3.28(b)においては左右方向）である。長手方向（図3.28(b)においては上下方向）に力をかけると電源シールド基板のピンヘッダは曲がったり，折れたりしてしまうので注意する。

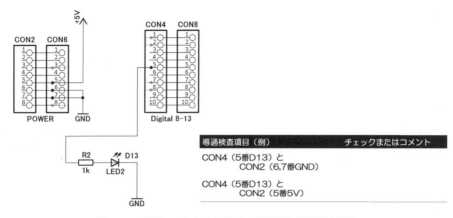

導通検査項目（例）	チェックまたはコメント
CON4（5番D13）と CON2（6,7番GND）	
CON4（5番D13）と CON2（5番5V）	

図 3.24　電源シールドの LED 出力回路部と導通検査項目

ピンソケット						
IOREF	RESET	3.3V	5V	GND	GND	Vin

	IOREF	RESET	3.3V	5V	GND	GND	Vin
IOREF			−	−	−	−	−
RESET			−	−	−	−	−
3.3V	−				−	−	−
5V	−	−			−	−	−
GND	−	−	−	−			
GND	−	−	−	−			
Vin	−	−	−	−			

	A0	A1	A2	A3	A4	A5
A0			−	−	−	−
A1			−	−	−	−
A2	−	−			−	−
A3	−	−			−	−
A4	−	−	−	−		
A5	−	−	−	−		

※導通あり（○），導通なし（×）を記入

図 3.25　汎用出力端子（電源，アナログ関係）部の検査項目

② 1 で確認した方向に交互に（図 3.28(b) においては左，右に）少しずつ力をかけて，電源シールドを Arduino Uno のピンソケットより少しずつ浮かせて外していく。

③ 取りはずした電源シールドのピンヘッダは曲がりやすいため，スポンジなどに刺して保管するとよい。

3　解説

3.1　はんだの組成

　労働安全衛生上，あるいは環境面より，鉛が含まれていない，はんだ素材（鉛フリーはんだ）の使用が推奨されている。しかしながら，鉛フリーはんだの融点は高く，技術的な観点より，実習や実験室レベルでは，鉛が含まれたはんだの使用は避けられないのが現状である。実習で用いるはんだは錫と鉛の合金で，線状に引き延ばした糸はんだである。錫，鉛の融点はそれぞれ 232 ℃，327 ℃であるが，合金にすることによって融点は下がり，"共晶はんだ" と呼ばれている錫 61.9%，鉛 38.1%の組成のものは，錫-鉛系合金においては最低の融点（183 ℃，共晶点と呼ばれている）を示す。なお，合金化することによって単一組

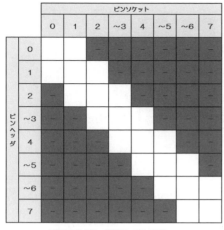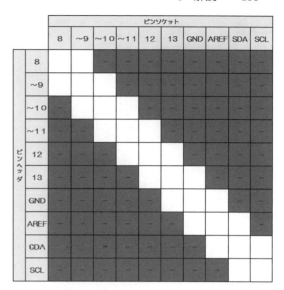

※導通あり（○），導通なし（×）を記入

図 3.26 汎用出力端子（デジタル関係）部の検査項目

ピンソケット or ピンヘッダ													
CON2 or CON6							CON1or CON5					
IOREF	RESET	3.3V	5V	GND	GND	Vin	A0	A1	A2	A3	A4	A5
GND												
5V												

※導通あり（○），導通なし（×）を記入

ピンソケット or ピンヘッダ																
CON3 or CON7								CON4 or CON8								
0	1	2	~3	4	~5	~6	7	8	~9	~10	~11	12	13	GND	AREF	SDA	SCL
GND																
5V																

図 3.27 電源と汎用入力端子間の検査項目

成の金属よりも融点・凝固点が降下する現象は，熱力学で扱われる自由エネルギーの概念を学ぶことによって理解できる。

溶融状態にある共晶はんだが冷却される過程で現れる固相状態に関する知見は，熱力学，無機化学，固体物理などの分野で扱われる状態図を学ぶことによって理解することができる。

3.2 はんだ付けにおけるフラックスの役割

貴金属を除くほとんどの金属の表面は酸化物層で覆われている。この酸化物層が存在すると，はんだのぬれ性は著しく阻害されてしまう。はんだ付けを行う前に金属表面を研磨したり，化学的処理を施して酸化物層を除去しても，はんだ付け工程中では高温雰囲気に晒されるため，接合すべき金属表面は容易に酸化されてしまう。溶けたはんだが金属表面

(a) 装着前　　　　　　　　　　　　　　　　　　(b) 装着後

図 3.28　電源シールドの Arduino Uno への取り付け

をよくぬらすためには，はんだ付けされる温度環境下で金属酸化物が除去されると同時に，新たな金属酸化物が生成しないような工夫が必要である。フラックスはこのような役割を果たす。糸はんだの中にはフラックスが固体状態で充填されているものが多い（"ヤニ入りはんだ"と呼ばれる）。

　実習で用いる糸はんだをカッターなど鋭利な刃物で切断し，切断面を観察するとフラックスが確認できる。はんだ付けの際，けむりが出るのは，このフラックスが気化（蒸発）している現象であり，はんだ成分が蒸発しているものではないことに注意する。

　フラックスは金属表面に存在する酸化物と化学反応することによって，これを除去したり，金属表面の酸化物を溶融状態のはんだの中に溶出させる作用を示す。前者の代表例として，松ヤニ（主要成分，アビエチン酸，融点 174 ℃）系フラックス，後者の代表例としてはリン酸系のフラックスがあげられる。以下には，松ヤニによる銅箔表面の清浄作用の原理となる化学反応を示す。

$$アビエチン酸と銅酸化膜（Cu_2O）との反応$$

$$2\,C_{19}H_{29}COOH + Cu_2O \longrightarrow 2\,C_{19}H_{29}COOCu + H_2O$$

※　アビエチン酸は，銅酸化膜（Cu_2O）と化学反応してアビエナイト銅（$2\,C_{19}H_{29}COOCu$）を生成させる。アビエナイト銅（緑色透明）は，はんだと容易に置換するので，上記の反応が進行することによって，銅表面とはんだとのぬれ性が増大されることになる。

はんだ付け工程中，はんだを溶けやすくするため，はんだを直接，こて先に当て溶かす人がいる。このような行為は，フラックスを一度に蒸発させてしまい，はんだ付けの際のフラックスの効果が期待できない結果となるので厳に慎むこと。また，はんだ付けを施した，はんだ表面はてかっていると良いといわれる。これは，はんだ表面がフラックスでコーティングされている状態であり，母材およびはんだがフラックスによって覆われ酸化防止に役立つものである。

3.3　はんだ付けされた金属界面の構造

　はんだ付けされた金属界面を詳しく調べると，はんだの成分元素原子である錫が母材の金属内部に広がっているのがわかる。この現象は拡散と呼ばれるもので，拡散の結果はんだ成分と金属との合金層が形成される（図 3.1）。拡散の様式は，拡散される金属の結晶構造，はんだ付けの条件（温度，時間）によって変化する。無機化学，金属学の分野では合金は，固溶体型合金，共晶型合金，金属間化合物型合金の 3 種類に分類され，はんだ付け工程中では，固溶体と金属間化合物が形成されるといわれている。固溶体は，母材の金属構造を変化させることなく，はんだの金属原子が母材の金属構造の原子位置を置換したり，金属原子間に潜り込んだりして形成される。一方，金属間化合物は，はんだの金属原子と母材の金属原子とが化合物を作り，新しい結合様式を形成するものである。金属間化合物は，一般的に堅くて脆い性質がある。はんだと金属の界面にこの化合物が形成されると，機械的強度の低下や導電性，耐食性が低下してしまう。金属間化合物の形成には固溶体と比べ高温が必要であるが，はんだ付け作業が手間取り，接合部が長く高温に保持されたり，はんだ付けの後，電気回路が高温に晒される環境に持続的に置かれると反応が促進され，接合界面に金属間化合物が形成されやすくなるので注意する。

問：金属と金属を接合させる他の方法について調べよ。

問：金属表面に形成される酸化物層の安定性（厚み，強度に影響する）は，定性的にはどのような物理量で見積もることができるか。

問：はんだの成分は，錫 63%，鉛 37% の共晶はんだがよく使われる理由を調べよ。

第 4 章

Hama ボードの動作検証

- この実習の内容
  - PC 上で Arduino プログラム（スケッチ）を作成したり，プログラムを Arduino Uno に転送したりするために必要な環境を整備する。
  - 簡単な回路を組立て，Hama ボード電源シールドの動作確認を行う。
  - 入出力の基本回路を理解する。
- 各自用意するもの

名称	数量等	備考
Hama ボード	1	ベースプレート，Arduino Uno，ブレッドボード，電源シールド
USB ケーブル	1	USB2.0 Type A – B
抵抗（470 Ω）	1	（配布済み）カラーコード：黄・紫・茶
抵抗（1 kΩ）	1	（配布済み）カラーコード：茶・黒・赤
抵抗（10 kΩ）	2	（配布済み）カラーコード：茶・黒・橙
LED	1	（配布済み）6 mm，赤色
ジャンパ線	1 式	赤 ×1，黒 ×2，黄 ×1，青 ×1，長・白 ×1，短・赤 ×1，短・黒 ×2
ブザー	1	
タクトスイッチ	1	
ダイオード	1	10D1 または 10E1
FET トランジスタ	1	2SK2231
モータ	1	FA-130
電池ボックス	1	単三乾電池 1 本用
乾電池	1	単三乾電池
CdS 光センサ	1	

1　実習の目的（概要）

第3章で作製した電源シールドはArduino Unoに電源を供給する機能があり，Arduino Unoを移動環境下で使えることを可能にしている。また，Arduino Unoの入出力信号を取り出すピン（端子）も用意され，外部の世界と簡単に情報交換ができる。ここではHamaボードのブレッドボード上に基本的な入出力回路を組み立て，Arduino Unoに書き込んだプログラムで動作させ，動作特性を調べる。Hamaボードの動作検証を行うとともにデジタル入出力に関する基本的な考え方を習得することを目的とする。

コンピュータ（マイコン）が扱う情報は電気（電圧）信号からなり，デジタルとアナログの2つに種別される。デジタル情報は，スイッチを押したり，離したりする動作（ON/OFF動作）で代表される，ある値が "存在する"，あるいは，"存在しない" という2種類の情報（値）のみを扱う。コンピュータでは，電源電圧（5 V）が印加されている状態か，そうでない状態（0 V）かの2つの状態で表わされる。一方，アナログ情報は，2種類だけの要素では表現できないもので，温度変化，湿度変化など連続的な数値や量を扱う。コンピュータでは，電源電圧から0 Vまでの間の電圧値で表わされる。もちろん，温度変化，湿度変化なども，ある値より高いか，低いかだけを扱う場合は，デジタル情報として処理される。図4.1にArduino Unoと外部の入出力部品・機器との情報交換の概要を示す。

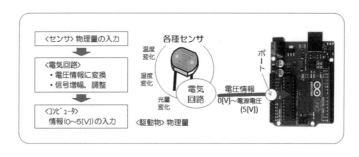

(a) 入力

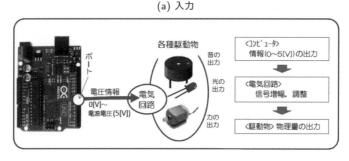

(b) 出力

図4.1　マイコンと外部の入出力部品・機器との情報交換

Arduino Unoに限らずどんなマイコンボードにも外部と電気信号をやり取りするためマイコンのピンとつながった専用のポート（汎用入出力端子）がいくつか存在する。ポートから出し入れする情報は，0 Vから電源電圧までの電圧であるが，これだけのことでも様々

なことができる。マイコンの 1 つのピンの内部には入力と出力を切り替えるためのスイッチがあり，ポートは入力にも出力にも用いることができる。一方，外部の入出力部品・機器（センサや駆動物）は入力，出力用と別々のものになる。（図 4.1）

　Hama ボード上の Arduino Uno（正確には Uno 上の ATmega328P マイコン）にプログラムを書き込んだり，データを読み出したりするためにはコンピュータ（以降 PC と略す）と Arduino Uno を USB ケーブル（USB2.0 Type A – B）で接続して行う。ここでは，PC 上のプログラム開発環境の設定と動作確認（プログラムを PC から Arduino Uno に転送するために必要なソフトウェア環境の確認），Hama ボード電源シールドの動作確認（汎用入出力の確認），Hama ボードを使ったデジタル入出力実習を順に行う。

2　実習の準備

2.1　ソフトウェア環境設定

　Hama ボードに取り付けた Arduino Uno にプログラムを書き込み，動作させるためには，以下の①〜④のプログラミング環境が PC と Arduino Uno のマイコン上に構築されていなければならない。①〜③は外部から提供されたものを利用するが，④は実際にマイコンをどのように動かすかを決める動作プログラムでユーザである私たちが作るプログラムである。

　① Arduino IDE（Integrated Development Environment）→ PC
　② USB – UART（シリアル）変換用ドライバソフトウェア → PC
　③ マイコンのファームウェア（ブートローダ）→ Arduino Uno
　④ マイコンのスケッチ（動作プログラム）→ Arduino Uno

　図 4.2 にマイコンの動作プログラムを作るために必要なハードウェア構成とソフトウェアとの関係を示す。PC 上での作業は，プログラムの作成（Arduino の場合，C/C++言語をベースにした Arduino 言語を使う），文法エラーのチェック（デバック），そしてマイコンが理解できる言語（機械語）への変換（コンパイル）となる。Arduino IDE はこれらの作業を手助けしてくれるソフトウェアである。このソフトウェアは，PC からマイコンへのプログラムの転送（アップロード）も行ってくれる。なお，プログラムの転送には，一般的には PC とマイコンとの間に専用の書き込み機が必要となる（Arduino ではこれが要らないのが特徴である）。

　Arduino IDE は Arduino 開発チームが作成したオープンソースの開発環境である。マイコンの動作プログラムの作成・転送は Arduino IDE 以外にも Arduino のマイコン製造メーカが提供する開発環境（Microdhip Technology 社の Atmel Studio[1]）を使用しても構わない（専用の書き込み機が必要）。

　USB-UART（シリアル）変換用ドライバソフトウェアは，PC とマイコン間で通信を確立（通信プロトコル USB – UART 変換）する際に必要となるプログラムである。Windows

---

[1] 最新バージョンは，Atmel Studio 7 で以下の Web サイトからダウンロード可能。
http://www.microchip.com/development-tools/atmel-studio-7

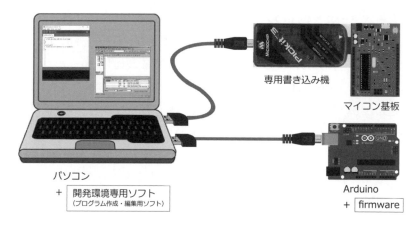

図 4.2　マイコンのプログラム開発の基本構成（Arduino は専用書込み機が不用）

PC（Windows 10）の場合，このドライバソフトウェア（ファイル名：usbser.sys）は OS に組み込まれているが，最初に Arduino Uno が PC に物理的に接続され，Ardino Uno の設定情報ファイルが読み込まれた段階で初めて有効化される。なお，設定情報ファイル（ファイル名：arduino.inf）は Arduino IDE がインストールされたフォルダの中に存在するため，Arduino Uno を PC に接続する前に Arduino IDE がインストールされていなければならない。macOS を搭載した PC ではこのような操作は必要ない。

　③のファームウェアはブートローダと呼ばれるもので，マイコンのメモリ上に④の動作プログラムと共存している。ブートローダはマイコン起動時（電源が入れられたり，リセットがかけられたりした時）に最初に実行され，一定時間（1 秒間）[19]PC とマイコンとの通信ライン（シリアルライン）上のデータの有無をモニタするように作られている。PC からマイコンへプログラムが送られてきたら，メモリ上にある既存の動作プログラムを送られてきたプログラムで書き換え，そのプログラムを実行する。シリアルライン上にプログラムがなければ，ブートローダは立ち下がり，メモリ上の既存の実行プログラムを動作させる。ブートローダは，Arduino Uno の工場出荷段階でマイコン ATmega328P のメモリ上に既に書き込まれている（自分で書き込みを行うことも可能）。

　④の動作プログラムは Arduino IDE 以外のテキストエディタ（メモ帳など）を利用しても作成できる。ブロック命令を利用して動作プログラムを作成できる Web サービスもある（例えば BlocklyDuino Editor [20]）。ただし，これらのソフトウェアやサービスは Arduino マイコンへのプログラム転送機能が備わっていないので，動作プログラムを転送する際には Arduino IDE にプログラムをコピーして行う。

　ここでは，上記の①，②の環境設定（ソフトウェアのインストールなど）が PC 上になされているかを以下の 1)，2) で確認する。また，③の環境設定の確認は，3) で Arduino IDE 付属のサンプル動作プログラム（スケッチ例）を Arduino に転送して行う（転送できれば問題なく確認できたということ）。

1) Arduino IDE のインストール確認

Arduino IDE が PC にインストールされている場合，デスクトップやタスクバー，タイルなどにアイコンが存在する。アイコンをクリックしてプログラムが正しく起動することを確認する。なお，Arduino IDE がインストールされていない場合は，第Ⅱ部のソフトウェアのインストール項を参照してインストールする。

2) USB – UART（シリアル） 変換用ドライバの確認

USB – UART（シリアル） 変換用ドライバは，PC 上では黒子的な存在となっている。ドライバの存在や動作の確認は，Arduino Uno を PC に接続し Arduino Uno が PC に認識されているか否かで判断する。正しく認識されている場合，PC 上に仮想的な COM（シリアル）ポートが作られているので，この COM ポートの存在が確認できたことの証となる。ドライバや COM ポートの確認は，以下の手順で行う。

【ドライバの確認方法】

Arduino Uno を PC の USB ポートに USB ケーブル（USB2.0 Type A – B）で接続する。次に，Windows 10 のデスクトップ画面左下の Windows ロゴマークをマウスの右ボタンでクリックし，表示メニューの「デバイスマネージャー(M)」を左クリックする。するとデバイスマネージャーのウィンドウが開くので，「ポート（COM と LPT）」の左の「>」マークを左クリックする。「Arduino Uno (COM#)」（#は PC の機種や環境によって違う番号で図 4.3 では COM4 となっている）が表示されればドライバは正しくインストールされている。

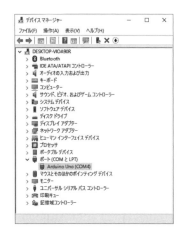

図 4.3 デバイスマネージャーの確認画面

【シリアルポート番号の変更方法】 通常は行わなくてよい
① 上記の【確認方法】で表示された「Arduino Uno (COM4)」（4 は PC の機種や環境によって違う番号となる）を右クリックしプロパティを選択する（図 4.4(a)）。
② 「ポートの設定」タグ内の「詳細設定(A)...」をクリックする（図 4.4(b)）。
③ 画面下の「COM ポート番号(P):」の右のボックス（図 4.5 では COM4 と表示）をクリックすると選択できる COM 番号が表示される。適宜，番号を変更する。（他の機器などがすでに使用しているポート番号には変更できない）

3) マイコンのファームウェア（ブートローダ）の確認

Arduino のブートローダの確認は，Hama ボードの電源シールド上のスイッチ，LED を動作させるサンプルプログラムを PC から Arduino Uno へ転送し，実行させることで行う。

(a)　　　　　　　　　　　　　　　　(b)

図 4.4　デバイスマネージャーによる COM ポート番号変更方法 1

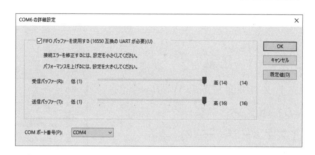

図 4.5　デバイスマネージャーによる COM ポート番号変更方法 2

以下に手順を示す。

① 電源シールドの取り付け

Hama ボード上の Arduino Uno に電源シールドを取り付ける。ピンヘッダを曲げないように注意する。取り付けが完了したら，電源シールドに乾電池（006P）を取り付ける。なお，シールド上のスライドスイッチは OFF にしておく。

② サンプルプログラムの準備

PC と Arduino Uno とを USB ケーブルで接続する。これ以降 USB ケーブルを通して PC から Arduino Uno に電源が供給されるので，電源シールド上の電源表示用の赤色 LED はシールド上のスライドスイッチの位置に関わらず点灯する。次に，PC 上で Arduino IDE を起動させ，初期設定と環境設定を行った後，サンプルプログラムを読み込む。

【初期設定】（図 4.6 参照）

● ボードの設定・確認 ── 「ツール」をクリック→「ボード： "Arduino/Genuino Uno"」 を指定する。

● シリアルポートの設定・確認 ── 「ツール」をクリック→「シリアルポート：

"COM#(Arduino/Genuino Uno)"」を確認する。#は PC 環境に依存した番号で 2)
を行った時と同じ USB ポートにケーブルを差し込んだ場合は同じ番号となる。

図 4.6 　 Arduino IDE のボードとシリアルポートの設定・確認画面

【サンプルプログラムの読み込み】

Arduino IDE で「ファイル」をクリックした後，表示されるメニューから「スケッチ
例」－「02.Digital」－「Button」の順に選択し，クリックする（図 4.7）。新しい
ウィンドウが開き，サンプルプログラムが表示される（図 4.8）。なお，ここではサン
プルプログラムの詳細については説明を割愛する。

図 4.7 　サンプルプログラムの読み込み手順 　　図 4.8 　読み込まれたサンプルプログラム

③ プログラムの転送

Aarduino IDE 上の「書き込み」アイコンをクリックする。「コンパイル中...」とい
うメッセージとプログレスバーが表示される。コンパイルが無事終了すると，続いて，
「書き込み中...」というメッセージとプログレスバーが表示される。プログレスバー
が消え，「書き込み完了」と表示されたら終了である。プログラム転送が無事に終了し
た時点で Arduino Uno のファームウェア（ブートローダ）の動作確認が終了したこと
になる。

④ プログラムの実行確認

　③で Arduino Uno へ転送されたプログラムは，転送が終了した時点でプログラムが
起動されている。ここでは，USB ケーブルを Arduino Uno から外し，Arduino Uno
の動作をいったん止める。次に，乾電池駆動で Arduino Uno を動かす。電源シールド
に乾電池（006P）が取り付けられていることを確認した後，シールド上のスライドス
イッチを入れ Arduino Uno を起動する。約 1 秒後にプログラムは自動的に実行される
ので，プログラムの動作（電源シールド上の D2 タクトスイッチを押すと LED2 が点
灯）を確認する。

2.2　Hama ボード電源シールドの汎用入出力ポートの動作確認

　Hama ボード電源シールドのポート（汎用入出力端子）にブザーを接続し，全ポート（A0
～ A5 のアナログポートと 0 ～ 12 のデジタルポート）から信号を出力してブザーを鳴らす
プログラムを作成・実行する。すべてのポートのチェックは以下の手順で行う。

① ブレッドボード上に電子回路を組み立てる。

② 電子回路と電源シールド上のポートをジャンパ接続する。

③ PC 上で動作プログラムを作成する（Arduino IDE など利用）。

④ Arduino Uno へプログラムを転送する（Arduino IDE 使用）。

⑤ 動作プログラムの稼働状況をチェックする。

上記の手順は①～③以外は，2.1 節の 3) の手順と同じである。

1)　回路の組み立て

　図 4.9(a) の回路図に従って，ブレッドボード上に回路を組み立てる。回路はブザーを挿
入するだけでできあがる（例えばブザーの正極を E4，負極を C2 にさす）。なお，ブザーは
1 個だけ使い，電源シールドのポートからブザーへの配線を順次変更して動作確認する。

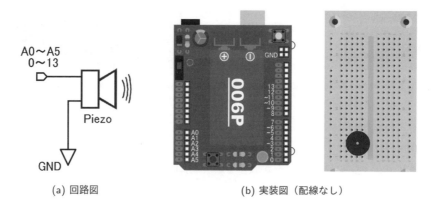

(a) 回路図　　　　　　　　　(b) 実装図（配線なし）

図 4.9　圧電ブザー実習回路

2) 入出力ポートと回路との配線

図 4.9(b) では配線を描いていないので，配線は自分で考えて行う（以降のすべての実装図についても同じ）。最初に電源シールドの A0 ポートとブザー正極への接続をジャンパ線（長・白色）で行う。次に，GND 端子とブザー負極との接続をジャンパ線（黒色）で行う。

- ※　ジャンパ線は，電源の正極（5 V）用は赤色，負極（GND）用は黒色のものを必ず使用する。汎用入出力ポートからの配線は，出力は暖色，入力は寒色系の色のジャンパ線を用いると良い。
- ※　電子部品の配置，配線が終了したら配線間違いがないかどうか，回路図と見比べながら確認する。

3) 動作プログラムの作成

PC と Arduino Uno とを USB ケーブルで接続する。次に，Arduino IDE 上で以下のプログラムを入力し，保存（プログラム名：shieldCheck.ino）する。

```
1  // shieldCheck.ino
2  int i;
3  int j;
4  int k;
5
6  void setup() {
7    for (i = 0; i <= 19; i++) {
8      pinMode(i, OUTPUT);
9    }
10 }
11
12 void loop() {
13   for (i = 0; i <= 19; i++) {
14     j = 262 + i * 25;
15     k = 75;
16     tone(i, j, k);
17     delay(k);
18     noTone(i);
19   }
20 }
```

リスト 4.1　電源シールド回路チェックスケッチ（shieldCheck.ino）

4) プログラムの転送

Aarduino IDE 上で「書き込み」アイコンをクリックしてプログラムを Arduino Uno へ転送する。エラーが表示された場合，プログラムの入力ミスがあるので修正した後，再度，

「書き込み」アイコンをクリックし，マイコンへのプログラム転送を行う。

5) プログラムの実行・確認

　4) が完了した時点でプログラムは自動的に実行されている。USB ケーブルを Arduino Uno から外し，Arduino Uno の動作を一旦止める。電源シールドに乾電池（006P）を取り付け，シールド上のスライドスイッチを入れ Arduino Uno を起動する（ブザーが再び鳴る）。ジャンパ線を P0 ポートから順次，別のポート（A1〜A5，0〜13）へ差し替えブザーから音が出ていることを確認する。すべての入出力ポートから音が出ていることが確認できたら Arduino Uno の動作を止める（電源シールドのスライドスイッチを切り乾電池（006P）も取り外しておく）。

【プログラムの解説】

　Arduino IDE には一定時間，一定周波数で電気信号を出力するための tone 関数があらかじめ組み込まれている。上記のプログラムはこの関数を利用し，Arduino Uno の i 番ポート（i は 0 から 19 まで変化）につなげたブザーを鳴らすものである。ブザーを制御している関数は下記の 4 つである。

- pinMode(pin, mode); ── ポート（ピン）の動作を入力か出力に設定する。

  pin :　設定したいピンの番号

  mode :　INPUT, OUTPUT, INPUT_PULLUP

- tone(pin, frequency, duration); ── 指定した周波数の矩形波（50％デューティ）を生成する。

  pin :　トーンを出力するポート（ピン）

  frequency :　周波数（Hz）

  duration :　出力する時間をミリ秒で指定できる（オプション）

  ※　時間（duration）を指定しなかった場合，noTone() を実行するまで動作を続ける。

- delay(ms); ── プログラムを指定した時間だけ止める。

  ms :　一時停止する時間（単位はミリ秒）

- noTone(pin); ── tone 関数で開始された矩形波の生成を停止する。

  pin :　トーンの生成を停止したいピン

  プログラムの初期設定部では pinMode 関数により，i 番の入出力ポートが出力モードに設定される（Arduino Uno から外部の回路に "High（5 V）" または "Low（0 V）" の信号の送信が可能となる）。また，連続実行部では，tone(i, j, k); により，i 番ポートに接続されているブザーに j ヘルツの音が k ミリ秒間出力される。

3　回路実習

　Hama ボードへセンサなどの入力機器，LED などの出力機器を取付けた場合のデジタルとアナログ情報の受け渡し形態を学ぶ。デジタル回路実習，プログラミング実習では，コンピュータ内部で情報は "1（High）" か "0（Low）" しか存在しないことを学んだ。電気的には，"1" は電源電圧，"0" は 0 V が印加された状態である。マイコンと外部の機器とのデジタル情報の受け渡しも，これと同様に "High（通常は 5 V）" あるいは "Low（0 V）" の電気信号を送ったり，受け取ったりして行われている。一方，アナログ情報の受け渡しでは，電源電圧から 0 V までの間を AD や DA 変換回路のビット数に応じて分割された間隔の電圧情報を扱うことができる。ここでは，マイコンから外部機器へ電圧情報を送り出し，何らかの動きをさせる出力回路と，反対に外部機器からマイコンへ電圧情報を伝える入力回路の詳細について学ぶ。

3.1　デジタル情報

1）デジタル入力

　デジタル入力回路を組立てる上で必要となってくる，プルアップ抵抗，プルダウン抵抗の役割を理解する。また，簡単なデジタル出力回路を組立て，これを駆動させるプログラミング手法についても理解を深める。

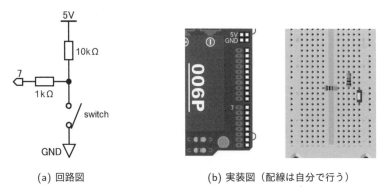

(a) 回路図　　　　　　　(b) 実装図（配線は自分で行う）

図 4.10　プルアップ入力回路

実習 1　プルアップ入力回路

　図 4.10，図 4.11 に示す回路は，それぞれプルアップ，プルダウン入力回路とよばれるものである。プルアップとは，入出力端子を数 k ～数十 kΩ の抵抗を介して 5 V ラインへ接続することを，プルダウンとは，同様に GND へ接続することをいう。プルアップ入力では通常 High の情報が入力させているが，センサ（スイッチなど）で一時的に Low の情報を入力したい場合に使われる。逆にプルダウン入力は，通常 Low で時に High にしたい場合に用いる。ここでは，スイッチ操作によって情報がどのようにコンピュータに入力されるかを以下の手順で確かめる。

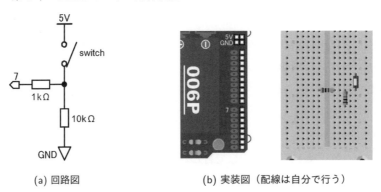

(a) 回路図   (b) 実装図（配線は自分で行う）

図 4.11   プルダウン入力回路

① 回路図（図 4.10）に従って，Hama ボード上のブレッドボードにスイッチと抵抗を取り付け，ジャンパ線で電源シールドへの配線を行う。

② Hama ボードの Arduino Uno と PC を USB ケーブルで接続し，Arduino IDE を起動して，以下のプログラムを入力する（プログラム名：digitalInputCheck.ino）。

```
1   // digitalInputCheck.ino
2   void setup() {
3     Serial.begin(9600);
4   }
5
6   void loop() {
7     Serial.println(digitalRead(7));
8     delay(1);
9   }
```

リスト 4.2   デジタル入力チェックスケッチ（digitalInputCheck.ino）

③ Arduino IDE の「検証」アイコンをクリックする。メッセージボード上に「コンパイル中...」とプログレスバーが表示される。プログレスバーが消え，「コンパイル完了。」と表示されたら終了である。エラーが表示されたら，適時，訂正してプログラムを完成する。

※ プログラムの入力に自信がある場合は，③をとばしていきなり④を行ってもよい。

④ Arduino IDE 上の「書き込み」アイコンをクリックする。メッセージボード上に「コンパイル中...」と表示され，続いて，「書き込み中...」と表示される。プログレスバーが消え，「書き込み完了」と表示されたら終了である。なお，USB ケーブルは外さない（⑤で PC と Arduino Uno との間で通信を行うため）！

⑤ ④が完了した時点でプログラムは自動的に実行されている。このプログラムは Arduino Uno 上のマイコンから PC へ測定データを送る動作をするので，Arduino IDE でマイコンから送られたデータを表示する画面（シリアルモニタ）を立ち上げる。

- 「シリアルモニタ」アイコン（Arduino IDE 画面右上）または「ツール」-「シリアルモニタ」の順でクリックする。
- シリアルモニタ画面が表示されるので，画面左下の「自動スクロール」にチェックマークが入っていること，画面右下に「改行なし」，「9600 bps」とアイコンが表示されていることを確認する。設定や値が違っている場合は適時変更する。
- シリアルモニタを終了する場合は，画面右上の「×」マークをクリックすればよい。

⑥ シリアルモニタには，Arduino Uno の 7 番ピンの入力状態が表示される。High（5 V）の情報が入力されている場合は 1，Low（0 V）の場合には 0 が表示される。

⑦ Hama ボードのブレッドボード上のスイッチを離した状態で，シリアルモニタに表示された 7 番ピン入力情報を，表 4.1 の該当する部分に記録する。

⑧ ブレッドボード上のスイッチを押し，シリアルモニタに表示された 7 番ピン入力情報を，表 4.1 の該当する部分に記録する。

⑨ シリアルモニタの画面右上の「×」マークをクリックし，シリアルモニタを終了させる。次に USB ケーブルを Arduino Uno から外す。

⑩ プログラムを適当な名前で保存する。

表 4.1 デジタル入力回路実習の結果

回　路	ピン入力情報（High/Low 信号）		
	スイッチ OFF 時	スイッチ ON 時	入力回路の適正
プルアップ回路	(H, L, H or L)	(H, L, H or L)	(適, 否)
プルダウン回路	(H, L, H or L)	(H, L, H or L)	(適, 否)
スイッチアップ回路	(H, L, H or L)	(H, L, H or L)	(適, 否)
スイッチダウン回路	(H, L, H or L)	(H, L, H or L)	(適, 否)

実習 2　プルダウン入力回路

回路図（図 4.11）に従って，ブレッドボード上へのプルダウン回路の組み立て，回路から電源シールド上の入出力ポートへのジャンパ接続，Arduino Uno への USB ケーブルの接続を行う。次に，Arduino IDE でシリアルモニタを表示させ，ブレッドボード上の入力スイッチの ON，OFF による信号の変化を観察する。結果を表 4.1 に記録する。最後にシリアルモニタを終了させ，USB ケーブルを Arduino Uno から外しておく。

問：図 4.10，図 4.11 の回路において，1 kΩ の抵抗はどのような目的で取り付けられているのか。

実習 3　スイッチアップ/スイッチダウン入力回路（不適切な回路例）

図 4.12，図 4.13 に示す回路は，スイッチが押されているとき，Arduino Uno に High（5 V）または，Low（GND）の情報が入力される回路（ここでは "スイッチアップ，スイッチダウン回路" とよぶことにする）である。スイッチが押されていない時，Arduino Uno に

はどのような情報が入力されるであろうか。実習 1，2 と同様な手順で 7 番ピンへの入力情報を記録し，表 4.1 へ記入せよ。

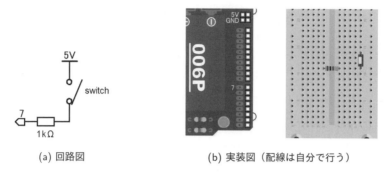

(a) 回路図　　　　　　(b) 実装図（配線は自分で行う）

図 4.12　スイッチアップ入力回路

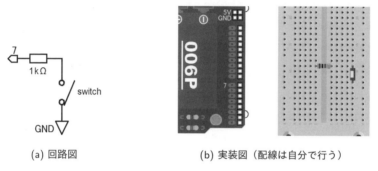

(a) 回路図　　　　　　(b) 実装図（配線は自分で行う）

図 4.13　スイッチダウン入力回路

　実習 3 で，ブレッドボード上のスイッチが押されていない（解放されている）とき，Arduino Uno への入力信号は，High（5 V），Low（GND）いずれかに一定しないことが観察できたことと思う。このような状態は，High（5 V）でも Low（GND）でもない状態（ハイインピーダンス状態）といい，コンピュータの入力状態としては避けるべきものである。

　ハイインピーダンス状態を視覚的に確認する方法がある。Arduino IDE 上で「ツール」をクリックし，表示される画面で「シリアルプロッタ」をクリックすると入力データがグラフに表示される（図 4.14）。シリアルプロッタでは縦軸の大きさは手動で変えることができないがデータの変化の様子がみてとれる。図 4.14(a) はハイインピーダンス状態，図 4.14(b) は正常な状態である。ハイインピーダンス状態では，入力データが短時間の間で High，Low と振れ，一定していないことがわかる。

　図 4.12 や図 4.13 の回路では，スイッチが押されていない場合，マイコンの入力端子は開放状態となっている。しかし，この状態であってもマイコンの入力端子とブレッドボード上のスイッチの間をつないでいる導体（ジャンパ線）には外的要因（外部ノイズ，静電気や電磁気など）で電流が発生（方向は不定）する。マイコンに入力された情報はその結果である（図 4.14(a)）。図 4.14(b) は，入力端子へのジャンパ線を外してしまって測定し

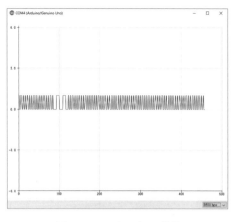 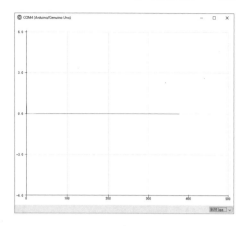

(a) ハイインピーダンス状態 (b) 正常な状態

図 4.14　シリアルプロッタ測定画面（画面は見やすくするため拡大加工を行っている）

た結果である。この場合，導体が存在しないため誘導電流が発生しにくくハイインピーダンス状態となっていないことがわかる。

実習 1，2 で学んだように，ハイインピーダンスにしないためには，入力ピンをある程度大きな抵抗を介して 5 V（プルアップ），あるいは GND（プルダウン）に接続すればよい。以上の回路実習を通じ，ハイインピーダンス状態とはどのようなものか，プルアップ，プルダウン抵抗を用いて回路を構成した場合，ハイインピーダンス状態が起こらないことが確認できたことと思う。マイコンにセンサなどの外部機器からデジタル情報を伝達する場合，基本的な回路構成は図 4.10 または図 4.11 のスイッチの部分をセンサ等に置き換えたものとなる（詳しくはプログラミング実習で行う）。

問：ハイインピーダンス状態は，デジタル回路の入力状態としてなぜ避けるべきか。

2) デジタル出力

マイコンから外部へ High（5 V）または Low（GND）のデジタル信号を出力し，外部機器（ブザー，LED など）へ情報を伝達（駆動）する回路をデジタル出力回路という。ここでは，マイコンの出力ピンからの流出電流（ソース電流），あるいは出力ピンへの流入電流（シンク電流）で外部機器（負荷）を駆動（それぞれソースロード，シンクロードとよぶ）させる回路について実習を行う。外部機器を駆動させるために必要な電流値が大きい場合（Arduino Uno では 40 mA が限界），マイコンの出力ピンに外部機器を直接つなぐことはできない（つないでも動かない）。このような場合には，トランジスタスイッチを用いて駆動する回路を組立てることになる。発展課題として，トランジスタスイッチを用いたモータの駆動回路実習を行う。

実習1　直接駆動回路

　図 4.15 に示す回路は，Arduino Uno のピンに LED（外部機器に相当）と抵抗を直接つないだものである。LED は点灯させるために必要な電力が小さいため，マイコンに接続して簡単に駆動させる事ができる。Hama ボード上のブレッドボードに回路を組立て，LED を点灯させるプログラムを作成せよ。点灯のパターンは，常時点灯，一定時間おきに点灯，消灯を繰り返すもの，それぞれについて検討せよ。

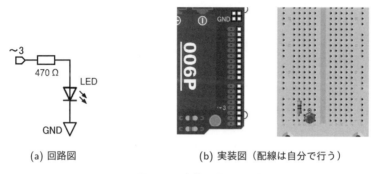

(a) 回路図　　　　　　　　　　　(b) 実装図（配線は自分で行う）

図 4.15　直接駆動出力回路

※　LED は，発光ダイオード（Light Emitting Diode）で，電圧をかけるとあらかじめ決まった色に発光する電子部品である。通常，2 V 程度の電圧を印加すると，5 〜 20 mA 程の電流が流れ，発光する。

※　LED には極性がある。LED のレンズを見ると，リフレクター（反射面）がついた大きなリードフレームと小さなリードフレームがある。多くの LED は大きい方がマイナスで，LED の接続用の足が短くなっている。LED を逆につないだ場合，壊れる事はないが点灯はしない。

問：LED の点灯チェックをテスタで行う場合，どのようにするか。LED の足の極性が分からなくなった場合，どのように調べるか。

問：5 V の電源電圧で LED を点灯させるには，LED と直列にどれくらいの抵抗を接続しなければならないか。LED には，約 20 mA までの電流を流すことができるが，ここでは 8 mA 程度流すこととする。また，抵抗の許容電力も同時に求めよ。

実習2　（発展）トランジスタスイッチを用いた駆動回路

　駆動に大きな電流を必要とする外部機器（リレー，モータなど）については，図 4.15 のように Arduino Uno の入出力ピンに直接つないで駆動させることはできない（保護回路が働き，大きな電流が流れなくなっている）。そのような場合には，トランジスタ（バイポーラや電界効果トランジスタ（FET））でスイッチング回路を組立て，これを利用する。図 4.16 に，モータを FET（N チャンネルのパワー MOSFET）で駆動する場合の取り扱い方を示す。図 4.16(a) は，図 4.15 からの変更の仕方を示している。点線で囲った部分（LED の直接駆動）を吹き出しの回路で置き換えればよい。なお，この部分には FET トランジス

タ，ダイオードが使用されているので，その外形図を示しておく。また，図 4.16(b) には，図 4.16(a) の吹き出し部分の回路の動作原理を示す。FET トランジスタのゲート（G）に Arduino Uno から High の信号が入った時，トランジスタのスイッチが働き，モータが回転する。Low の信号が入った時は，スイッチが切れ，モータが停止する。

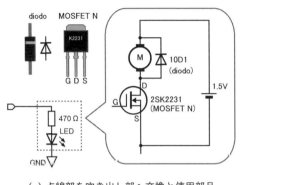
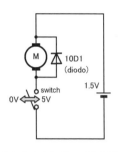

(a) 点線部を吹き出し部へ交換と使用部品   (b) 吹き出し部の動作原理

図 4.16   LED 駆動回路から FET トランジスタを用いたモータ駆動回路への移行

　図 4.17 に示す回路は，Arduino Uno からの出力信号でモータを動かす実際の回路例である。Hama ボード上のブレッドボードに回路を組立て，モータが一定時間の間隔で回転，停止を繰り返すプログラムを作成せよ。

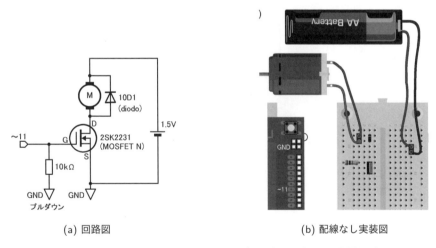

(a) 回路図   (b) 配線なし実装図

図 4.17   FET トランジスタを用いたモータ駆動回路

※ 図 4.17 中，10 kΩ の抵抗は，デジタル回路がハイインピーダンス状態（コンピュータの電源が ON になった直後によく現れる）のときに，FET が勝手に ON にならないようにするためのプルダウン抵抗である。

※ FET は，大電流を扱うことができ，かつ ON の時の抵抗が小さい。2SK2231 の場合，ゲート電圧（VG）が 4 V の時，ドレイン・ソース間オン抵抗（RDS（ON））0.2 Ω，最大定格は，60 V，5 A である。

※　図 4.17 では，ダイオードがモータと並列に設置されている。このようなダイオードをフリーホイールダイオードといい，モータやコイルをスイッチングする際に必ず取付けなければならないものである。

問：2SK2231 について，ゲート電圧が 4 V あると ON 抵抗が 0.2 Ω 以下である。ドレイン電流 ID を 1 A 流した時にトランジスタで消費される電力（ロス電力）はどの位か。また，この値からトランジスタでの発熱量について推定せよ。

問：フリーホイールダイオードの役割を述べよ。

3) デジタル入出力

外部から High（5 V）または Low（GND）のデジタル信号をマイコンに入力し，信号の状態に応じて何らかの動作をさせるプログラムを作成する。ここでは，図 4.18 に示す回路を組立て，タクトスイッチを押している間，発光ダイオードが点滅するプログラムを作成せよ。

※　歩行者用信号の押しボタンを押し，しばらくたった後，信号が青に変わるシステムは，このプログラムを応用することによって容易に作成できる。

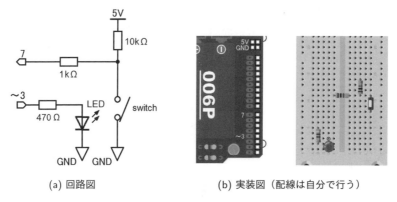

(a) 回路図　　　　　　　　　(b) 実装図（配線は自分で行う）

図 4.18　デジタル入出力回路

3.2　アナログ情報

1) アナログ入力

コンピュータは，High か Low かの離散的な値しか取れないことは既に述べた。しかし，我々人間の世界で取り扱う値は，黒と白の間に灰色が存在するというように，High と Low との間にも値が存在する連続したアナログ情報である。コンピュータでは完全に連続なアナログ情報を扱うことができないが，アナログ／デジタル（A/D）変換回路を使うことによって一定区切りではあるがアナログ情報を扱うことができる。Arduino Uno には 10 ビットの A/D 変換機能が備わっている。10 ビットで表せる情報の種類は 2^{10}（= 1024）個である。コンピュータは，この値で 0 V から電源電圧までの電圧を表すことができる。0 V から 5 V までのアナログ値にこれを割り振る場合，まず 0V に 1 つ，残りは 0 V から 5 V ま

でを $5/(1024-1)$（約 $4.9\,\mathrm{mV}$）きざみにした電圧値に値を割り振ることができる。従って，A/D 変換回路を使った計測で Arduino Uno マイコンが 10 進数で 512 という値を出した場合，$512\times5/(1024-1)=2.50$ より外部から約 $2.5\,\mathrm{V}$ の電圧情報が入力されていることになる。ここでは，図 4.18 の回路のスイッチを CdS 光センサに交換した図 4.19 の回路をつくり，外部から入力されるアナログ情報を観察する。プログラムはサンプルプログラムを使用する。Arduino IDE で「**ファイル**」をクリックした後，表示されるメニューから「**スケッチ例**」 – 「**01.Basic**」 – 「**ReadAnalogVoltage**」の順に選択し，クリックする。新しいウィンドウが開き，サンプルプログラムが表示される。

(a) 回路図   (b) 実装図（配線は自分で行う）

図 4.19　アナログ入力回路

Arduino IDE 画面上で「**マイコンボードに書き込む**」を実行する。次に，シリアルモニタあるいはシリアルプロッタを実行すると図 4.20 に示す結果が得られる。なお，この結果は CdS 光センサに手をかざし光が当たる量を変えながら測定したものである。

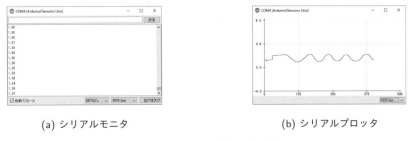

(a) シリアルモニタ   (b) シリアルプロッタ

図 4.20　アナログ計測の結果例

問：図 4.19 の回路の場合，センサに手をかざし光の入力量を少なくすると測定結果が大きくなる。この理由を説明せよ。

問：図 4.19 の回路を変更し，光の入射量が多くなるとアナログ計測の測定値が大きくなるような回路を作れ。

2) アナログ出力

Arduino Uno にはデジタル/アナログ（D/A）変換回路が備わっていないが，擬似的にではあるがアナログ出力が可能である。Arduino Uno ではほんの短い（人間が知覚できな

い）一定時間の間に High，Low を決まったパターンで連続的に出力する手法である PWM
（Pulse Width Modulation）を利用し，0 V から 5 V までの間の電圧値を 8 ビット（0 から
255 通り：Arduino ではデューティ比と呼ぶ）で出力できる。Arduino Uno のピンの中で
PWM に対応しているものには番号の前に「~」記号がついている。PWM 周期は，~3，~9，
~10，~11 のポートでは 490 Hz，~5，~6 のポートでは 980 Hz である。

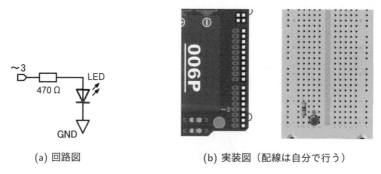

(a) 回路図   (b) 実装図（配線は自分で行う）

図 4.21   アナログ出力回路

　　ここでは，LED の点灯に対してアナログ出力の実習を行う。回路は図 4.21 に示す（図 4.18
の LED 点灯部分と同じ）。3 番ピンから PWM 出力信号を出し LED を様々な明るさで光
らせる。なお，Arduino 言語で PWM 出力に関する関数は analogWrite 関数である。下記
のプログラムを入力して実行せよ（プログラム名：`analogOutputCheck.ino`）。また，プ
ログラム中 analogWrite 関数の変数 i を変更（0 から 255 までの整数）し，点灯の違いを確
認せよ。

```
1   // analogOutputCheck.ino
2   void setup() {
3   }
4
5   void loop() {
6     for (int i = 0; i <= 100; i += 1) {
7       analogWrite(3, i);
8       delay(30);
9     }
10    delay(110);
11  }
```

リスト 4.3   アナログ出力チェック用スケッチ（analogOutputCheck.ino）

関数の説明

- `analogWrite(pin, value);` — 指定したピンからアナログ値（PWM 波）を出力
  する。

　　　pin:　　出力に使うピンの番号（Arduino Uno ではデジタルピン 3, 5, 6, 9, 10, 11）

　　　value:　　デューティ比（0～255（0 V～5 V））

3) アナログ入出力

　外部から入力されたアナログ信号の大きさに応じて，アナログ出力の大きさを変化させるプログラムを作成する。ここでは，図 4.22 に示す回路を組立て，CdS 光センサからのアナログ入力値が 512（約 2.5 V）以下になったら LED が点灯し始め，入力値が 205（約 1 V）以下になったら全灯（5 V 出力で点灯）するプログラムを作成せよ。

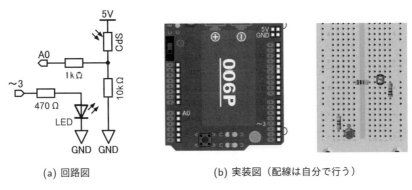

(a) 回路図　　　　　　　(b) 実装図（配線は自分で行う）

図 4.22　アナログ入出力回路

4　解説

4.1　USB – UART 変換

　Hama ボードを動かすためには，PC に Arduino IDE と USB – UART（シリアル）変換用ドライバ，Arduino Uno にファームウェアとマイコン動作プログラムが必要なことは既に述べた。

　Arduino Uno でプログラムを作成・実行するために必要なハードウェア・ソフトウェア構成を図 4.23 に示す。PC と Arduino Uno との通信は USB シリアル通信で行う。以前は RS-232C シリアル通信が使われていたが，現在はこの通信規格は一般的な PC には装備されていない。一方，マイコンには USB 通信機能が搭載されていない（一部のマイコンを除く）。マイコンには USB よりも単純な UART（universal asynchronous receiver-transmitter）シリアル通信が組み込まれている。通信方法が違う PC とマイコンとの間では直接，プログラムやデータのやり取りはできないため，USB と UART 通信を結びつける仕組みが必要となってくる。この仕組みは USB – UART 変換機能 [21] と呼ばれ，ハードウェアとソフトウェアの組み合わせで構成されている。この機能では，PC 上に仮想 COM ポート（仮想的なシリアル通信用ポート）が作り出され，このポートを介して PC とマイコンとが通信をしている。USB – UART 変換を目的とした専用の IC（ファームウェアが書き込まれた専用 IC チップと PC 処理ドライバの組み合わせ）が FTDI（Future Technology Devices

【ハードウェア構成】

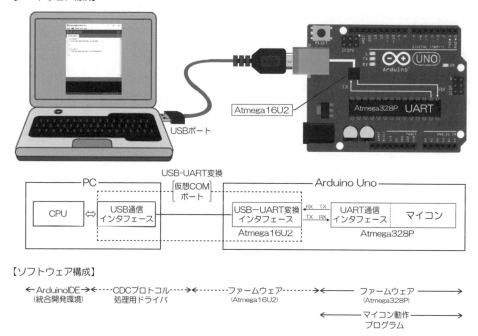

図 4.23　Arduino でプログラムを作成・実行するために必要なハードウェア・ソフトウェア構成

International Ltd.)，Prolific，QinHeng Electronics，Silicon Labs 社などから各種開発・販売され，これらを利用したモジュールも各種販売されている（図 4.24）。Arduino Uno の場合，専用 IC を使わずマイコン（ATmega16U2）で USB – UART 変換を行っている。USB – UART 変換は，ATmega16U2 に書き込まれたファームウェアと OS に標準装備されているドライバ（CDC（Communication Device Class）プロトコル処理のドライバ）を使用して行われている。Windows，macOS，Linux では CDC プロトコル処理用のドライバが標準で装備されているが，本文で説明したように Windows 搭載 PC の場合は最初にデバイスを使う段階で一手間必要となる。

4.2　ファームウェアの待ち時間について

　PC からマイコンへプログラムを転送する際，マイコン上に既に保存されているマイコン動作プログラムとの交通整理が必要となる。Arduino Uno の ATmega328P マイコンに工場出荷段階で書き込まれているファームウェアはこの機能を果たす制御用の特別なプログラムである。Arduino Uno の電源投入時，リセットボタンが押されたときや，供給電圧が設定値以下に低下したときにマイコンは自動的にリセット操作が掛けられ再起動する。ファームウェアはマイコンが再起動してからの一定時間（約 1 秒間といわれている [19]），通信ラインを監視し必要な動作を行うように作られている。具体的には，Arduino IDE を使って作成されたマイコン動作プログラムがこの間に PC からマイコンへ転送されている

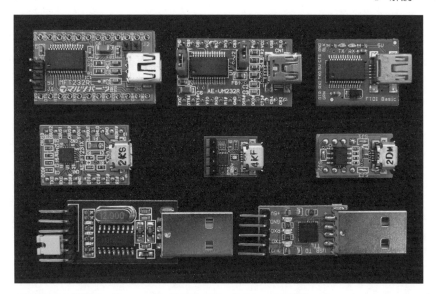

図 4.24　USB-UART 変換用モジュール例：上段は FTDI 社 FT232RL 搭載モジュール（MFT232RL（マルツエ
レック），AE-UM232R（秋月電子），FTDI Basic Breakout - 5V（SparkFun）），中段左から FTDI 社 FT231X
搭載モジュール（AE-FT231X（秋月電子），FT234X 搭載モジュール（AE-FT234X（秋月電子）），Prolific 社
PL2303SA 搭載 モジュール（MPL2303SA（マルツエレック）），下段左から QinHeng Electronics 社 CH340G 搭
載モジュール（CH340G USB to Serial（TTL）Module&Adapter（SEED STUDIO）），Silicon Labs 社 CP2102
搭載モジュール（CP2102 USB 2.0 to TTL UART シリアル コンバータモジュール 5P STC（HiLetgo)）

場合は既存のマイコン動作プログラムとの置き換え操作を行い，そうでない場合は既存の
プログラムに実行動作を渡す操作を行っている。図 4.25 にマイコンが起動してから動作
プログラムが稼働するまでの様子をオシロスコープで観測した結果を示す。マイコンには
COM ラインにデータを出力する動作プログラムがあらかじめ書き込まれており，リセット
ボタンを押してからの COM ラインの様子をオシロスコープで観察した結果である。なお，
動作プログラムの駆動開始点は，他の方法により計測した結果より推測したものである。

　図 4.25 から，PC からプログラム転送がない場合，ファームウェアは約 1.5 秒間待機し
た後，マイコン内の動作プログラムに制御を渡していることがわかる。なお，別の測定か
ら PC からプログラムの転送がある場合，（ソフトウェア）リセットがかかってから，約 1
秒後にファームウェアは COM ラインから動作プログラムを取得していることが分かった。
以上より，ファームウェアは再起動してからのおおむね 1 秒の間，通信ラインを監視してい
ることが確認できる。なお，この測定は Rheingold Heavy（創始者 Daniel Hienzsch）[22]
のアイデアを元に行った。

4.3　Hama ボードのブレッドボード

　図 4.26 に Hama ボードに使用されているブレッドボードの内部配線図を示す。ブレッド
ボードの表面の穴は一定の規則性を持って内部で電気的につながっているため，ボード上
に配置する電子部品間の接続に用いられる。図中，「X」「Y」と表記された一連の穴の下に

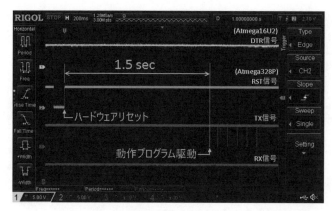

図 4.25　　Arduino Uno にハードウェアリセットがかけられてからマイコン保存の動作プログラムが動くまで
の様子（最上段：Atmega16U2 からの DTR 信号，2 段目：ATmega328P の 1 番端子（RST）の信号，3 段目：
ATmega328P の 3 番端子（TX）の信号，最下段：ATmega328P の 2 番端子（RX）の信号）
※ 動作プログラム駆動のポイントはソフトウェアリセット時の測定結果から決定

は細長い 1 つの金属クリップが取り付けられている。通常，X，Y のように長手方向につな
がったラインは電源ラインとして利用されることが多い。「A，B，C，D，E」「F，G，H，
I，J」と表記された穴同士もそれぞれのライン内のグループ単位でつながっている。この
方向のラインは，通常，電子部品間の配線の用途に用いられる。このようなブレッドボー
ドの構造を良く理解し，回路図に応じて電子部品をボード上に配置することによって電子
回路を構築すると良い。なお，ボードの穴の接続関係だけですべての配線を行うことはで
きない。電子部品の接続は，ジャンパ線（高分子で被覆された 0.65ϕ の錫メッキ銅線がよ
く使われる）を併用することになる。

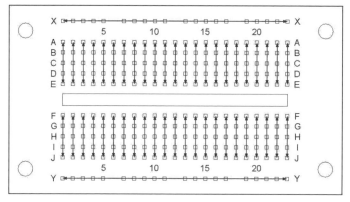

図 4.26　ブレッドボード内部の配線状況（矢印で示したラインはそれぞれの穴の内部が電気的につながっている
ことを示すものである）

4.4　制限抵抗

　マイコンの出力端子に LED などの外部機器を接続する時，適正な値の抵抗を直列あるい
は並列につなぐ必要がある。抵抗は，その回路に流れる電流を制限する働きがある。この

ような働きをする抵抗を「制限抵抗」という。抵抗が大きすぎると，LED を点灯させることはできない。また，抵抗が小さすぎると LED を焼き切ってしまう。極端な例であるが，マイコンのピンに LED だけをつないで，High の信号をマイコンから出力すると，LED が破損してしまい使えなくなってしまうので，十分気を付ける。実習では，LED の点灯用に 470 Ω（1/4 W）の抵抗を使用する。抵抗と LED との接続は直列に行う。抵抗と LED の位置関係（どちらを電源からみて上流に置くか）は，特にこだわる必要はない。抵抗は，LED に流れ込む電流を制限するためにつなぐためであるため，どちらにつないでも同じ働きを示すためである。

4.5　MOSFET の構造とスイッチング作用

　MOSFET は，Metal-Oxide-Semiconductor Field-Effect Transistor（金属 – 酸化膜 – 半導体電界効果型トランジスタ）の略であり，MOS 構造をもつゲート部にかける電圧（電界）の大きさによってドレイン – ソース間に流れる電流を制御するトランジスタである。半導体の種類によって nMOS と pMOS に分けることができ，nMOS の構造は下記のようになっている。

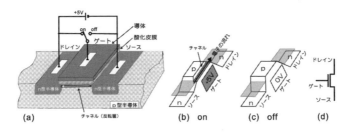

図 4.27　MOSFET の構造とスイッチング作用 (a) nMOSFET の構造，(b) ON 時の電子の流れ，(c) OFF 時，(d) nMOSFET の記号

　nMOS は，p 型半導体（Si 等に III 族元素の不純物を加えた半導体）で作られた基板に，n 型半導体（V 族元素の不純物を加えた半導体で電子が電流の担い手となる）からなるドレイン領域，ソース領域を設け，ドレイン – ソース間の p 型基板上に酸化膜と導体を重ねたゲートを取り付けた構造となっている。酸化膜は，二酸化シリコンからなり，1015 Ω・cm 程度の（比）抵抗を持つ絶縁体である。電圧をかけない状態では，NPN 型トランジスタと同じように，n 型のドレイン・ソースに対して p 型のゲート部分の位置エネルギーが高くなり，電子の流れを妨げる堤防になっている。

　図 4.27(a) のように，ゲートに電圧を加えるとする（ドレイン – ソース間にも図のような方向に電圧をかけておく）。ゲートに +5 V の電圧を加えると，電界によってゲート酸化膜直下の基板表面付近の堤防の高さが下がり，そこへ電子が集まってチャネルとよばれるキャリア（電子）の通り道が形成される。その結果，ソースからドレインへ電子が流れる（図 4.27(b)）。一方，ゲート電圧が 0 の場合はゲートの堤防によって電流はほとんど流れな

い（図 4.27(c)）。このようにしてゲート電圧の High/Low により，ドレイン – ソース間の
スイッチングが可能となる。pMOS の場合は，nMOS とは逆にゲート電圧が Low のとき導
通状態（ON），High のとき絶縁状態（OFF）となる。

　また，酸化膜は 10 nm 以下の厚さであるので，電源電圧が 5 V の場合，酸化膜に生じる
電界は 5 MV/cm 以上にもなる。酸化膜に生じる電界が 10 MV/cm を超えると，酸化膜が
絶縁破壊を起こす可能性がある。人体から放電される静電気は，数 100 V から数 1000 V
であるので，容易に絶縁破壊が起こる。このため MOS 回路には保護デバイスが組み込ま
れており，回路がダメージを受けにくい構造となっている。

第 IV 部

Hama-Bot 製作実習

第 1 章

Hama-Bot 製作 1：
シャーシの組み立て ― 平面加工，立体加工

- この実習の内容
  1. Hama-Bot のシャーシをアルミニウム合金製の丸棒や板から製作する。
  2. 機械や手作業による加工をすることで，機械加工における基本を理解する。
- 各自用意するもの

名　　称	数量等	備　　考
シャーシ用の板材	1	A5052 100 × 1000 × 1　1 枚 8 名分
スペーサ用の丸棒	2	A2017ϕ7
小ねじ	4	M3×6 のなべ小ねじ

1　はじめに

　作業するに当たっては，安全を第一に考えなければならない。そのため工作機械に巻き込まれそうな頭髪や服装，足の指を覆っていない靴など作業に適さないと判断されれば作業させないこともあるので注意すること。使用した工具類は指定された場所に戻すこと。工作機械の扱いに少しでも不安があるならば，担当の職員に詳しく聞くようにする。次の作業者のために清掃を行うよう心がけること。

【注意事項】

- 頭髪の長さによっては帽子の着用を指示することがある。
- 保護メガネを着用のこと。
- 切りくずが飛び散るので長袖長ズボンの着用が望ましい。
- 安全靴が望ましいが，スニーカーなど足を覆う靴を着用のこと。

【禁止事項】

- マフラー，ネクタイなど首に何か巻いてある状態での作業は禁止。
- 襟元や袖口が大きく垂れ下がっている服装は禁止。
- サンダルなど露出のある履物は禁止。

問：禁止事項の服装のまま作業を行うとどのような危険が考えられるか。

2　使用する工作機械とその部分の名前及び工具の名前

　製品を加工する前に，工作機械や工具の名前を覚える。これは操作方法に疑問が生じた場合，適切な指示をもらうためにも重要になる。そこで，使う工作機械やその主要な部分及び工具の名前を次項から記す。

(a) スイッチ

(b) エンドミル

(c) ワークテーブルの
　　ハンドル

(d) （卓上）フライス盤

(e) 上下送り固定ねじ

(f) 上下送りハンドルと
　　目盛り

(g) ワークテーブルと
　　バイス

図 1.1　フライス盤とフライス盤に使う工具

2.1　フライス盤とフライス盤に使う工具

───── 工作用器具の名前の由来 ─────

日本語の中にある外来語を改めて英訳してみると，なぜそうなるのかという違和感を
覚えることがある。例えばこの実習にかかわる工具のうち 3 つを英訳してみる。

- ボール盤：drilling machine, boring machine[a]
- フライス盤：milling machine
- ノギス：caliper, calliper

これらの日本語の名称と英語の名称にはあまり関連性がない。それではこれらの言葉
は何処から来たのだろうか。「ボール盤」はオランダ語の「boor bank（boor=drilling,
bank=bench）」が由来だといわれている。「フライス盤」の「フライス」はフランス語
の「Fraise」，ドイツ語の「Fräse」に由来する。[b]「ノギス」はドイツ語の「Nonius（ノ
ニウス：副尺の意）」から来ているが，もともとは，副尺を考案したといわれるポルト
ガルの航海術研究家「Nonius」の名前から来ている。

─────────────────────────

[a] boring machine は地質調査や岩盤の掘削に用いる大掛かりな機械を指す場合が多い。
[b] 「Fraise」には，南蛮人の衣類に見られるような「ひだ襟」の意もあり，形状の類似性から見て語源
　は同じであろう。

2.2　旋盤と旋盤に使う工具

(a) スイッチ

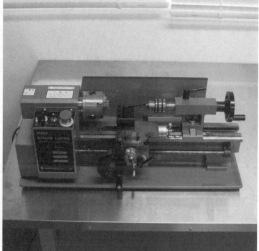
(d)（卓上）旋盤

(g) チャックハンドル

(b) チャック

(h) ドリルチャックのハンドル

(c) ドリルチャック　　(e) 芯押し台の目盛り　　(f) 芯押し台　　(i) 芯押し台のハンドル

図 1.2　旋盤と旋盤に使う工具

─── ねじ ───

DIY の店に行って「ねじ」を探すとあまりにもたくさんの種類があり，どれを買に来たのかわからなくなる場合がある。そこでねじには呼び径（太さ）と長さのように 2 種類の数値で基本的に区別できるようになっている。備考欄にある「M3」と「×6」がそれにあたる。「M3」とは，メートルねじの太さ 3 mm という意味であり，「×6」とは 6 mm の長さという意味である。付け加えるならば「なべ」とはねじの頭の形であり，「なべ」の他にも「皿」「六角」「六角穴付き」...というように用途に応じていろいろな形がある。同じ太さでもねじ山の間隔（ピッチ）が異なったりするものもあるので気をつけたい。

2.3　一般的な作業に使う機械・工具

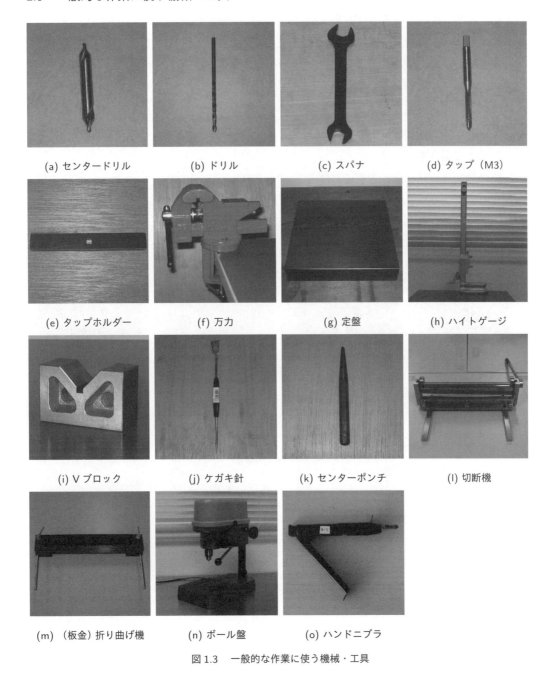

(a) センタードリル　　(b) ドリル　　(c) スパナ　　(d) タップ（M3）

(e) タップホルダー　　(f) 万力　　(g) 定盤　　(h) ハイトゲージ

(i) V ブロック　　(j) ケガキ針　　(k) センターポンチ　　(l) 切断機

(m)（板金）折り曲げ機　　(n) ボール盤　　(o) ハンドニブラ

図 1.3　一般的な作業に使う機械・工具

3　スペーサの作製

　2 本のスペーサをアルミニウム合金製の丸棒から作製する。

　スペーサ加工は高速回転する工作機械を使った作業が多いので，操作手順や装置の動作方向をよく確認して安全な作業を心掛けなければならない。手作業で行うタップ作業や寸法測定は単純なミスが多くなるので，完成まで気が抜けない。

3.1　スペーサ加工の順番

　スペーサを製作するには

① 棒の端面（切断部分）を平らにする（図 1.4(a)）。

② 棒の端面にセンター穴をあける（図 1.4(b)）。

③ センター穴をねじ用の下穴にあけなおす（図 1.4(c)）。

④ 下穴にねじを切る（図 1.4(d)）。

このような手順で加工を工作機械や手作業で行う。

(a) 端面の加工　　　(b) センター穴　　　(c) 下穴（2.5 mm）　　　(d) ねじ穴（M3）

図 1.4　加工の順番

3.2　フライス盤による加工

　円筒状の物を加工する場合，通常は旋盤を使い端面の加工をするが，今回はフライス盤を使い端面の加工をする。加工するに当たり，2 本の棒はなるべく長さのそろった物を選ぶようにすると，加工にかかる時間は少なくなる。詳しい加工手順は以下に示す。

① フライス盤の電源（コンセントとスイッチ OFF）を確認。

② エンドミルが上に上がっていることを確認。

　　※ 上がっていなければ，上下送りハンドルを使い，エンドミルを上に上げる。

③ バイスの中に落ちている切屑があれば，ウェス（紙や布の切れ端）やハケを使い取り除く。

④ フライス盤についているバイスにある外側の溝に合わせて 2 本の棒をセットする（図 1.5(a)，(b)）。

⑤ ワークテーブルのハンドルを回してワークテーブルを動かし，エンドミルの真下に棒

を移動する。

⑥ エンドミルの刃先と棒が当たらない程度まで下げる（図 1.5(c)）。

　※ 2 本の棒の高さを良く見て，高い方から 1 mm 程度上にする。

⑦ フライス盤周りの安全を確認。

　※ 特にワークテーブルに工具やウェスが乗っていないこと。

⑧ フライス盤のスイッチを ON にして上下送りハンドルを右にゆっくりと回し，エンドミルの刃先が棒に当たるところまで下げる。

　※ このとき棒が削られ始めるため，かすかな音が聞こえてくる。

⑨ 上下送り固定ねじを締めてエンドミルの高さを固定し，ワークテーブルをゆっくり動かし，2 本の棒の端面全体を削る（図 1.5(d)）。

⑩ エンドミルの真下から棒を完全にはずし，上下送り固定ねじを緩める。

⑪ 上下送りハンドルでエンドミルの刃先を 1 〜 3 目盛り分下げる。

⑫ ⑨から⑪の作業を繰り返し，2 本の棒の端面全体が平らになったら（図 1.5(e)）フライス盤のスイッチを OFF にする。

⑬ ワークテーブルを手前に移動させ，エンドミルを上にあげて，2 本の棒を取り外し，バイスの中に落ちている切屑を取り除いて，2 本の棒を削られた端面を下にしてバイスの外側の溝に合わせてセットする。

　※ このとき端面にバリがあると高さがそろわないので紙やすりを使いバリを取っておく。

⑭ ⑤から⑫までの作業をする。

⑮ すべての端面加工が完了したら，エンドミルを一番上にあげて，棒を取り外しフライス盤周りの清掃を行う。

(a) 2 本の棒を載せる　(b) バイスへセット　(c) エンドミルの刃を下げる　(d) 途中の状態　(e) 完了の状態

図 1.5　フライス盤での端面加工

危険予知問題：ワークテーブルに工具やウェスが乗ったままフライス盤の運転をすると，どのような危険が考えられるか。

3.3　旋盤による加工

　続いて棒の両端にねじ穴のための下穴をあける加工をする。これは旋盤を使って作業をする。単純な穴あけならばボール盤でも十分であるが，今回のように棒の中心へ穴をあける場合，旋盤を使用した作業が有効である。詳しい加工手順は以下に示す。

① 旋盤の電源（コンセントとスイッチ OFF）を確認。

② チャックハンドルを用いて旋盤のチャックに棒をセットする（図 1.6(a)）。

③ ドリルチャックのハンドルを用いてセンタードリルをドリルチャックにセットする（図 1.6(b)）。

④ 芯押し台の位置を決め，スパナを用いてセットする（図 1.6(c)）。

　　※ このときセンタードリルとドリルの長さの差を考えてセットすれば手順⑫は飛ばすことができる。

⑤ 旋盤周りの安全を確認。

　　※ 特にチャックにハンドルが付いていないことを確認。

⑥ 旋盤のスイッチを ON（FORWARD）にして，芯押し台のハンドルを右に回しセンター穴をあける（図 1.6(d)）。

　　※ センター穴の大きさは棒の直径と比べて半分くらいまであける。

⑦ 旋盤のスイッチを OFF（0）にして，芯押し台のハンドルを左に回し元の位置に戻す。

　　※ 戻しすぎるとドリルチャックが外れるので注意。

⑧ チャックハンドルを用いてチャックを緩め，棒を取り出す。

⑨ センター穴のあいていない端面をチャックにセットして，⑤から⑧までの作業を繰り返す。

⑩ ドリルチャックのハンドルを用いてセンタードリルをはずし，ドリルに取り替える。ドリルの太さは 2.5 mm のものを使う。

⑪ センター穴をあけた棒を旋盤のチャックにセットする。

⑫ 芯押し台の位置を決め，スパナを用いてセットする。

⑬ 旋盤周りの安全を確認。

⑭ 旋盤のスイッチを ON にして，芯押し台のハンドルを右に回し下穴をあける（図 1.6(e)）。

　　※ ドリルに切削油を塗るとよい。下穴の深さは 15 mm 程度あけるが，これは穴径に比べてかなり深い穴になるのでキリコを詰まらせないよう複数回に分けて作業するとよい。

⑮ 旋盤のスイッチを OFF にして，芯押し台のハンドルを左に回し元の位置に戻す。

⑯ チャックから棒を取り出す。

⑰ 下穴のあいていない端面をチャックにセットして，⑬から⑯までの作業を繰り返す。

⑱ すべての端面加工が完了したら，棒とドリルを取り外し旋盤周りの清掃を行う。

(a) 棒のセット　　(b) ドリルのセット　(c) 芯押し台のセット　(d) センター穴加工　(e) 下穴加工

図 1.6　旋盤での下穴あけ加工

危険予知問題：チャックにチャックハンドルが付いたまま旋盤の運転をすると，どのような危険が考えられるか。

3.4　手作業による加工と寸法の確認

1)　タップ作業

　スペーサの両端面にあけられた下穴にタップを用いて手作業によるねじ切り加工をして完成となる。なお，使用するタップは非常に折れやすいので，取り扱いに注意が必要である。タップは棒に対し一直線上になるよう慎重に作業する。特に削り始めはタップが下穴に対して一直線になりにくいため，複数の方向からタップの状態を確認するなど慎重な作業が必要になる。タップ作業は 1 周半右回しをしたら半周左回しをするように作業する。左回しのとき「ブチブチ」といったキリコが切れる手ごたえがあるので，意識してみよう。今回は長さ 6 mm のねじを使うので，ねじ穴を深くする必要はない。

① 万力に口金を当てて棒をセットする（図 1.7(a)）。
② タップをタップホルダーに固定し，切削油を塗ってねじ穴をあける（図 1.7(b)）。
　　※ タップの刃先が滑ることがあるので，始めは回転の力に加え下穴に押し付ける力が必要であるが，タップが引っかかれば回転の力だけでよい。
③ タップが半分程度入るまでねじをきる。
④ タップを取り出したらタップの溝に入っているキリコを取り除く。
⑤ すべての端面加工が完了したら，棒を取り外し万力周りの清掃を行う。

(a) 棒のセット　　　　(b) ドリルのセット

図 1.7　手作業での加工

2) 寸法測定

　　ここで製作したスペーサの長さを測る。測定工具として今回はノギスを使い寸法を測定する。一般的なノギスは円の外径や部分の長さを測ること，円の内径や溝の幅を測ること，段の高さや穴の深さを測ることという機能がついている。

　　ノギスを見てみると目盛りが 2 つ向かい合わせになっているのに気が付く。本体に付いている目盛りは主尺と呼び，普通の物差しと同じで間隔で線を引いてある。スライダについている目盛りは副尺（バーニヤ）と呼び，線の間隔が小さくなっている。このことにより主尺の目盛と副尺の目盛は一致するところとずれているところが現れる。この主尺と副尺にある目盛のうちどこが一致しているのかを利用することで 1 mm 以下の寸法が読み取れるようになっている。副尺には読み取り精度が書いてあり，このノギスは 1/20（0.05 mm）である。

　　最初に 0 mm の状態を見てみよう（図 1.8(a)）。ジョウがぴったりくっついている時，主尺の 0 の目盛りと副尺の 0 の目盛りが一直線になっている。このとき，副尺のすぐ左に隙間がある事に気が付く。この場所を使ってスペーサの採寸を行うと寸法が小さく表示され，正しい寸法にはならないので注意が必要である。

【寸法の読み方】

①　外側用ジョウ（くちばしのようになっている部分）の中央当たりにスペーサをしっかりはさむ（図 1.8(b)）。

②　副尺（バーニヤ）の 0 の位置が主尺の目盛りのどこにあるのか（副尺の 0 が主尺のどの値を超えたのか）を読み取る（図 1.8(c)：31 mm）。

③　主尺の目盛りと最も重なる副尺の目盛りを読み取る（図 1.8(d)：0.80 mm）。

④　②の主尺の読みと③の副尺の読みを足し合わせたものがその寸法となる（31.80 mm）。

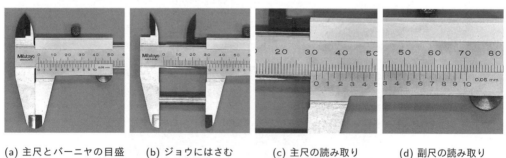

(a) 主尺とバーニヤの目盛り　　(b) ジョウにはさむ　　(c) 主尺の読み取り　　(d) 副尺の読み取り

図1.8　ノギスによる採寸

演習問題：製作したスペーサの寸法を測れ。

4　シャーシの作製

　シャーシをアルミニウム合金製の板から作製する。シャーシは長方形の板から作製する。長方形の辺が穴加工や曲げ加工の基準となるため，長辺に対して切断する短辺が直交していないと加工の修正が必要になる。このためケガキの作業から始まる板加工は単純そうに見えてかなりの注意力が必要になることと思う。

4.1　板加工の順番

　シャーシを以下の手順で加工する。

① ハイトゲージを使い，板を所要の大きさ（100 mm×125 mm）にケガキ線（加工時の目標となる線）を引き，それから切断する（図 1.9(a)）。

② 穴加工や曲げ加工の位置にケガキ線を引く（図 1.9(b)）。

③ 板に穴あけ加工をする（図 1.9(c)）。

④ 板に曲げ加工をする（図 1.9(d)）。

　製作図面に解らないところがあれば，担当職員に申し出ること。なお，板はあらかじめ細長く切断してあるので，最初に作業するときには余った部分が以外に重く感じられ，取り扱いが難しくなる場合がある。補助者として余った部分を支えるという役割も重要になる。

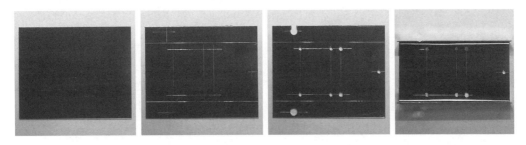

(a) 切断された板　　(b) ケガキ線を引く　　(c) 穴 あ け 加 工 さ れ た シ ャ ー シ　　(d) 曲げ加工されたシャーシ

図 1.9　シャーシ加工の手順

4.2　ハイトゲージを使いケガキ線を引く

　ハイトゲージとは高さを測り，ケガキをする道具である。これを使えば金属板に加工の基準となるケガキ線を引くことができ，このケガキ線に合わせて切断や穴あけの加工を行う。この作業をおろそかにすると，製作図面のように加工ができなくなり，見た目が悪いシャーシになってしまうので，工具は慎重に取り扱わなければならない。

　定盤に細かいゴミが乗っていると，そのゴミがハイトゲージや製作部品を傾けたりするため，正確な線が引けなくなるから注意すること。ケガキ線は必要最小限の長さにできると加工するときに間違えることはなくなるので，ケガキ線を引く順番も考えに入れたほうが良いだろう。以下にハイトゲージの扱い方について詳しく述べる。

(a) ゼロ点の確認　　(b) おおよその高さを合わ　(c) 正確な高さに合わせる　(d) 高さを固定する
せる

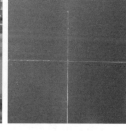
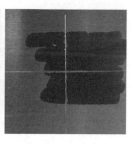

(e) 板にケガキ線を引く　　(f) ケガキ線　　(g) 目立たせたケガキ線

図 1.10　ハイトゲージを使ったケガキ線の引き方

① ハイトゲージに付いている止めねじと微動送り車（目盛りの近くにある 3 つのねじ）が緩んでいることを確認。

② スクライバ（刃のようにとがった箇所）を下げて定盤の面が 0 になっていることを確認（図 1.10(a)）。

　　※ このとき定盤とハイトゲージのベース基準面（下面）の間に隙間があってはいけない。0 に合っていない場合は職員に申し出ること。

③ スクライバを上げておおよその高さに合せ，上の止めねじを締める（図 1.10(b)）。

④ 微動送り車を使い正確な高さに合せる（図 1.10(c)）。

　　※ 目盛りの読み方はノギスと同じである。

⑤ 下の止めねじを締めて（図 1.10(d)），高さを固定する。

⑥ V ブロックに板を垂直に立つように合わせてぐらつかないように抑え，ハイトゲージのベースを持ち，滑らせる様に動かし，ケガキ線を引く（図 1.10(e)）。

　　※ ケガキ線は慣れていないと見にくいので（図 1.10(f)），青マジック等を必要な箇所にあらかじめ塗っておき，ケガキ線を目立たせる方法もある（図 1.10(g)）。

4.3　板の切断・穴あけ加工・曲げ加工

1) 板の切断

　切断機を使い板の切断をする。板の切断面は角が刃のようにとがったバリが出てくるので，ケガをしないよう注意する。バリ取り用の工具もあるが，今回は紙やすりを使って切

断面の角を少し削るとよいであろう。

　ケガキ線と切断機の刃の位置を合わせる（図 1.11(a)）。視差によるずれが考えられるため真上から覗き込むようにすると合わせやすい。刃を下ろすとき板を押さえる手が動かないようにする（図 1.11(b)）。レバーに体重をかけるようにして板を切断するのだが，板を押さえる手の力が足りないとまっすぐ切れないことがあるので慎重な作業が必要になる。

(a) 板のセット　　　　　(b) 板の切断

図 1.11　切断機による板の切断

2)　板の穴あけ加工

　ボール盤の操作は，ベースプレートの穴あけ加工を行っていたので理解しているはずである。ただし，使用するボール盤によって電源スイッチの位置が異なるので，よく確認する必要がある。

　ドリルの太さは，3.5 mm と 4.5 mm と 8.0 mm のものを使う。穴あけ作業ではドリルの先端がぶれて，正確な位置に穴があけられないことがあるので，センターポンチを使ってドリルがずれないようにくぼみをつけるか，センタードリルを使って小さな下穴をあけておく（図 1.12(a)）。もし，ケガキ線の交点から穴の位置がずれた場合，その穴を大きくすることで修正は可能である。

　穴あけ加工時に発生するバリ（図 1.12(b)）の処理は，専用の工具もあるが，穴の大きさより十分大きなドリルを使い削ることで処理できる（図 1.12(c)）。

　3.5 mm と 4.5 mm の穴加工は 1 回で行うことができるが，8.0 mm の穴加工は一旦 3.5 mm の穴をあけてそれを 2 回目の下穴として加工を行うようにすれば容易になる。しかし大きい穴はドリルが突き抜けるときにドリルが板に引っかかることがあり，思わぬケガの原因となることがあるので慎重に作業しなければならない。

3)　切り欠き部の加工

　シャーシには穴と板の長辺とつながって Ω の形になった場所がある。これは，穴をあけた後に追加工をして実現できる。このような形にした理由は，8.0 mm の穴はギヤボックスから出ているシャフトを通して組み立てる設計であり，ギヤボックスを組み付けるにはどちらかの穴が近い長辺とつなげる必要があったためである。このように穴をつなげる加工

(a) 下穴をあける　　　　　　　(b) 発生するバリ　　　　　　　(c) バリの処理

図 1.12　ボール盤による板の穴あけ

はヤスリや金属用のノコギリを使っても可能であるが，今回はハンドニブラを使って加工をする。

　切り欠き部の幅や位置はあまりギヤボックスのシャフト通すためなのだから厳密に考えなくてもよいだろう。ハンドニブラの中心に穴のケガキ線を合わせるように加工をすれば十分である。もし厳密に加工したいのならば，用意してあるハンドニブラは刃の幅が 6 mm であるため穴加工のケガキ線を基準にして ±3 mm のケガキ線を新たに引けば穴へのつなげにくさは感じないだろう。

　ハンドニブラは板をかじるように加工する道具（図 1.13(a)）であり，使用法は取り立てて難しいことはないが，穴につながる部分では弧と直線がうまくつながらない時がある。1回の切り込み量は少ないため（図 1.13(b)）大きな加工を行うには時間がかかるかもしれない。

(a) 切り欠き作業　　　　(b) 切り欠きの量

図 1.13　切り欠き部の加工

4) 板の曲げ加工

　折り曲げ機を使って板の曲げ加工をする。この曲げ加工は思ったよりきれいに曲げられないことがあるので，丁寧な調整が必要であり，場合によっては修正をする必要も出てくる。

　ケガキ線の位置に押さえ刃（黒い板）の先端を合わせる（図 1.14(a)）。押さえ刃と曲げ板との間隔を厚み調整リングで調節する必要があり，その間隔の目安は板の厚さである。間隔が広すぎると曲げ加工の部分がきれいにならない。間隔の調整ができたら左右に2つあ

る締め付けねじでしっかり押さえる（図 1.14(b)）。押さえ刃をしっかり固定しないときれいに曲げられない。左右に 2 本あるハンドルを両手で持ち，90°程度曲げる（図　1.14(c)）。

(a) 折り曲げ機へ板のセット

(b) 締め付けねじと厚み調節リング

(c) 板を曲げる

図 1.14　折り曲げ機による板の折り曲げ

問：バリをとらないと次の作業や組み立てにどのような影響が出るか。

──── 国際単位系 ─ SI 単位 ─ ────

同じ物の量を測る場合，各地で目安が違っていると非常に不便になるのは容易に想像がつくであろう。またその時の権力者が，自分の都合のいいように目安を換えるのも混乱の基となり，だからと言って，よその国の単位について口出しするのも考え物である。

当然のように「国際間の単位を統一しよう」という動きが出てきて，最初の国際条約から始まり，現在の国際単位系まで受け継がれている。基本単位は次にあげる 7 つが定められている。長さのメートル [m]，質量のキログラム [kg]，時間の秒 [s]，電流のアンペア [A]，温度のケルビン [K]，光度のカンデラ [cd]，物質量のモル [mol]。またこれらを組み立ててできる単位にも，改めて固有の名前を付けて表現することもあり，22 種類定められている。力のニュートン [N]，仕事率のワット [W]，周波数のヘルツ [Hz] などがこれにあたる。

4.4　製作図面の見方と設計方針

　製作図面（図 1.15）は投影された外形を太い実線で表し，穴の中心位置や折り曲げの位置を細い点線（一点鎖線）で表している。寸法は矢印つきの細い実線に mm 単位の数値をつけて示し，寸法の場所は細い実線で示している。あまり重要ではない寸法は書かないか，書いても参考寸法としてカッコつきで表している。穴の大きさは直径の記号である ϕ をつけて表すが，円形の図に記入するように自明な場合は ϕ をつけない。同じ寸法の穴が連なっている場合，穴の総数 "×" 穴の寸法と表している。板の厚さは t をつけて表している。

　シャーシには左から 31.0 mm の位置にギヤボックスが取り付けられ，左から 24.0 mm の位置にギヤボックスのシャフトが出てくる。左から 76.0 mm の位置はモーターのケーブルを通すためにあけられている。右から 6.6 mm の位置にボールキャスターが取り付けられる。左から 65.0 mm の位置にスペーサが取り付けられ制御ボードと一体化する。

単位を書くときの決まり

普段何気なく書いている単位であるが，実は書くときの決まりごとが存在している。

- 単位記号は「ローマン体（m, kg 等）」で書く。

  「イタリック体（m, kg 等）」は使わない。したがって，慣例で使っているリットルの表示 [ℓ] は国際記号として認められていない。[L] もしくは [l] が国際記号になるが，小文字では数字の 1 と紛らわしいので大文字が推奨されている。イタリック体を使うときは「$F = ma$」のように物理量を表すときになる。

- 大文字と小文字の区別をする。

  接頭語において「M」と大文字にすると 10^6 であるが，「m」と小文字にすると 10^{-3} になってしまう。単位においても「質量は 2.6 Kg」と書かれているのを見るが，間違いであることに注意してほしい（正しくは [kg]）。また，人名に由来する単位は大文字で始めているが，人名のつづりから単位を採用されていない例もある。電気抵抗のオーム [Ω] がこれにあたる。

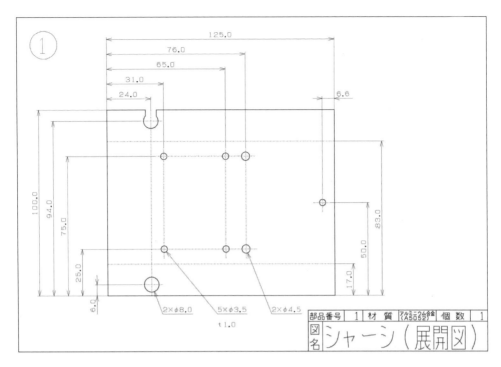

(a) シャーシの製作図面

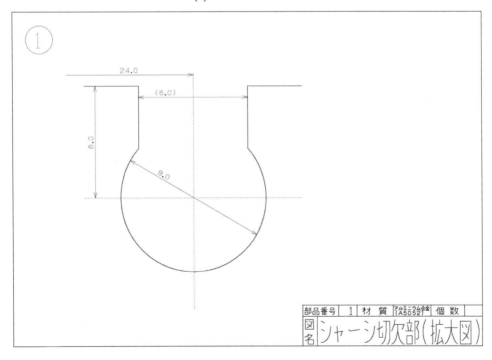

(b) 切り欠き部の拡大図

図 1.15 Hama-bot シャーシの製作図面

5　解説

5.1　実習における棒材の端面加工

　製作する Hama-Bot のボディは穴あけ加工と曲げ加工をした 1 枚の板，制御ボードと連結するためにねじを刻んだ 2 本の丸棒から構成されている。

　機械加工において丸棒の端面を加工するには旋盤を使って作業することが一般的な方法である。しかし，この実習では丸棒の端面を加工する際にフライス盤を使って 2 本の棒を一度に加工する方法を採用している。その理由として，2 本の丸棒は同じ長さに加工したほうが組み立てた時の見栄えが良くなるためであり，フライス盤による加工を行うことで簡便に同じ長さの棒が実現できるからである。ただし，この加工方法は時間短縮も考慮に入れたイレギュラーな作業であることに注意しなければならない。

　この実習で使用するフライス盤は，ワークテーブルに取り付けたマシンバイスに丸棒 2 本の端面を一度に削ることができるよう，マシンバイスのベース部分にかかるような位置へ V 溝の追加工を施してある。また，そのマシンバイスは固定できる深さが 19 mm 程度なので，長い棒の端面を加工するには向かない方法でもある。しかし，組み立て後に乾電池を交換することを考えると，作業性を考慮して丸棒の長さは 25 mm 以上あったほうがよいというジレンマを含んでいる。

5.2　旋盤を使った棒材加工

　長い丸棒の端面を加工して長さを調整する場合には，一般的に旋盤を使った端面加工をしなければならない。旋盤を使って丸棒の長さをそろえる加工をするには，一般的な工業製品のように目標とする寸法（規格）を示しておき，その寸法を実現するように機械を操作すればよいことになるが，長さの測定を要所で行うことが必要になってくる。別な方法として，任意に加工した 2 本のうち短いほうを寸法の基準と考え，長いほうを必要な分削ることも考えられるが，加工の回数が減ると思われるものの，長さの測定回数が減るわけではない。

　旋盤を使った端面加工で丸棒の長さを調整するには，旋盤の刃物台に材料を加工する刃物であるバイト（図 1.16）を取り付けて，その先端を主軸の回転中心にそろえなければならない。もしバイトの刃先が主軸の回転中心に一致していなければ，丸棒の回転中心付近に加工できなかったことによる盛り上がりが出来てしまう。今回の丸棒はめねじに加工したパイプにするのであり，少しぐらい盛り上がりがあっても結果に影響は出ないかもしれないが，なるべく回転中心まできれいな平面に削りたい。

　バイトの刃先高さを調整するにはシムと呼ばれる様々な厚さの板をバイトの下に敷くことで調整する。刃先高さが回転中心にあることを確認するには，芯押台にセンターと呼ばれる先端が尖った棒を用いる。芯押台に取り付けたセンターの先端は主軸の回転中心になるように設計されているので，バイトの刃先高さをセンターの先端に一致させるように調

整する（図 1.17）。さらにはバイトの取り付け角度の調整も重要になってくる。

　なお，実習で使用する旋盤の刃物台はハンドルを 1 周回すと 1 mm 移動する構造になっており，ハンドル付近には 1 周を 40 分割した目盛りが取り付けてある。刃物台は主軸の回転軸に対して平行に移動することで長さの調整が可能であり，端面の加工は主軸に交差する方向へ刃物台を移動させる。目盛りの読み取りに慣れて目分量で 1 目盛りを 5 分割して読取ることができれば，加工精度はノギスでわかる限界を超えることが可能になる。

　旋盤の加工では丸棒の太さを細くすることもできるが，寸法は直径ではなく半径の値で考えなければいけないことに注意をしなければならない。

5.3　センター穴からねじ穴への加工

　この実習で使用するセンタードリルの概略を図 1 18 に示す。センタードリルの規格表によると，先端に直径 1.5 mm のドリルが長さ 2.0 mm だけ付いて，そこから頂角 60°の円錐が太さ 5.0 mm の丸棒までつながる形状になっている。センター穴の深さは芯押台のハンドルを接触したところから 2 周半回すとよい具合なので，図面上からセンター穴の深さと端面における直径を計算して導いてみよう。

　まず，今回使用する旋盤に付属している芯押台の構造がわかればセンター穴の深さはすぐに計算できる。芯押台を調べてみると，ハンドルを 1 周回すごとにスリーブに取り付けられたドリルチャックは 1.5 mm 移動する構造であることがわかった。するとセンター穴の深さは計算上 3.75 mm となり，センタードリルの形状を CAD で作成して，先端から 3.75 mm における直径を求めると 3.52 mm という値が出てきた。M3 のねじ（直径は 3 mm）を造るのに 3.5 mm もあけて良いのかと思われるかもしれないが，余分に大きくあけた円錐穴は面取りと呼ばれる加工も兼ねていると理解してほしい。この面取りはガイドとして，次に加工するドリルを回転中心に導くことやねじを中心に導くといった役割も担う。

　センター穴をあけた後 2.5 mm のドリルを使ってねじの下穴を造ったのだが，なぜこの大きさのドリルにしたのだろうか。ここで調べなければならないのは JIS 規格である。まず『JIS B 0205-4:2001 一般用メートルねじ 第 4 部: 基準寸法』を参照すると，M3 のねじでピッチが 0.5 mm の場合呼び径と呼ばれるおねじ外径（めねじ谷の径と同値）として 3 mm，めねじ内径（おねじ谷の径と同値）として 2.459 mm という基準寸法が示されている。さらに『JIS B 1004:2009 ねじ下穴径』によれば M3 のねじでピッチが 0.5 mm の場

図 1.16　バイト

図 1.17　刃先高さの調整

合ひっかかり率に応じて 2.46 mm，2.49 mm，2.51 mm，2.54 mm，2.57 mm，2.59 mm，2.62 mm，2.65 mm までとびとびの値が示されている。この2つの規格と丸棒の材質（削りやすさ）を考慮して，下穴径は規格表に示されている数値ではないが範囲に入っている 2.5 mm としたのである。

　ねじ穴の断面を図 1.21 に示す。このねじ穴はタップと呼ばれる切削工具を使って，下穴にねじを刻みつけていく。ここで，入口のところは面取りのため，不完全ねじ部と呼ばれている，ねじの山や谷が十分な寸法になっていないところがあることに注意してほしい。『JIS B 0176-1:2002 ねじ加工工具用語 第1部: タップ』によれば，タップの先端を特に食付き部と呼ばれていて，加工しながらタップ自体を案内する部分であり，その食付き部にある山の数が多いほうから，先タップ，中タップ，上げタップと区別されている。

　この実習のように手作業でねじを造る場合，食付き部が長ければタップ1周当たりの削り量は少なくなり，必要なねじを造るには深い穴にしなければならないものの，下穴に対してまっすぐなねじを造るには都合がよくなる。食付き部が短ければ1周当たりの削り量が多くなり，ねじの先端まで使えるため深い穴である必要はなくなるが，下穴に対してまっすぐなねじを造るのは難しいだろう。そこで用途に応じてタップを組み合わせてねじを造ることも必要になってくる。

5.4   実習における板材加工

　板材にあける穴の大きさについて考えてみる。M3 のねじを通す穴は用意してあるドリルセットの内容を考えて 3.5 mm と指定したのだが，この値でよかったのだろうか。そこで，『JIS B 1001-1985 ボルト穴径及びざぐり径』にある表を調べてみると，ねじの呼び径で 3 mm のものは加工精度に応じて 3.2 mm，3.4 mm，3.6 mm の値が示されている。このことからねじを通す穴の寸法は規格表に示されている数値ではないが範囲に入っていることが確認できる。それでは配線のケーブルを通す穴はどうだろうか。この実習で使用する配線ケーブルの断面は，大きさが 2 mm×4 mm の長方形で近似できるため，1本の場合は直径が 4.5 mm あれば通ることが図形の上から確認できる。タイヤのボスは 7 mm あるので，8.0 mm の穴をあければよいだろうと考えた。ただし，この確認は図面上のことであるので実際に組み立てて不具合がわかったら，加工部分の修正が必要になるとともに設計の見直しも必要になってくる。

　折り曲げ加工は板を曲げることにより板が丈夫になることを体感してもらうために取り

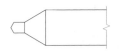  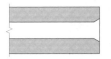 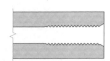

図 1.18　センタードリルの概略　　図 1.19　センター穴の断面　　図 1.20　下穴加工した断面　　図 1.21　ねじ穴加工した断面

入れた。しかし，折り曲げ加工を行った部分が下向きであり，その場所にギヤボックスのシャフトとタイヤのボスを通す構造になったため，かなりシビアな加工を行うようになったのはこの設計における問題点なのであろう。取り付けられるギヤボックスの幅とタイヤの間隔，電池ボックスの幅といった要因も考慮した結果なのであるが難しい判断になってしまった。

　取り付け穴の径とタイヤのボスの径は直径で 1 mm しか余裕がないこともあり，このことは取り付け穴の位置を間違えることや，折り曲げ機の設定間違いにより，ギヤボックスの取り付けが不可能になる場合も考えられる。ある程度ヤスリを使った修正は発生すると思うが，そのような失敗体験の中から失敗の理由を探し出し，それを糧として成功体験を導き出してもらいたいという考えと，アナログ的な工具や装置を慎重に扱うことで丁寧な「ものづくり」を体験してもらいたいという思いがあることを理解してもらいたい。

5.5　誤差を考えた設計

　実習では 3 つの部品を作製し，ねじを使ってしっかりと一体化するという設計をしている。しかし，部品を加工するときに発生するいくつかの誤差が原因となって Hama-Bot が設計通りに組み立てられないことがあっては困る。

　設計時の計算に間違いがあるのは問題外であるが，うっかりやってしまうことには設計図の読み間違いもあるかもしれない。手作業の場合，発生する誤差の原因として加工精度に大きな問題があることが多く，ケガキ時に発生する誤差として，基準となる 0 mm の位置（材料の姿勢を含む）に間違いがあり寸法がずれてしまうこと，工具の使用方法に間違いがあり寸法がずれてしまうことなどが考えられる。また加工時に発生する誤差として，ケガキ線に合わせて加工できないこと，工具の使用方法もしくは工具の設定を間違えて加工したことなどが考えられる。このように多様な条件で発生する誤差がどのような結果を導き出すかわからないので，ある程度の余裕をもった設計にすることが必要になってくる。

5.6　「ものづくり」における図面

　近年の「ものづくり」における図面は，コンピュータを使った製図である CAD（computer aided design）が一般的になっていて，データの送受信による図面の共有化や設計変更も楽に行える。また，構造物などの立体を設計する際には，3 次元に対応した 3D-CAD を使用すれば，すべての方向から形状が確認できるため直感的に理解しやすい。ただし，ソフトウェアによって独特の保存形式があるので，データの互換性には注意を払う必要がある。

　さらに，CAD のデータを利用することにより，NC（numerical control machining）型の工作機械を使うための下準備でもある CAM（computer aided manufacturing）を使用して生産工場の省力化も図られている。しかし，そのような設備を持たない工場では，図面を三面図の形式で紙に印刷する必要が出てくるため，その三面図を正しく理解し立体をイ

メージして工作機械を操作しなければいけなくなる。

1) 三面図と第三角法

　機械製図で奥行きのある立体を表現するには，正投影法で描かれた正面図・側面図・平面図を一枚の紙に描く方法で行う。これを三面図と呼ぶ。まず，最も代表的である面を主投影図として選んで正面図として描き，側面図（普通は右側面図）は正面図の真横に，平面図は正面図の真上に描く。第三角法で描けばこの配置となり，日本ではこの方法で描くように規定されている。

　イメージをしやすくするため，立方体のサイコロで説明してみよう。⊡を正面，⊡を右側面，⊡を平面（上面）とする。すると図 1.22 のように，⊡を中央に描いたとき，⊡は⊡の右真横，⊡は⊡の真上に描けばよいことになる。なお，円柱のように正面図ともう1つの図が同じになった場合，同じになったほうを省くこともできる。

2) 三面図の読み方

　三面図を読取るには，三面図はどのように描かれているのかを理解する必要があるが，ここでは学問的な話を省いて分かりやすく表現してみよう。第三角法で描かれた三面図とは，想像上の透明な箱の中に置かれた物体（今回はサイコロ）の形状を，図 1.23 のように箱の外面へ写し取る。その箱を展開することにより三面図が成立していると思えばよいだろう。

　このことから，三面図を理解するに当たって，初心者のうちは，正面図と側面図の中間で折り曲げたり，正面図と平面図の中間で折り曲げたりすれば物体を想像しやすくなるだろう。

　なお，物体によってはさらに左側面図・下面図・背面図を加えた六面図にするか，補助投影図・展開図・断面図といった特殊な方向から見た図を加えたほうがよい場合もある。

図 1.22　第三角法における三面図　　　　　　　図 1.23　第三角法における三面図の考え方

3) 第三角法と第一角法の違い

　将来就職したときに，外国のメーカーと取引をすることも出てくるだろう。そのとき図面のやり取りをした場合，第三角法とは違う描き方の三面図に出会うこともある。外国では過去の経緯により第一角法を採用している国も多く，国際規格（ISO）においても第三角法と第一角法は同等の扱いであるので，第一角法も理解する必要がある。

　第一角法の場合，右側面図は正面図の左真横に，平面図は正面図の真下に描く。なぜこのような配置が成り立つのか学問的な説明を省くが，第一角法も第三角法と同じように想像上の箱の中に物体を置き，図 1.24 のように物体の奥にある内面へ形状を写し取ると表現できる。その想像上の箱を展開すれば，第一角法の図面になる。そこで比較のため，図 1.22 を第一角法に描き換えてみると図 1.25 のようになる。

図 1.24　第一角法における三面図の考え方　　　　図 1.25　第一角法における三面図

　この図 1.25 の図面を第三角法で読取ってサイコロを製作しても，造られた製品に違和感はあまりないだろう。しかし間違った読み方で製作したものは設計者の意図にない別な製品である。実際の図面では，隠れ線という投影された方向から見ることのできない補助の線も描かれている場合もあり，第三角法の考え方で第一角法の図面を読取ろうとすること，もしくは第一角法の考え方で第三角法の図面を読取ろうとすることは事実上できないが，思い込みによって間違った読取り方をしてもそのことに気が付かずに悩み続けることがある。それを回避するために図面には作図法を示す欄が設けてあり，第一角法で描かれた図面には図 1.26，第三角法で描かれた図面には図 1.27 のような表示マークを描く必要が出てくる。

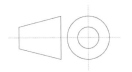

図 1.26　第一角法の表示

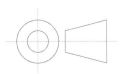

図 1.27　第三角法の表示

第 2 章

Hama-Bot 製作 2：
触覚センサの作製とプログラミング

- この実習の内容
  - Hama-Bot に取付ける触覚センサを作製する。
  - 触覚センサが物体に触れたら，LED が点灯するプログラムを作成する。
  - CdS 光センサを利用したアナログ入力回路を作製する。
- 各自用意するもの

名　　称	数量等	備　　考
ニッパ	1	（各班に数本）
ワイヤストリッパ	1	（各班に数本）
ラジオペンチ	1	（各班に数本）
ペンチ	1	（各班に数本）
定規	1	（各班に数本）
圧着ペンチ	1	（各班に数本）
Hama ボード	1	
ピアノ線	2	$0.7\ \mathrm{mm}\phi$，長さ 150 mm
圧着端子	4	R1.25-3
単線コード		$0.5\ \mathrm{mm}\phi$（赤，黒，青，黄）
ハトメ	5	
丸ビス	2	M3×25 mm
スズメッキ線		$0.65\ \mathrm{mm}\phi$
抵抗（470 Ω）	2	カラーコード：黄・紫・茶
抵抗（1 kΩ）	3	カラーコード：茶・黒・赤
抵抗（10 kΩ）	2	カラーコード：茶・黒・橙
CdS 光センサ	1	
乾電池（9 V）	1	006P

1 実習の概要

Hama-Bot をロボットとして知能化するために，周辺環境を認識するためのセンサを Hama ボードのブレッドボード上に取り付ける。ここでは，Hama-Bot が障害物を検知して回避走行が可能となるよう，昆虫の触角と同様に，何かに触れたことを検知する触覚センサ（タッチセンサの一種）を作製し，左右 2 箇所に取付ける。はじめに，取り付けたセンサ類からの信号を Arduino で取り込むための入力回路（電子回路）を組み立て，それを動かすためのプログラムを作成する。また，触覚センサが何かに触れた場合，LED を点灯させる表示システムも合わせて作製する。さらに，環境の明るさの変化を認識するために，CdS 光センサもブレッドボード上に配置する。

センサ自身がある刺激に対して独自に行動を起こすことはできない。そのため，状態の変化をセンサにより認識しする入力回路と機器を制御する出力回路，さらにそれらを制御するためのコンピュータとプログラムの構築が必要となる。製品としてセンサの利用を考えた場合，センサ素子を作ること，センサや外部機器を作動させる電子回路を組み立てること，センサからの信号を読み込んだり，外部機器を制御するプログラムを作成すること，すべてを統合させて 1 つのシステムを作り出すことのそれぞれが独立した工程となる。すべての工程を一人で行うこともあれば，数人が分担して行う場合もある。実習では，こうした行程の流れを理解することも目的とする。

2 実習の手順

2.1 触覚センサの製作

図 2.1 に 2 つの触覚センサの製作工程図を示す。製作は，次の手順で行う。

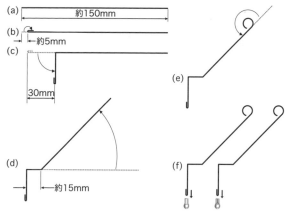

図 2.1 触覚センサの製作工程図

作製上の注意：切断したピアノ線の先端は鋭利な形状となっているため，取り扱いには十分に注意する。

① ピアノ線（0.7 mmφ）をペンチで切断し，150 mm の長さのものを 2 本用意する

（図 2.1(a)）。

② ラジオペンチを用いて，切断したピアノ線の一端から約 5 mm の位置で折り曲げる（図 2.1(b)）。

③ ペンチあるいはラジオペンチを用いて，2 で曲げた端より約 30 mm の位置を直角に曲げる（図 2.1(c)）。続いて，直角に曲げた位置より約 15 mm の所で，約 50°の角度に斜めに曲げる（図 2.1(d)）。

④ 2 で折り曲げた端とは反対の端をラジオペンチで丸く曲げる（図 2.1(e)）。ラジオペンチを少しずつ送りながら曲げると，比較的簡単に丸く曲げることができる。

⑤ 2 で折り曲げた箇所を圧着端子の筒部に挿入し，圧着ペンチで締め込む（図 2.1(f)）。圧着ペンチで圧着端子を締め込む際には，端子歯口にあったメス歯口に圧着端子を差し込み，圧着端子の筒部のろう付箇所（すじがある面）がオス歯口の中心になるよう位置を決め圧着する。

⑥ もう 1 つの触覚センサも同様に製作する。ただし，触覚センサ根本への圧着端子の取付けは，左右の圧着端子の表裏が逆になるようにする（図 2.1(f)）。

2.2 触覚センサの取付けと電子回路の組み立て

触覚センサを Hama ボードのブレッドボード上に取付け，回路図に従って，電子回路を組立てる。図 2.2 に回路図，実装図を示す。製作の手順はどの回路から行っても良い。なお，電子部品のリード線，ジャンパ線をブレッドボード上の穴に差し込む場合，ラジオペンチを用いると便利である。

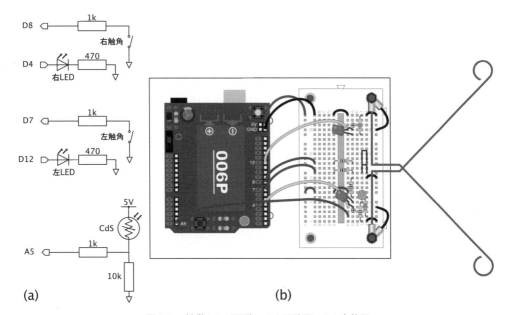

(a)   (b)

図 2.2　触覚センサ回路　(a) 回路図，(b) 実装図

1) 触覚センサの取付け

図 2.3 を参考にして，触覚センサをブレッドボードに取付ける。

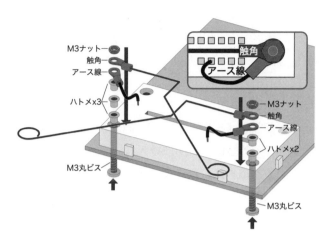

図 2.3　触覚センサの取付け図 囲みはアース線の接続図

① アース線の製作（2 本）

黒単線（約 4 cm）を 2 本用意し，両端 1 cm 程度の被覆をむく。各単線の片端を 5 mm 程度折り曲げ 2 重にし，圧着端子を被せ圧着ペンチでかしめる。

② 左右触覚センサ・アース線の取付け

触覚センサの取付けは，触角の圧着端子をビス止めして行う。M3 丸ビスをブレッドボードの裏（アクリル板側）から突き立て，ブレッドボード表側の飛び出たビスにハトメ（左側には 2 個，右側には 3 個），1 で製作したアース線，触角の順に通し，最後に M3 ナットで固定する。

③ 接点（裸のスズメッキ線）の取付け

触覚センサからの信号を Arduino へ伝えるための入力用接点を左右 2 個作製する。スズメッキ線を 4 cm 程度の長さに切り出し，中央部に幅（ブレッドボードの 1 ピッチ幅程度）を持たせてコの字型に折り曲げる。右側のセンサの方がハトメ 1 個分高いので長めでよい。折り曲げたスズメッキ線が左右触覚センサどちらかのみに触れるような位置にそれぞれ挿入する（例えば I_{11}–J_{11}，I_{13}–J_{13}）。

　※ I，J の記号は，ブレッドボードの行記号を示し，添え字は列番号を示す。

④ 接点の接触確認

左右の触覚センサの先端部分をブレッドボードの方向に軽く押したとき，触覚センサが左右の入力接点どちらかのみに触れることを確認する。

2) 回路の組み立て

図 2.2 を参考にして，触覚センサ用の回路と表示用の回路をブレッドボード上に組む。

① 抵抗のリード線の加工

入出力回路に使用する抵抗のリード線の処理を行う。ブレッドボードに取付ける位置の幅に合わせて，抵抗のリード線をコの字型に曲げる（ブレッドボードの穴の間隔で4ピッチ幅）。ブレッドボードには触覚センサ回路の他にモータドライブ回路も搭載されるため配線が込み合う。抵抗のリード線が互いに触れてショートしないようにリード線は1 cm 程度残して切り取る。

② ジャンパ線の準備

電源の +5 V 用として赤色，GND 用として黒色，入力信号用として青色，出力信号用として黄色のワイヤを適当な長さに切り出し，ブレッドボード上で部品間をつなぐジャンパ線とする。ブレッドボード上は込み合うのでジャンパ線は直線的な短めなものにする（図 2.2(b) 参照）。また，ジャンパ線両端の被覆はワイヤストリッパを用いて5 mm 程度むいておく。

③ 部品取付けとジャンパ線の配線を下記の要領で行う（記号は差込位置。接点が $I_{11}-J_{11}$，$I_{13}-J_{13}$ に取り付けられている場合）。

(a) 1 kΩ の抵抗 3 本。（$E_{11}-G_{11}$，$E_{13}-G_{13}$，J_2-J_6）

(b) 10 kΩ の抵抗 1 本。（G_6-G_{10}）

(c) 470 Ω の抵抗 2 本。（I_1-I_5，$I_{19}-I_{23}$）

(d) CdS 光センサ 1 本。（I_6-I_7）

(e) LED 2 個。（$G_4(+)-G_5(-)$，$G_{20}(+)-G_{19}(-)$）

(f) ジャンパ線（黒）4 本。（$E_{23}-F_{23}$，$J_{23}-Y_{23}$（GND），$J_{10}-Y_{10}$（GND），J_1-Y_1（GND））

(g) ジャンパ線（赤）2 本。（E_7-F_7，$X_7(+5V)-A_7$）

(h) 取り付け済みのアース線（2 本）。Y_4，Y_{20}。

(i) Arduino へのジャンパ線（黒）。（$A_{23}-GND$（Arduino の GND ポート））

(j) Arduino へのジャンパ線（赤）。（$X_{23}-Vdd$（Arduino の 5 V ポート））

(k) Arduino（D4, D12）へのジャンパ線（黄）2 本。（F_4-D4 ポート，$F_{20}-D12$ ポート）

(l) Arduino（D7, D8）へのジャンパ線（青）2 本。（$A_{11}-D7$ ポート，$A_{13}-D8$ ポート）

(m) Arduino（A5）へのジャンパ線（青）1 本。（F_2-A5 ポート）

電子部品の配置，配線が終了したら配線間違いがないかどうか，回路図と見比べながら確認する。

2.3　触覚センサの動作確認

Hama ボードに取付けた触覚センサが正常に動作するかを以下の手順で確かめる。

① Arduino IDE を起動して，以下のスケッチを入力する。

このスケッチは，100 ms ごとに，触角（D7，D8）の状態を "0"（接触）と "1"（非接触）で表示させるものである。入力後，「検証・コンパイル」を行いプログラムに問題がないか確認する。エラーが表示された場合は，適時，修正してプログラムを完成する。

```
1   int leftWhisker = 7;
2   int rightWhisker = 8;
3
4   int inputLeft = 0;
5   int inputRight = 0;
6
7   void setup() {
8     pinMode(leftWhisker, INPUT_PULLUP);
9     pinMode(rightWhisker, INPUT_PULLUP);
10
11    Serial.begin(9600);
12  }
13
14  void loop() {
15    inputLeft = digitalRead(leftWhisker);
16    inputRight = digitalRead(rightWhisker);
17
18    Serial.print("Left Whisker = ");
19    Serial.print(inputLeft);
20    Serial.print(", Right Whisker = ");
21    Serial.println(inputRight);
22
23    delay(100);
24  }
```

リスト 2.1　触覚センサの動作確認用スケッチ（whiskerCheck.ino）

② Arduino とノート PC を USB ケーブルで接続し，「書き込み」を実行する。

③ シリアルモニタを起動し，通信速度が 9600 bps であることを確認する。異なる場合は 9600 bps に変更する。

④ Hama ボードに取付けた左右の触覚センサを押して，出力が "1" から "0" に変化することを確認する。

⑤ スケッチを適当な名前で保存する。

2.4　トラブルシューティング

回路を組み立て，USB ケーブルを Arduino に差し込み，スケッチをアップロードしても動作しない場合，すべての部品の位置を再確認する。部品の差し間違い，ジャンパ線の差

し忘れは，このような回路でもっとも頻繁に起こるエラーである。また，LED が正しい方向に差し込まれているか，正しい値の抵抗が取付けられているかなど，回路図を参照しながらチェックを行う。Arduino 上のマイコンチップが壊れることは希である。

2.5　障害物検知プログラムの作成と動作確認

① 以下に示すスケッチを Arduino IDE で入力し，「**書き込み**」を実行する。エラーが表示されたら，修正してスケッチを完成する。

```
1   int leftWhisker = 7;
2   int rightWhisker = 8;
3   int leftLED = 12;
4   int rightLED = 4;
5
6   int inputLeft = 0;
7   int inputRight = 0;
8
9   void setup() {
10    pinMode(leftWhisker, INPUT_PULLUP);
11    pinMode(rightWhisker, INPUT_PULLUP);
12    pinMode(leftLED, OUTPUT);
13    pinMode(rightLED, OUTPUT);
14
15    Serial.begin(9600);
16  }
17
18  void loop() {
19    inputLeft = digitalRead(leftWhisker);
20    inputRight = digitalRead(rightWhisker);
21
22    Serial.print("Left Whisker = ");
23    Serial.print(inputLeft);
24    Serial.print(", Right Whisker = ");
25    Serial.println(inputRight);
26
27    if (inputLeft == LOW) {
28      digitalWrite(leftLED, HIGH);
29    } else {
30      digitalWrite(leftLED, LOW);
31    }
32    if (inputRight == LOW) {
33      digitalWrite(rightLED, HIGH);
```

```
34  } else {
35    digitalWrite(rightLED, LOW);
36  }
37
38  delay(100);
39 }
```

リスト 2.2　障害物検知スケッチ（whiskerLed.ino）

② Hama ボードに取付けた左右の触覚センサを押して，触覚センサを押した側の LED が点灯することを確認する。

③ スケッチを適当な名前で保存する。

2.6　光センサを用いた明るさの計測

　CdS セルは，CdS フォトレジスタともよばれ，光量に応じて抵抗値が変化する素子である。CdS セルは表面に強い光が当たると抵抗値が小さくなり，光が当たらないと抵抗値が大きくなる。この CdS セルを電源の 5 V と GND の間に抵抗と直列に接続することで，光量による抵抗値の変化を電圧変化とし，Arduino のアナログ入力での取り込みが可能とする。Hama ボードに取付けた CdS セルが正常に動作するかを以下の手順で確かめる。

① Arduino IDE を起動して，以下のスケッチを入力する。

```
1  int leftWhisker = 7;
2  int rightWhisker = 8;
3  int leftLED = 12;
4  int rightLED = 4;
5  int CdS = A5;
6
7  int inputLeft = 0;
8  int inputRight = 0;
9  int val = 0;
10
11 void setup() {
12   pinMode(leftWhisker, INPUT_PULLUP);
13   pinMode(rightWhisker, INPUT_PULLUP);
14   pinMode(leftLED, OUTPUT);
15   pinMode(rightLED, OUTPUT);
16   pinMode(13, OUTPUT);
17
18   Serial.begin(9600);
19 }
20
```

```
21  void loop() {
22    inputLeft = digitalRead(leftWhisker);
23    inputRight = digitalRead(rightWhisker);
24    val = analogRead(CdS);
25
26    Serial.print("Left Whisker = ");
27    Serial.print(inputLeft);
28    Serial.print(", Right Whisker = ");
29    Serial.print(inputRight);
30    Serial.print(", CdS = ");
31    Serial.println(val);
32
33    if (inputLeft == LOW) {
34      digitalWrite(leftLED, HIGH);
35    } else {
36      digitalWrite(leftLED, LOW);
37    }
38    if (inputRight == LOW) {
39      digitalWrite(rightLED, HIGH);
40    } else {
41      digitalWrite(rightLED, LOW);
42    }
43
44    delay(100);
45  }
```

リスト 2.3　光センサを用いた明るさ計測スケッチ（cdsPhotoresistor.ino）

② Arduino とノート PC を USB ケーブルで接続し，「書き込み」を実行する。

③ シリアルモニタを起動し，通信速度が 9600 bps であることを確認する。

④ Hama ボードに取付けた CdS セルを手で覆い，明るさの変化に合わせて表示される値が変化することを確認する。

⑤ スケッチを適当な名前で保存する。

3　解説

3.1　センサの利用

　ロボットに取付けることができるセンサの例を表 2.1 に示す。センサは，検出範囲内に検出対象を認知すると一定の内部動作（抵抗値の増減，起電力の発生など電気的信号の変化）を示すものが使われる。ロボットが環境の変化をとらえるためには，搭載したコンピュータ（マイクロコンピュータ）でセンサの電気信号の変化を一定間隔で観測する。また，コ

ンピュータがセンサがとらえた変化に応じて，ロボットに新たな動作を行うようプログラムすることも可能である。コンピュータとセンサなどの外部機器，部品などとの情報のやりとりは，入出力（Input/Output または I/O）とよばれ，デジタル I/O とアナログ I/O の 2 つの方法がある。

表 2.1 センサの種類と特徴

検出対象 （外部刺激など）	センサの種類	特徴・動作原理など
光	CdS セル	明るいときは抵抗値が小さく，暗くなるとともに抵抗値が大きくなる素子を利用したもの。光の明暗によってロボットに異なる動作をさせることが可能になる。
	フォトダイオード	光を当てると光の量に比例した電流（光電流）が流れる。この性質を利用して光の有無を検出するのに使われる。
	フォトトランジスタ	バイポーラ型のトランジスタのベースに相当する部分に光が当たると，その強さに応じてコレクタ電流が変化するもの。光の強さを計測する用途に用いられる。
	イメージセンサ	画像を撮影することによって，光の強度はもちろん，物体の認識なども可能であるが，情報量が多いため複雑な処理が必要である。
障害物	タッチセンサ	ものに触れたことを検出する用途に用いられる。ロボットで使用する場合は，マイクロスイッチやウィスカワイヤが用いられる。
	感圧センサ	力による押し具合の強弱によって連続的に抵抗値が変化するものである。抵抗の変化を感知して圧力や力の大きさを計算することができる。
	超音波センサ	センサから超音波を照射し，反射してきた超音波を検出するものである。反射検知角度は狭いが，障害物までの距離を検出する用途に用いられる。

表 2.1 センサの種類と特徴（続き）

検出対象 （外部刺激など）	センサの種類	特徴・動作原理など
障害物（続き）	光センサ	発光素子と受光素子で構成され，発光素子より光を照射し，反射した光の有無を受光素子で検出することによって，障害物の存在の有無を判断する。発光素子には，赤外線 LED が主に用いられる。受光素子としては，フォトダイオードやフォトトランジスタが使用される。
	PSD 距離センサ	センサから光を照射し，反射してきた光を検出するものであるが，センサに当たった反射光の位置を検出できる。障害物の位置が変化するとセンサに検出される反射光の位置も変化し，これを利用することによって，障害物までの距離が計算できる。
音	マイクロフォン	音を電気信号に変換するもの。音でロボットをコントロールする用途に用いることができる。
熱	サーミスタ	温度によって電気抵抗の値が変化する（温度が高くなると抵抗値が増大する）ことを利用したものである。
	熱電対	異種の 2 本の金属線から構成され，それぞれの一端を接合したものである。接合した部分と両端とに温度差が生じると，温度差に応じた熱起電力が発生する（ゼーベック効果）。この熱起電力の大きさから接合部の温度を検出することができる。

課題：表 2.1 のセンサの内，1 つを選択し，動作原理，用途などを調べよ。

3.2　センサとデジタル入力

　デジタル入力は，スイッチを押したり，離したりする動作（ON/OFF 動作）で代表される，ある値が "存在する"，あるいは，"存在しない" という 2 値のみの情報を取り扱うものである。コンピュータと外部との情報交換は，電源電圧（通常は 5 V）あるいは 0 V の電気

信号を出したり，入れたりすることで行われ，コンピュータ内部では，High（1）あるいは Low（0）の情報として取り扱っている。触覚センサでは金属の線（ピアノ線）と接点（スズメッキ線）を使ってスイッチを作っている。スイッチは 2 つの金属が接触していない状態では無限大の抵抗値を示し，接触している場合は 0 Ω の抵抗値を示すセンサと考えることができる。そのため，触覚センサ（スイッチ）をプルアップ回路またはプルダウン回路に接続することで接触しているか否かを High（1）あるいは Low（0）の 2 つの状態として取得することができる。

　実際には入力電圧として電源電圧（5 V）または 0 V 以外の中間的な電圧が入力ピンに印加されることがある。この場合の 2 つの状態（High（1）あるいは Low（0））の区別はマイコンの "しきい値（スレッシュホールド）" に依存する。Arduino Uno で用いられているマイコンの場合，そのしきい電圧は約 2.5 V であり，入力電圧が 2.5 V より大きいと "1"，これより小さいと "0" となる。実際には Arduino で使われているマイクロコンピュータの入出力ピンは，シュミットトリガタイプであるため，High/Low の切り替わりにヒステリシスが見られ，"0" から "1" へ切り替わる電圧と "1" から "0" へ切り替わる電圧に差がある。

　触覚センサは動作により 0 Ω と無限大の抵抗値が切り替わるセンサと考えることができる。同様に CdS セルは明るさにより抵抗値が変化するセンサであり，その変化は連続的である。このように電圧が直接出力されるセンサではなく，抵抗値が変化するセンサを利用する場合を考える。入力ピンは抵抗値変化は読み取れないため，図 2.4 のような回路を組み立てる必要がある。この回路では，電源電圧（5 V）と 0 V の間に抵抗値が変化するセンサともう 1 つ別の抵抗を直列につなぎ，その接続部から信号を取り出している。2 つの抵抗により電源電圧を分圧し，抵抗値変化を電圧変化として読み取りを行う。図 2.4 はプルアップ回路と呼ばれ，抵抗値が大きくなりスレッシュホールドを超えると "1" が入力され，抵抗値が小さくなりスレッシュホールドを下回ると "0" が入力される。触覚センサのようなスイッチを利用する場合は，センサの抵抗値が極端に大きく変化するためセンサに接続する抵抗の大きさはあまり考慮する必要がないが，CdS セルのようなセンサの場合，接続する抵抗の大きさによっては，全く入力動作を示さない場合がある。センサ素子の抵抗値とスレッシュホールドの大きさから，接続する抵抗の大きさを適切に選択することが重要である。なお，図中，入力ピンに取付けてある 1 kΩ の抵抗は，基本的には必要ないものであるが，コンピュータへの過電流の流入に対して入出力ピンを保護する目的で取付けている。

　例えば，温度により抵抗値が変化するサーミスタのような，他の抵抗値が変化するセンサを利用する場合は，図 2.4 の "Switch or Sensor" の部分にサーミスタを取り付けることで，ある温度より高いか低いかの情報を判断することができるようになる。

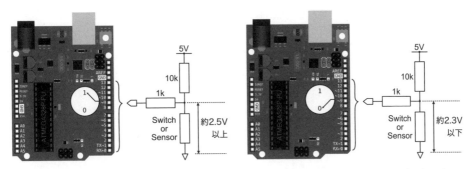

図 2.4　スイッチまたは触覚センサからの情報の入力原理　（左：センサが OFF の場合，"1" が入力　右：センサが ON の場合，"0" が入力）

3.3　センサとアナログ入力

アナログ入力は，温度変化，湿度変化などで代表されるような，ある値が 2 値だけでは表現できない連続的な情報を取り扱うものである。この場合，コンピュータと外部と情報のやりとりは，入力の場合は A/D コンバータを介して行うことになる。コンピュータ内部では，デジタル量しか取り扱うことができないため，アナログ量は，A/D コンバータの変換ビット数（10，12，16 bit など）に応じたデジタル量に変換することになる。Ardunio Uno では 10 bit の A/D コンバータを搭載しているため，アナログ入力端子を利用して 0 V から 5 V の入力電圧を 0 から 1023 の数値に変換することができる。

アナログ入力においても，センサ回路が必要となる。もちろん，電圧信号がそのまま出力されるセンサを利用する場合は，そのままアナログ入力端子に接続すれば良いが，CdS のように抵抗値が変化するセンサを利用する場合は，デジタル入力と同じようにプルアップ回路のような回路に取り付ける必要がある。デジタル入力では入力される電圧がスレッシュホールドより高いか低いかのみを判断するが，アナログ入力ではどの程度の電圧かを判断することができる。そのため，アナログ入力を用いることで，センサ素子の変化に応じて細かな動作を行うこともできる。例えば，デジタル入力ではスレッシュホールドがあらかじめ決まっているため，入力信号を機械的に調整する（例えば，プルアップ抵抗の大きさを変える）ことで，入力状態が High（1）なのか Low（0）なのかを調整するが，アナログ入力を用いた場合は，例えば「512 より大きい」や「200 より大きい」というようにしきい値をソフト的に調整することができる。

第 3 章

Hama-Bot 製作 3：駆動系部品の組み立て

- この実習の内容
  - Hama-Bot に取付ける駆動系部品（ギヤボックス，ボールキャスタ，電池ボックス）を組立てる。
  - DC モータ，歯車の特性を理解する。
  - Arduino でモータ駆動用 IC を制御し，DC モータを動かすプログラムを作成する。
- 各自用意するもの

名　　称	数量等	備　　考
ニッパ	1	（各班に数本）
ワイヤストリッパ	1	（各班に数本）
ラジオペンチ	1	（各班に数本）
はんだごて	1	
こて台	1	
はんだ	1	
ヘルピングスタンド	1	
テスタ	1	5 A 以上の直流電流測定ができるもの（各班で数台）
Hama ボード	1	
平行ケーブル	2	SP コード青白（0.3SQR，銅より線，芯径 0.3 mm）25 cm
ミノムシケーブル	2	赤，黒各 1
ギヤボックス部品	1 式	本体 ×3，タッピングビス ×6，ハトメ ×4，歯車 ×10，シャフト ×3，モータ ×2，グリス ×1
ボールキャスタ部品	1 式	本体 ×2，金属ボール ×1，M3×5 mm 丸ビス ×1，20 mm ジュラコンスペーサ ×1
電池ボックス	1	
スナップオンケーブル	1	
タイヤ	2	
乾電池（1.5 V）	3	単 3 電池
乾電池（9 V）	1	006P
DC モータ用ドライバ	2	TA7291P

1　実習の概要

　Hama-Bot の走行に必要な駆動部を作製する。第II部プログラム実習では，サーボモータを動力源としたロボット教材を使用した。ここでは，安価で使いやすい DC（直流）モータを動力源とする。実習は，① ギヤボックス，ボールキャスタ，電池ボックスの組立てとリード線のはんだ付け，② DC モータ，車輪の取付け，③ DC モータドライブ回路の組み立てと動作チェックの順に行う。DC モータのドライブ回路は，東芝製の TA7291P という IC を用いる。この IC を Arduino などのマイクロコンピュータとモータの間に配置することで，マイクロコンピュータの I/O ポートからの信号でモータの動作を制御することができるようになる。ここでは，マイクロコンピュータを利用して DC モータを駆動させるための電気回路，プログラミングの知識について知見を深める。

　身の回りの家電製品で動きをともなう製品を思い描いてもらいたい。洗濯機のような大きなものから，換気扇，掃除機，ヘアドライヤ，携帯電話のバイブ，コンピュータのハードディスクなど，様々な製品の中にモータが含まれている。これらの製品は，家庭のコンセントに差し込めば，当然のように動いてくれるが，内部ではコンセントからの “電気エネルギ” を “機械エネルギ” へ変換するという操作が行われている。この変換という重要な役割を果たしているものがモータである。また，モータの回転運動は，高速であり，さほど力を取り出すことができない。モータなどの高速の回転を減速させる用途には，歯車（ギヤ）が用いられている。ギヤは，1組あるいは数組の歯のかみ合わせを選択することにより，回転速度を落としてトルクを大きくすることができる。ここでは，モータ，ギヤの作動原理を理解するための実習も行う。

2　実習の手順

2.1　部品端子へのリード線のはんだ付け

　DC モータを Hama ボードのブレッドボードへつなげるためには，リード線（配線）が必要となる。製作は，次の手順でリード線を準備し，部品端子へのはんだ付けを行う。

1)　リード線の準備

　① リード線の切り出し

　　DC モータの金属端子につなぐリード線は，配置する部品の位置に合った長さとなるよう，被覆線（銅撚り線）を適当な長さに切断して用意する。DC モータに取付けるリード線として，2芯の SP コード（0.3 SQR，芯径 0.3 mm）を 25 cm 程度の長さに揃えたものを2本用意する。

　② リード線の先端被覆の切り取り

　　リード線（平行コード）先端の2本の線が合わさっている部分を 3 cm 程度，手でさく。続いて，先端の被覆をワイヤストリッパで 5 mm 程度むく。被覆をはがした先端部は，細い銅線の束となっている。銅線の束がばらばらにならないよう手で撚ってお

く。リード線の先端処理は，この作業も含めすべてのリード線先端部について行う。

　※ ワイヤストリッパには，導線の径ごとに違った穴があいている。中の導線の径（太さ）に合った穴に差し込み，被覆のみを切断するように心掛ける。導線の径が不明な場合は，ワイヤストリッパの大きな径の穴から順に用いる。

③ リード線先端の導線のはんだ上げ

　②で撚りあげたリード線の先端部分に，予めはんだを少量盛る（この処理を "はんだ上げ" という）。はんだ上げ作業は，リード線の先端の被覆の部分をヘルピングスタンドなどで固定して行う。はんだごてを撚った銅線の中央付近を下からすくい上げるようにして当て，銅線が温まったら，銅線にはんだを少量熔かし込むようにして行う。図 3.1 に，リード線の先端部をはんだ上げしたリード線を示す。

　※ リード線を固定せず，実習テーブル上ではんだ上げ作業を行わない。

　※ はんだ上げの際，銅線を加熱しすぎるとリード線先端の被覆材が溶けてしまうので注意する。

　※ はんだが多いとリード線が太くなり，ブレッドボードや金属端子に入らなくなるので注意する。

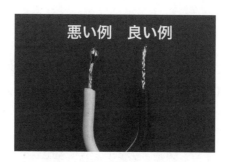

図 3.1　リード線のはんだ上げ

問：はんだ上げの効果について述べよ。

2) 金属端子へのリード線のはんだ付け（図 3.2）

① リード線の部品端子への取付け

　リード線のはんだ上げした箇所（モータへ接続する側のみ）の中程をくの字（あるいは 180°に近く）に折り曲げる。くの字に折り曲げたリード線を DC モータの金属端子の穴に差し込みラジオペンチで締め，完全に折り曲げておく。

② リード線の部品端子へのはんだ付け

　端子とリード線との境界部分にはんだごてを当て，はんだを多めに盛って，はんだ付けを行う。このとき，2 つの DC モータにつなぐリード線の色が逆になるようにはんだ付けすると，後の組み立て作業を行いやすい。

　※ はんだ付けの際，こて先を端子に長時間当て続けると，部品やリード線に使われている樹脂部分が溶け出してしまうので，短時間ではんだ付けを完了する。

図 3.2　DC モータへのリード線のはんだ付け

2.2　DC モータの動作特性評価

　一定電圧を DC モータに印加した状態で，ロータへの負荷のかけ方の違いによって，DC モータのトルク，流れる電流，回転数がどのように変化するかについて調べる。測定には，5 A 以上の直流電流が測定できるテスタ（デジタルテスタが良い），乾電池 1 本または 2 本，電池ボックス，リード線を取付けた DC モータ 1 個，ミノムシケーブル 2 本を準備する。測定は下記の手順で行う。

1)　測定手順

① 使用する乾電池の本数に合わせて，乾電池の起電力をテスタで測定，記録する。

② モータ，テスタ，乾電池を接続する。接続に際しては，ミノムシケーブルを適時利用する。

③ モータのロータを無負荷状態にして，モータに電池をつなぎモータを作動させる。この際，ロータの回転の速さを観察するとともに，モータに流れる電流値をテスタで読み取り記録する。

④ 電池をつないだ状態で，ロータを指ですこしつまみ，ロータの回転に負荷を少しかける。この時のロータの回転の速さ，モータに流れる電流値をそれぞれ記録する。

⑤ ロータをつまんでいる指にさらに力を加えてみる。この時のロータの回転の速さ，流れる電流値を記録する。

⑥ ロータの動きを完全に止めてみる。ロータが止まったら素早く，モータに流れる電流値を観測・記録し，ロータを止めている指をはずす。

⑦ 時間に余裕がある場合には，使用する電池の本数を変えた場合についても，同様に調べてみる（ただし，電池の使用は 1.5 V の電池の場合，2 本までとする）。

　　※ モータに通電したままロータを長く止めていると，金属臭が発生する。ロータを止めることによって，モータにたくさんの電流が流れ（1 A 以上となる），モータ内部の発熱量が多くなるためである。あまり長くロータを止めておくと，モータが焼き切れて破損してしまうので，ロータの停止時間は短時間にとどめる。

2) 結果の整理

1) の結果を表3.1にまとめる。また，実験結果を表すグラフも同時に描く。グラフは，横軸にトルクの大きさ，縦軸に，電流値，回転数をそれぞれ表したものとする。なお，解説に，使用したDCモータの特性を示すグラフを載せてあるので，このグラフも参考にする。

表3.1　DCモータ特性評価の結果

ロータへの負荷のかけ方	電源電圧 – 乾電池1本または2本使用：（　　　　　）[V]		
	トルク	電流 I[A]	回転数
無負荷時	(0, 小, 大, 最大)	(無負荷電流 I_0)	(無負荷回転数) (0, 小, 大, 最大)
ロータを少しつまんだとき	(0, 小, 大, 最大)		(0, 小, 大, 最大)
ロータを強くつまんだとき	(0, 小, 大, 最大)		(0, 小, 大, 最大)
ロータを止めるよう最も強くつまんだ時	(0, 小, 大, 最大)	(停動電流 I_S)	(0, 小, 大, 最大)
ギヤボックスにモータを取付けた時	(0, 小, 大, 最大)		(0, 小, 大, 最大)

※　測定前に8Tピニオンギヤは，モータに取付けない。

※　「ギヤボックスにモータを取付けた時」の測定は，ギヤボックスを作製後に行う。

3) 課題

実習は簡単なものであるが，モータの回転数，流れる電流とトルクとの相関が理解できる。これらについて短くまとめたレポートを作成する。また，モータの出力，効率について調べよ。

問：モータの停止状態でモータに流れる電流は何によって決まるか。

問：モータが破損される原因として考えられるものを述べよ。

2.3　ボールキャスタ，ギヤボックスの組み立て

1) ボールキャスタの組立て

図3.3にボールキャスタの組み立て説明図を示す。ボールキャスタの部品は，ニッパでランナから切り取って用いる。

※　ボールキャスタの組立てには，細かい部品を用いるので，床に落としたりしてなくさないよう，部品をまず箱や袋の中に入れてから作業に取りかかる。実習テーブル上に部品をならべて作業を行わない。

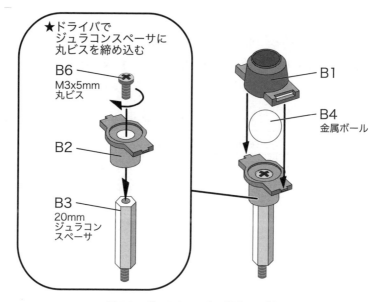

図 3.3　ボールキャスタの組立て手順

2) ギヤボックスの組み立てとモータ，タイヤの取付け

① ギヤボックスの組み立て

　図 3.4 に，ギヤボックスの組立て説明図を，図 3.5 には，完成図をそれぞれ示す。組み立ては，プラモデルを組立てるように，部品を図と同じ位置に置き，順番に取付けるとよい。1) と同様，各部品は，袋やケースに入れてから，順次取り出して使用する。

② モータ，タイヤのギヤボックスへの取付け

　図 3.6 に従って，DC モータのロータ部分にピニオンギヤを取付けた後，ギヤボックスへモータとタイヤを取付ける。

2.4　歯車の動作特性評価

　ギヤ比の違いによって回転数，トルクがどのように変化するかについて調べる。測定には，2.3 節までに製作したギヤボックスを使用する。図 3.7 に，ギヤボックスに使われている歯車を示す。

1) 測定手順

　① ギヤボックスに取付けたタイヤの 1 つを手で回し，ギヤ部の各歯車の回転速度の違いを観察する。

　② タイヤを回しながら，各歯車に指で触れ，タイヤの回転を止めるために要する力の違いを測定する。

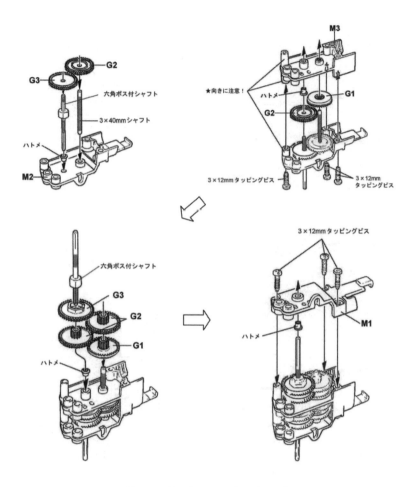

図 3.4　ギヤボックスの組み立て手順

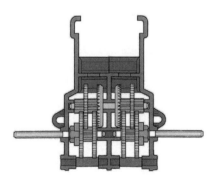

図 3.5　ギヤボックスの完成図

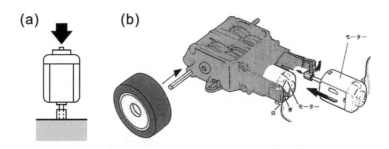

図 3.6　ギヤボックスへのモータ，タイヤの取付け　(a) モータへのピニオンギヤの取付け，(b) モータ，タイヤのギヤボックスへの取付け

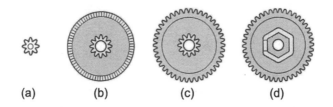

図 3.7　ギヤボックスに使われている歯車 (a) ピニオンギヤ（歯数 8），(b) クラウンギヤ（外歯 38，内歯 12），(c) 2 段ギヤ（外歯 42，内 12），平ギヤ（歯数 42）

表 3.2　歯車特性評価の結果

	タイヤを回した時のギヤの回転の様子 [タイヤの回転の速さを 1 とした時の値]	タイヤの動きをギヤで止めるために要する力	タイヤを回すためにギヤにかける力
42T ギヤ	(1, 2, 3, 4, 5) [　　　　　]	(1, 2, 3, 4, 5)	(1, 2, 3, 4, 5)
42T・12T 2 段ギヤ（42T ギヤ側）	(1, 2, 3, 4, 5) [　　　　　]	(1, 2, 3, 4, 5)	(1, 2, 3, 4, 5)
42T・12T 2 段ギヤ（38T クラウン（12T ピニオン）ギヤ側）	(1, 2, 3, 4, 5) [　　　　　]	(1, 2, 3, 4, 5)	(1, 2, 3, 4, 5)
38T クラウン（12T ピニオン）ギヤ	(1, 2, 3, 4, 5) [　　　　　]	(1, 2, 3, 4, 5)	(1, 2, 3, 4, 5)
8T ピニオンギヤ	(1, 2, 3, 4, 5) [　　　　　]	(1, 2, 3, 4, 5)	(1, 2, 3, 4, 5)

1：最も遅い
2：遅い
3：中くらい
4：速い
5：最も速い

1：ほとんどいらない
2：少しの力
3：中くらいの力
4：大きな力
5：最も大きな力

1：ほとんどいらない
2：少しの力
3：中くらいの力
4：大きな力
5：最も大きな力

2) 結果の整理

　測定結果を表 3.2 にまとめる。また，結果を表すグラフも同時に描く。グラフは，横軸にギヤ比の大きさ，縦軸に，歯車の回転速度，トルクの大きさをそれぞれ表したものとする。なお，ギヤ比については，解説項を参照する。

問：歯車のギヤ比と回転速度，トルクの関係について調べよ。また，作製したギヤボックスのギヤ比を求めよ。（図 3.9(b) 参照）

3) 発展

　ブレッドボード，ムギ球，ギヤボックス，DC モータ，タイヤを用いた発電装置を考案せよ。なお，DC モータは，電気エネルギを機械エネルギへ変換する装置であるとともに，機械エネルギを電気エネルギへ変換する，双方向のエネルギ変換器である。

問：発電機とモータは同じ構造である。モータのシャフトを回せば発電でき，このときの発電電流は，モータを回すときに流す電流と逆方向に流れる。この事実は，様々な機械で利用されている。その例を示せ。

2.5　駆動部制御回路の組立てと動作チェック

　駆動部の中心部品である DC モータの制御は，専用ドライブ IC である TA7291P を用いる。TA7291P は，DC モータと Arduino のマイクロコンピュータとの仲立ちをする IC であり，Arduino からの制御信号を TA7291P が受け取り，DC モータの正・逆転，停止を規定できるものである。下記の手順で Hama ボード上に DC モータの制御回路を組み立て，基本制御プログラムを作成する。

　① 駆動部制御回路の組み立て
　② 駆動部制御回路の配線チェック
　③ 基本制御プログラムの作成と動作チェック

1) Hama ボード上のブレッドボードへの駆動部制御回路の組み立て

　図 3.8 に TA7291P と Arduino，DC モータを接続するための回路図を示す。Hama-Bot は駆動部のギヤボックス内に 2 個の DC モータを備えているため，モータドライブ IC の TA7291P も 2 個必要となる。また，1 つの TA7291P に対して 2 つの制御信号が必要であるため，合計 4 つの制御信号を Arduino から取出すことになる。ここでは，Arduino の D5，D6，D10，D11 の 4 つのポートを制御用の出力に設定し TA7291P へ接続している（D5/D6 は左側の DC モータ，D10/D11 は右側の DC モータの制御用）。DC モータ用の電源は別に用意し，Arduino 制御用の電源と共有しない（電池の消耗が激しく，また，ノイズの影響を抑えるため）。図 3.8 を参考にして，モータドライブ用回路をブレッドボード上に組立てよ。

　このとき，電源への配線に用いるスナップオンケーブルは電池ボックスから取り外した状態で回路を作成すること。電池ボックスに電池を入れた状態で，スナップオンケーブル

も繋がっていると，回路を間違えた場合トラブルの原因となる。

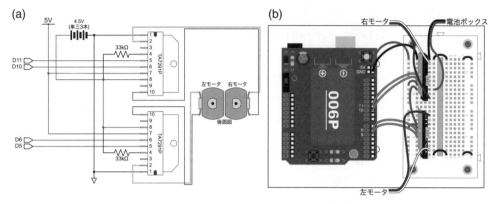

図 3.8　DC モータドライブ回路　(a) 回路図，(b) 実装図

2) 駆動部制御回路の配線チェック

　電子部品の配置，配線が終了したら，回路図と見比べて配置，配線に間違いがないか
チェックを行う。ここでの配線間違いは電子部品を破壊させる恐れがあるため慎重に行う。
問題がないと確認できた場合は，電池を入れた電池ボックスとスナップオンケーブルを接
続する。回路に問題がある場合，電池を接続することで誤った動作を示す場合があるので，
再度回路に問題ないか確認しておくこと。

3) 基本制御プログラムの作成と動作チェック

　Hama-Bot に搭載されている 2 つの DC モータを動かし，両輪を制御して回転させるた
めには，I 部・表 3.1（25 ページ）に従った制御信号を Arduino からモータドライブ IC
（TA7291P）へ送らなければならない。この時，1 つの DC モータに対して Arduino から
2 bit の制御信号を走行パターンに応じて送る。モータの回転時間は，2 bit の信号の送信
持続時間で規定される。通常，コンピュータの出力ポートは，一定の制御信号（High また
は Low）が出力された後は，次の制御信号が出力されるまでの間，設定された信号が保持
される。そこで，スケッチ中に時間待ち命令（delay 関数など）あるいは時間待ちルーチン
（while 文など）を入れ，次のポート出力命令まで待機することでモータの回転時間を決め
る。基本制御プログラムの作成は，下記の手順で行う。

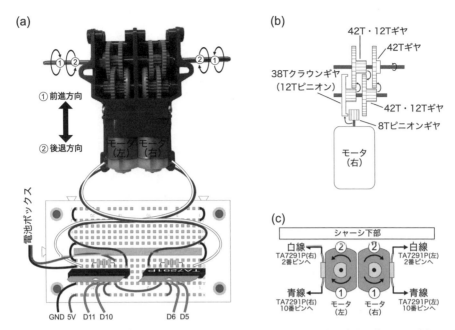

図 3.9 Hama-Bot のモータ・ギヤの配置と回転方向 (a) モータと駆動回路の実体配線図および進行方向との関係, (b) モータ, ギヤの歯車のかみ合わせ, (c) モータの配線と回転方向

① 車輪を動かす(前進, 後退, 右回転, 左回転)ための注意点

ギヤボックス内のモータ, 歯車の配置は, 図 3.9 に示すように, ちょうど 2 つのモータの間に鏡を入れたような対称的な位置関係となっている。ギヤボックスのシャフトにタイヤを取付けた場合, 図中① の回転方向でタイヤは前進し, ② の方向では後退する。Hama ボード上のモータ制御用 IC(TA7291P)からギヤボックス内のモータへの配線は, 図 3.9(a) に示すように交差した関係で行っている。この配線により, Hama-Bot を右回転あるいは左回転をさせたい場合, ボード上の TA7291P(右)あるいは(左)に正転用の信号をそれぞれ入力すれば良く, 直感的なプログラミングができるようになっている。

② 基本制御パターンの作成

Hama ボードに取付けたモータが正常に動作するかを以下の手順で確かめる。

(a) Arduino IDE を起動して, リスト 3.1 のスケッチを入力する。

このスケッチは, Hama-Bot 駆動部の基本制御プログラムで, 0.5 秒間の自然停止をはさみながら, 左モータのみを前進方向に回転, 右モータのみを前進方向に回転, 2 つのモータを前進方向に回転, 2 つのモータを後退方向に回転という動作を 1.0 秒間ずつ繰り返し行うものである。ただし, 急に動き出さないように電源シールド上のタクトスイッチが押されるまでは停止している。

```
1   void setup() {
2     pinMode( 5, OUTPUT);
3     pinMode( 6, OUTPUT);
4     pinMode(10, OUTPUT);
5     pinMode(11, OUTPUT);
6
7     while (digitalRead(2) == LOW) {
8     }
9   }
10
11  void loop() {
12    // Left Motor
13    digitalWrite( 5, HIGH);
14    digitalWrite( 6, LOW);
15    delay(1000);
16
17    // Stop Left Motor
18    digitalWrite( 5, LOW);
19    digitalWrite( 6, LOW);
20    delay(500);
21
22    // Right Motor
23    digitalWrite(10, LOW);
24    digitalWrite(11, HIGH);
25    delay(1000);
26
27    // Stop Right Motor
28    digitalWrite(10, LOW);
29    digitalWrite(11, LOW);
30    delay(500);
31
32    // Forward
33    digitalWrite( 5, HIGH);
34    digitalWrite( 6, LOW);
35    digitalWrite(10, LOW);
36    digitalWrite(11, HIGH);
37    delay(1000);
38
39    // Stop
40    digitalWrite( 5, LOW);
41    digitalWrite( 6, LOW);
```

```
42      digitalWrite(10, LOW);
43      digitalWrite(11, LOW);
44      delay(500);
45
46      // Backward
47      digitalWrite( 5, LOW);
48      digitalWrite( 6, HIGH);
49      digitalWrite(10, HIGH);
50      digitalWrite(11, LOW);
51      delay(1000);
52
53      // Stop
54      digitalWrite( 5, LOW);
55      digitalWrite( 6, LOW);
56      digitalWrite(10, LOW);
57      digitalWrite(11, LOW);
58      delay(500);
59  }
```

リスト 3.1　Hama-Bot 駆動部の基本制御スケッチ（hamabotMotorBasic.ino）

(b) 「**検証・コンパイル**」を行いスケッチに問題がないか確認する。エラーが表示された場合は，適時，修正してスケッチを完成する。

(c) スケッチを適当な名前で保存する。

(d) Arduino とノート PC を USB ケーブルで接続し，「書き込み」を実行する。

(e) 電池ボックスに電池を入れ，スナップオンケーブルを接続する。

(f) 電源シールド上のタクトスイッチを押す。

(g) モータが以下のように動作することを確認する。

（はじめ）左のモータが 1.0 秒間前進→ 0.5 秒間停止→右のモータが 1.0 秒間前進→ 0.5 秒間停止→ 2 つのモータが 1.0 秒間前進→ 0.5 秒間停止→ 2 つのモータが 1.0 秒間後退→ 0.5 秒間停止（はじめに戻る）

③ トラブルシューティング

プログラムを実行した時，ギヤボックスに取付けられたタイヤの回転が期待通りの動作でなければスケッチをチェックし作業を繰り返す。スケッチの入力ミス（コマンドのスペルミス，余分な文字の入力など）によるプログラムの停止は，もっとも頻繁に起こるエラーである。

④ スケッチの解説

② の制御プログラム（リスト 3.1）の重要な部分を簡単に解説する。

33，34 行目（D5/D6 への出力）は左側の DC モータを正転させるための信号出力で，

35，36 行目（D10/D11 への出力）は右側の DC モータに対するものである。37 行目は，プログラムを 1000 ms 停止する命令で，DC モータへの信号出力が 1000 ms 保持されることになる。

2.6　モータ回転速度の制御（発展）

モータドライブ IC（TA7291P）ではマイコンからの信号により駆動用電源（電池）とモータの接続を制御している。TA7291P は 4 番ピン（V_{ref} 端子）に印加する電圧を制御することで，モータへ印加する電圧を制御することができるが，V_{ref} 端子に印加する電圧は駆動用電源（8 番ピン，V_S 端子）の電圧以下の範囲で使用する必要があるため注意が必要である。すなわち，作製した回路では駆動用電源として単三電池を 3 本利用しており約 4.5 V の電圧が V_S 端子に印加されているため，V_{ref} 端子に印加する電圧は 4.5 V 以下とする必要がある。Arduino のデジタル出力ピンから 4.5 V 以下の電圧での出力を行う場合，PWM を利用することが考えられる。しかし，PWM は 5 V と 0 V を短時間で切り替えてアナログ的な出力を行うものであり，瞬間的に 5 V が出力されるため，単純に PWM 出力を利用して V_{ref} 端子への印加電圧の制御は不適切である。そこで，V_{ref} 端子には V_S 端子と接続し最大速度で回転させる回路を製作している。この時，TA7291P の制御ピン（5 番ピンと 6 番ピン）に digitalWrite 命令で HIGH 出力を行う代わりに PWM 信号を送ることで，モータと駆動用電源を素早く接続・切り離しを行うことで回転速度制御を行うことを考える。具体的には以下のようなスケッチにより前進速度が徐々に早くなるプログラムを入力し，動作確認を行う。

```
1   void setup() {
2     pinMode( 5, OUTPUT);
3     pinMode( 6, OUTPUT);
4     pinMode(10, OUTPUT);
5     pinMode(11, OUTPUT);
6   }
7
8   void loop() {
9     digitalWrite( 5, LOW);
10    digitalWrite( 6, LOW);
11    digitalWrite(10, LOW);
12    digitalWrite(11, LOW);
13    delay(2000);
14
15    for (int i = 0; i <= 250; i = i + 50) {
16      analogWrite( 5, i);
17      digitalWrite( 6, LOW);
18      digitalWrite(10, LOW);
```

```
19      analogWrite(11, i);
20      delay(2000);
21    }
22  }
```

リスト 3.2　モータ回転速度の制御（speedControl.ino）

3　解説

3.1　DC モータについて

　モータは，電気エネルギを機械エネルギに変換する装置である（図 3.10）。入力された電気エネルギ，出力される機械エネルギは，仕事率 [W]（1 秒間に行われる仕事の大きさ）を単位に次のように表される。

図 3.10　モータの役割

入力電力 [W]　＝　電圧 [V] × 電流 [A]

機械出力 [W]　＝　角速度（回転速度）[rad/s] × 回転力（力のモーメント＝トルク）[N·m]

　　　　　　　＝　2π × 回転数 [rpm] × 回転力（トルク）[N·m]/60

　入力電力に対する機械出力の比は，モータ効率と呼ばれるものであり，次式のように表される。

モータ効率 [%] ＝ (機械出力 [W]/入力電力 [W]) × 100

　モータによる電気エネルギーから機械エネルギーへの変換では，入力された電気エネルギーのすべてが，機械エネルギーに変換されることはない。一部は，熱になってしまう（これを損出という）。損出には，摩擦，振動のような機械的な原因によるものもあるが，ほとんどは銅線内の損出（銅損）と鉄心内の損出（鉄損）である。モータ製造分野では，地球温暖化防止のため，損出の少ない，効率の良いモータ開発が重要な課題の 1 つとなっている。

　DC モータは直流電源につなぐと回転し，つなぐ電源の極性で回転方向が変わる。回転の速さ，トルク（力のモーメントに相当するもの）は，つなぐ電源の電圧（印加電圧）とトルクの大きさに依存する。図 3.11 に，実習で用いる DC モータ（マブチモータ FA-130RD-2270）

のトルクの標準性能線図（1.5 V 印加時）を示す。図は DC モータに安定化電源などで一定電圧を印加した状態で，横軸にトルク T [N·m]，縦軸に回転数 N [rpm]，入力電流 I [A] および出力 P [W]，効率 η[%] を表記したグラフである。入力電流，回転数の変化線は，それぞれ，電流線（I_0 と I_S を結んだもの），回転線（N_0 と T_S を結んだもの）と呼ばれている。図より，DC モータは，トルクを増やしていくに従って回転数が直線的に下がり，入力電流は反対に増加していくことがわかる。

　トルクと出力との関係を表す出力線は，横軸のトルクに対して出力をプロットしたものであり，ある回転数で極大を取ることになる。出力が最大になるのは，無負荷回転速度の約 1/2 の速度で最大となる。効率が最大になるのは，無負荷回転速度と最大出力回転数の間で，無負荷回転速度より低い速度で得られる。

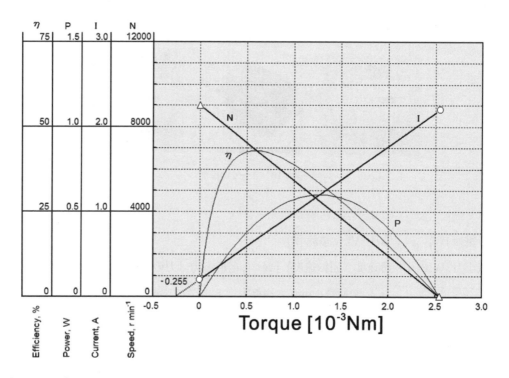

図 3.11　マブチモータ FA-130RD-2270 のトルク特性 N：回転数 [rpm]，I：入力電流 [A]，P：出力 [W]，η：効率 [%]（無負荷回転数 $N_0 = 9000$[rpm]，無負荷電流 $I_0 = 0.20$[A]，停動トルク $T_S = 2.55 \times 10^{-3}$[N·m]，停動電流 $I_S = 2.2$[A]）

問：モータの適正使用条件とは，出力曲線 P が最大の付近ではなく，効率曲線 η の最大付近に設定されている。なぜか？

問：小型のモータの場合，図 3.11 に示すように，効率 η は良くない。最大でも投入したエネルギーの半分弱しか，回転運動に変換されていないことを示している。残りのエネルギーは，どうなってしまったのか？

　2 輪走行ロボットでは，路面の状況によってモータにかかる負荷が変化し，障害物に衝

突すると停止することもあり得る。モータの起動時，停止時には大きな負荷がモータに
かかり，大きな電流が流れてしまう。FA-130 の場合，停止時から回転をさせる場合には，
200[mA]〜2[A] 程度の電流が必要となる。DC モータをマイクロコンピュータで駆動させる
場合，以下の問題が現れる。

問題点 1：　マイクロコンピュータの出力ポートから大きな電流を取り出すことはできな
い。また，大きな電流を作り出すこともできない。すなわち，直接 DC モータを駆
動させることはできない。

解決策：　トランジスタスイッチ，専用ドライバ IC を使用する

Arduino などに取り付けられた電子部品は，流すことができる電流に限界値（通常は
10[mA] 程度）があり，DC モータを直接接続すると Arduino のマイコンのポートに
大きな電流が流れ，内部回路が破壊されてしまう。DC モータの回転の ON/OFF を
制御するためには，トランジスタによるスイッチを使用すればよい。しかし，この
場合は，モータは同じ方向にしか回転しない。Hama-Bot で前進，後退，回転をさせ
るためには，左右のモータが独立して，正転，逆転や停止動作ができなくてはいけ
ない。このような用途には，トランジスタによるブリッジ回路を作製するか，専用
のモータドライブ用の IC を使用する。実習では，東芝製の TA7291P という IC を
用いている。この IC は，Arduino などのマイクロコンピュータの I/O ポートに直接
接続することができ，プログラミングによりモータを簡単に制御できる。

問：モータの停止状態でモータに流れる電流は何によって決まるか。

問：モータが破損する原因として考えられるものを述べよ。

問題点 2：　モータ単独では車輪を回すほどのトルクがでない。また，DC モータ単独では
回転速度が速すぎる。

解決策：　モータの回転を歯車を用いて調整する（次項）。

3.2　歯車（ギヤ）について

　歯車は，動力や運動を確実に伝えるために使わ
れ，回転数，回転力（トルク），回転方向を目的に
合わせて調節する機械部品である。機械の回転運
動は，モータなどの高速の回転を減速しながら用
いることが多く，このような目的に歯車が使われ
ている。図 3.12 に歯車の例を示す。図で左の原動
車が左回転すると，右の従動車は右に回転する。2
つの歯車の歯の数が同じであれば，歯車の回転数
は同じであるが，従動車の歯車の歯数が原動車の
2 倍であれば，原動車が 1 回転しても従動車は半回

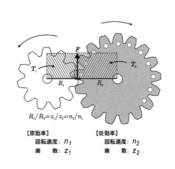

$R_1/R_2 = z_1/z_2 = n_2/n_1$

【原動車】
回転速度：n_1
歯　　数：z_1

【従動車】
回転速度：n_2
歯　　数：z_2

図 3.12　歯車の例

転しかしない。しかし，2倍のトルク（＝歯車にかかる力 × 車軸までの距離）が生成する。歯数がそれぞれ z_1, z_2 の歯車を組み合わせ，歯数が z_1 の歯車を T_1 のトルクで N_1 回転させた場合，歯数が z_2 の歯車の回転数 N_2 とトルク T_2 は，以下の通りとなる（歯車の原理）。

$$N_2 \;=\; N_1 \times (z_1/z_2)$$
$$T_2 \;=\; T_1/(z_1/z_2)$$

なお，両者のトルクと回転数の積は等しく（$T_1 \cdot N_1 = T_2 \cdot N_2$），歯車によりトルクと回転数を変換することはできるが，実際になされる仕事の量は変えられない。

　歯車の働きの1つに速度を変えることがある。これを速度比というが，図 3.12 を例に取ると，ギヤ比（従動車と原動車の歯数の比）とは，以下の関係式が成り立っている。

$$\text{速度比} = \frac{\text{従動車の回転速度 } n_2}{\text{原動車回転速度 } n_1} = \frac{z_1}{z_2} = \frac{1}{\text{ギヤ比}}$$

　歯車は，軸の位置や歯の形などが異なる様々な種類のものがある。実習で用いるギヤボックスでは，図 3.7 に示した，ピニオンギヤ，クラウンギヤ，平ギヤを使用している。ギヤボックス内では，複数の歯車が連結されている（歯車列）。DC モータの高速回転は，モータの軸に取付けられた歯数 8 のギヤ（8T ピニオンギヤ）から歯数 38 のクラウンギヤに伝達される。このクラウンギヤには歯数 12 のピニオンギヤも取付けられ，2 つの歯車の車軸が共有され，次の歯車（42T・12T 2 段ギヤ）に回転運動が伝達されている。最終的に，タイヤに回転運動が伝達される時には，ギヤ比（歯車と歯車の比）は，約 203:1 となっている。また，タイヤの回転速度は，ギヤ比，モータの回転数，タイヤの直径より，以下の式で求められる。

$$\text{速度} = \text{モータ回転数} \times \frac{1}{\text{ギヤ比}} \times \text{タイヤ円周長 [cm/s]} = (13200/60) \times (1/203) \times (5 \cdot \pi)$$

1) ギヤ比とは

　モータと回転させたい所（この場合はタイヤ）がどのくらいの比率で動いているのかを表したものである。これが変わることにより，回転数に違いが生じ，ロボットの力や動く速さが変わる。この比率を変えるためには，ギヤボックスの中のギヤを減らしたり，歯の数を別のギヤに替えれば良い。

2) 歯車の強度・材質について

　歯車の強度は，歯車の材質によって大きく異なる。市販されている歯車の材料では，炭素鋼（S45C）やステンレス鋼（SUS304）が一般的である。アルミニウム，銅，黄銅が使われる場合もある。小型の歯車では，炭素鋼やステンレス鋼のほか，黄銅製（C3604B）やプラスチック製（ポリアセタールなど）の歯車も使われている。プラスチック製の歯車の場合，金型成形による大量生産が可能であり，比較的安価に生産できる。また，強度についても，樹脂でありながら堅く，軽量である。最近では，ポリアセタール（POM）などのエ

ンジニアリングプラスチックを用いて成形された樹脂製歯車は，カラーコピー機に代表されるような，非常に高い精度が要求される部品にも使用されている。実習で用いられているギヤボックス内の歯車もプラスチック製で，素材はポリアミドである。

問：歯車にプラスチックを用いる利点と欠点について調べよ。また，使われている歯車の素材について調べ，一般のプラスチック（ポリビニル系プラスチック）と比べ，どのような相違がみられるかについても述べよ。

3) 歯車の組み合わせについて

歯車の歯数の組み合わせは自由であるが，大きな力を伝達するときや，滑らかさを必要とするときは歯数が互いに素でなければならない。いつも同じ歯同士が当たると，微小な傷が大きくなったり，特定の箇所で音が発生し，寿命が短くなるためである。互いに素である組み合わせを用いると全体が均一に磨耗し，歯当たりが滑らかになる。自動車の歯車，ぜんまい式掛時計の長針短針の関係を作る歯車（日の裏歯車という）を除くすべての歯車はこの組み合わせを採用している。

歯車の材質はなるべく異種の組み合わせが望ましい。同種の組み合わせは摩擦係数が大きいからである。また，小歯車は硬い材料にしておかないと先に磨耗する。

問：大きな力を伝える場合や，なめらかさを必要とする場合，歯数に関してどのような条件が必要とされるか。

問：歯車の材質はなるべく異種の組み合わせが望ましい。その理由を述べよ。

問：現状では歯車が使われているが，歯車以外の動力伝達機構を使うことによって高性能化が図られると考えられる機械をあげよ。また，その理由も述べよ。

第 4 章

Hama-Bot 製作 4：Hama-Bot 仕上げ

- この実習の内容
  - Hama-Bot 各部品を組立て，Hama-Bot を完成させる。
  - Hama-Bot の動作確認（直線・回転走行，障害物回避走行）を行う。
  - 発展課題 — CdS 光センサを用いた光追随走行。
- 各自用意するもの

名　　称	数量等	備　　考
ドライバ	1	プラス，#2
ラジオペンチ	1	
Hama ボード	1	
筐体部品	1 式	シャーシ，スペーサ ×2
駆動部品	1 式	ギヤボックス，ボールキャスタ，電池ボックス
丸ビス	2	M3×6 mm
ナット	3	3 mm
乾電池（1.5 V）	3	単三乾電池
乾電池（9 V）	1	006P
CdS セル	2	
抵抗（1k Ω）	2	カラーコード：赤・赤・茶
抵抗（10k Ω）	2	カラーコード：赤・赤・茶
単線コード		0.5 mmφ の被覆線（赤，黒，青，黄，緑）
懐中電灯	1	

1　実習の概要

　第 3 章までに製作した筐体部品（シャーシ，スペーサ），駆動部品（ギヤボックス，ボールキャスタ，電池ボックス）を組み立て，Hama ボード（触覚センサ，DC モータ駆動用回路）を取付けて Hama-Bot を完成させる。図 4.1，4.2 に，Hama-Bot の完成例と各部品の取付けの概略図をそれぞれ示す。完成した Hama-Bot は，プログラムを作成して Hama ボード上の Arduino へ転送することによって，思い通りの動作をさせることが可能となる。ここでは，直線・回転走行と触覚センサを利用した障害物回避走行に関するプログラムを作成し，動作確認を行う。また，プログラムの発展課題として，CdS 光センサを用いた光追随走行についてもチャレンジしてみる。

図 4.1　Hama-Bot 完成写真

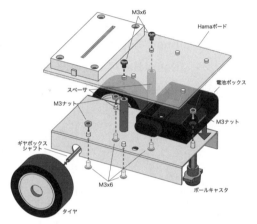

図 4.2　部品取付け概略図

2　Hama-Bot の組み立て

　図 4.3 に Hama-Bot 組立てに必要な部品類を示す。組み立ては，下記の順で行う。
　① シャーシへの各部品取付け（電池ボックス，ボールキャスタ，ギヤボックス，スペーサ）
　② Hama ボードの取付けとモータ・電源配線の取り回し

　なお，Hama ボードのブレッドボードには，DC モータドライブ回路，触覚センサ回路，LED 表示回路がすでに組み立てられているものとする。

2.1　駆動部品類の組み立て

　シャーシに駆動部品類を取付ける。取付けは次の手順で行う。
　① ギヤボックス
　　シャーシの下面（折り曲げたコの字型の内側）にギヤボックスを取付ける。ギアボックスの一方のシャフトをシャーシ側面にある穴に差し込み，もう一方のシャフトは別の側面の切り欠きから穴に入れる。取付けは，2 カ所のギヤボックスの取付用の穴からシャーシ上面へ丸ビス（M3×6 mm）を通し，上面よりナットで固定する。

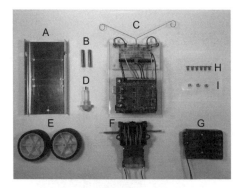

図 4.3　Hama-Bot 組み立て部品（A：シャーシ，B：スペーサ，C：Hama ボード，D：ボールキャスタ，E：タイヤ，F：ギヤボックス，G：電池ボックス，H：丸ビス（M3×6），I：ナット）

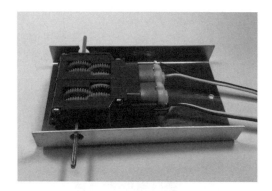

図 4.4　シャーシへのギアボックスの挿入

② スペーサ

シャーシの上面に 2 本のスペーサを立て，シャーシ下面より丸ビス（3×6 mm）で固定する。

③ ボールキャスタと電池ボックス

ボールキャスタのネジ部をシャーシの下面側から上面へ通す。シャーシ上面に突き出たボールキャスタのネジ部に電池ボックスの取り付け穴を通す。電池ボックスの内側に突き出たボールキャスタのネジ部をナット（3 mm）で固定する。

図 4.5 には，ボールキャスタ，ギヤボックスをシャーシの下面に取付けた様子を，また，図 4.6 にシャーシの上面に電池ボックス，スペーサをそれぞれ取付けた様子を示す。Hama ボードを取り付けると電池が入れにくくなるため，この段階で電池をセットすると作業性が良い。作業に際しては，ブレッドボードの回路上での短絡を防ぐため，スナップオンケールブを電池ボックスから取り外した状態で単三電池を電池ボックスにセットする。

図 4.5　シャーシ下面へのボールキャスタ，ギヤボックスの取付け

図 4.6　シャーシ上面への電池ボックス，スペーサの取付け

④ モータ配線の取り回し

　モータのリード線は，シャーシに開けられた配線用の穴より，シャーシ上面に引き出す（図 4.7）。引き出したリード線は，Hama ボードを取り付ける前に，予め交差させておく（図 4.8）。

図 4.7　シャーシ（下面）の DC モータ配線の取り回し

図 4.8　シャーシ（上面）の DC モータ配線の取り回し

⑤ Hama ボードの取り付け

　シャーシに取り付けた 2 本のスペーサの上に Hama ボードをのせ，丸ビス（M3×6 mm）で固定する。丸ビスをドライバで固定する際にオプションシールドが干渉するため，回路を壊さないうように注意しながら，一度 Arduino 基板から取り外し，丸ビスの固定後に再度取り付ける。

2.2　Hama-Bot の完成

　図 4.9 に，すべての部品の固定が完了した Hama-Bot を示す。

図 4.9　部品の取付けが完了した Hama-Bot（上面と側面）

3 Hama-Bot の基本走行

　いよいよ Hama-Bot を走らせる。最初は Hama-Bot に基本的な動きをさせるプログラム
を作成する。Hama-Bot は，基本走行パターン（前進，後退，左右の旋回）の組み合わせに
より自由に動かすことができる。まず，この基本走行パターンの動作を行うプログラムを
作成する。

3.1　前進走行

① プログラミング

　Arduino IDE を起動して，以下のスケッチを入力する。

```
 1  void setup() {
 2    pinMode( 5, OUTPUT);
 3    pinMode( 6, OUTPUT);
 4    pinMode(10, OUTPUT);
 5    pinMode(11, OUTPUT);
 6  }
 7
 8  void loop() {
 9    digitalWrite( 5, LOW);
10    digitalWrite( 6, LOW);
11    digitalWrite(10, LOW);
12    digitalWrite(11, LOW);
13    delay(1000);
14
15    digitalWrite( 5, HIGH);
16    digitalWrite( 6, LOW);
17    digitalWrite(10, LOW);
18    digitalWrite(11, HIGH);
19    delay(1000);
20  }
```

リスト 4.1　前進走行スケッチ（hamabotForward.ino）

② プログラムの実行

- 「検証・コンパイル」を行いプログラムに問題がないか確認する。エラーが表示
  された場合は，適時，修正してプログラムを完成する。
- 電池ボックスからスナップオンケーブルを外し，単三電池 3 本をセットする。
- Arduino とノート PC を USB ケーブルで接続し，「書き込み」を実行する。回路
  に電池ボックスからの電源が接続されている場合，書き込み終了とともにモータ
  が動きだすので注意すること。

294   第 4 章   Hama-Bot 製作 4：Hama-Bot 仕上げ

- 電池ボックスにスナップオンケーブルを接続する。
- プログラムが正常に動作すれば，Hama-Bot は，約 1 秒間の停止と約 1 秒間の前進を繰り返し行う。
- 電池ボックスからスナップオンケーブルを取り外す。以降，モータを回すときのみ，スナップオンケーブルを電池ボックスに接続する。
- スケッチを適当な名前で保存する。

3.2 後退走行

前進走行のプログラムを参考に，各自で後退走行のプログラムを作成し，保存する。プログラムは，3.1 節の前進走行スケッチ中の，以下に示す部分の HIGH，LOW をそれぞれ入れ替えて作成すればよい。

```
15    digitalWrite( 5, HIGH);
16    digitalWrite( 6, LOW);
17    digitalWrite(10, LOW);
18    digitalWrite(11, HIGH);
```
⇒
```
15    digitalWrite( 5, LOW);
16    digitalWrite( 6, HIGH);
17    digitalWrite(10, HIGH);
18    digitalWrite(11, LOW);
```

3.3 左右の旋廻走行

左右の旋廻は，一方のモータを前進走行させている間，他方のモータを停止させるか，逆転されば可能である。前者の場合，回転に伴う半径 R は，後者と比べ大きくなる。ここでは，各自，左右の旋廻走行のプログラムを作成し，保存する。スケッチの変更部分を以下に示す。

- 回転半径が短い右旋回

```
15    digitalWrite( 5, HIGH);
16    digitalWrite( 6, LOW);
17    digitalWrite(10, HIGH);
18    digitalWrite(11, LOW);
```

- 回転半径が長い右旋回

```
15    digitalWrite( 5, HIGH);
16    digitalWrite( 6, LOW);
17    digitalWrite(10, LOW);
18    digitalWrite(11, LOW);
```

4 触覚センサによる Hama-Bot の制御

走行中の Hama-Bot の触覚センサに障害物が触れた時，停止，後退の後，適切な回避走行ができるプログラムを作成する。スケッチは，第3章の触覚センサの作製とプログラミングで実習した内容を応用すれば良い。スケッチ例を以下に示す。

```
1   int leftWhisker = 7;
2   int rightWhisker = 8;
3   int leftLED = 12;
4   int rightLED = 4;
5
6   int inputLeft = 0;
7   int inputRight = 0;
8
9   const int R90angle = 100;
10
11  void setup() {
12    pinMode(leftWhisker, INPUT_PULLUP);
13    pinMode(rightWhisker, INPUT_PULLUP);
14    pinMode(leftLED, OUTPUT);
15    pinMode(rightLED, OUTPUT);
16
17    pinMode( 5, OUTPUT);
18    pinMode( 6, OUTPUT);
19    pinMode(10, OUTPUT);
20    pinMode(11, OUTPUT);
21  }
22
23  void loop() {
24    inputLeft = digitalRead(leftWhisker);
25    inputRight = digitalRead(rightWhisker);
26
27    if ((inputLeft == HIGH) && (inputRight == HIGH)) {
28      digitalWrite(leftLED, LOW);
29      digitalWrite(rightLED, LOW);
30      forward();
31    } else if (inputRight == HIGH) {
32      digitalWrite(leftLED, HIGH);
33      digitalWrite(rightLED, LOW);
34      backward();
35      turnRight();
36    } else if (inputLeft == HIGH) {
37      digitalWrite(leftLED, LOW);
```

```
38      digitalWrite(rightLED, HIGH);
39      backward();
40      turnLeft();
41    } else {
42      digitalWrite(leftLED, HIGH);
43      digitalWrite(rightLED, HIGH);
44      backward();
45      turnRight();
46      turnRight();
47    }
48  }
49
50  void stopMotor() {
51    digitalWrite( 5, LOW);
52    digitalWrite( 6, LOW);
53    digitalWrite(10, LOW);
54    digitalWrite(11, LOW);
55  }
56
57  void forward() {
58    digitalWrite( 5, HIGH);
59    digitalWrite( 6, LOW);
60    digitalWrite(10, LOW);
61    digitalWrite(11, HIGH);
62    delay(20);
63  }
64
65  void turnLeft() {
66    digitalWrite( 5, LOW);
67    digitalWrite( 6, HIGH);
68    digitalWrite(10, LOW);
69    digitalWrite(11, HIGH);
70    delay(R90angle);
71  }
72
73  void turnRight() {
74    digitalWrite( 5, HIGH);
75    digitalWrite( 6, LOW);
76    digitalWrite(10, HIGH);
77    digitalWrite(11, LOW);
78    delay(R90angle);
79  }
```

```
80
81   void backward() {
82     digitalWrite( 5, LOW);
83     digitalWrite( 6, HIGH);
84     digitalWrite(10, HIGH);
85     digitalWrite(11, LOW);
86     delay(1000);
87   }
```

リスト 4.2　触覚センサによる Hama-Bot 制御スケッチ（hamabotWhiskerControl.ino）

　また，アナログ入出力を組み合わせることで，より複雑な動作を行うこともできる。す
なわち，第 2 章の触覚センサの製作で行った CdS によるアナログ入力と，第 3 章で行った
アナログ出力によるモータの速度変化を組み合わせることで，明るさにより Hama-Bot の
移動速度を変えることも可能である。スケッチ例を以下に示す。このスケッチは，アナロ
グ入力で得た明るさの情報を利用して前進時のモータ速度を制御するプログラムである。

```
1    int leftWhisker = 7;
2    int rightWhisker = 8;
3    int leftLED = 12;
4    int rightLED = 4;
5    int CdS = A5;
6
7    int inputLeft = 0;
8    int inputRight = 0;
9    int val = 0;
10
11   const int R90angle = 100;
12
13   void setup() {
14     pinMode(leftWhisker, INPUT_PULLUP);
15     pinMode(rightWhisker, INPUT_PULLUP);
16     pinMode(leftLED, OUTPUT);
17     pinMode(rightLED, OUTPUT);
18
19     pinMode( 5, OUTPUT);
20     pinMode( 6, OUTPUT);
21     pinMode(10, OUTPUT);
22     pinMode(11, OUTPUT);
23   }
24
25   void loop() {
```

```
26   inputLeft = digitalRead(leftWhisker);
27   inputRight = digitalRead(rightWhisker);
28   val = analogRead(CdS);
29
30   if ((inputLeft == HIGH) && (inputRight == HIGH)) {
31     digitalWrite(leftLED, LOW);
32     digitalWrite(rightLED, LOW);
33     forward();
34   } else if (inputRight == HIGH) {
35     digitalWrite(leftLED, HIGH);
36     digitalWrite(rightLED, LOW);
37     backward();
38     turnRight();
39   } else if (inputLeft == HIGH) {
40     digitalWrite(leftLED, LOW);
41     digitalWrite(rightLED, HIGH);
42     backward();
43     turnLeft();
44   } else {
45     digitalWrite(leftLED, HIGH);
46     digitalWrite(rightLED, HIGH);
47     backward();
48     turnRight();
49     turnRight();
50   }
51 }
52
53 void stopMotor() {
54   digitalWrite( 5, LOW);
55   digitalWrite( 6, LOW);
56   digitalWrite(10, LOW);
57   digitalWrite(11, LOW);
58 }
59
60 void forward() {
61   analogWrite( 5, val);
62   digitalWrite( 6, LOW);
63   digitalWrite(10, LOW);
64   analogWrite(11, val);
65   delay(20);
66 }
67
```

```
68   void turnLeft() {
69     digitalWrite( 5, LOW);
70     digitalWrite( 6, HIGH);
71     digitalWrite(10, LOW);
72     digitalWrite(11, HIGH);
73     delay(R90angle);
74   }
75
76   void turnRight() {
77     digitalWrite( 5, HIGH);
78     digitalWrite( 6, LOW);
79     digitalWrite(10, HIGH);
80     digitalWrite(11, LOW);
81     delay(R90angle);
82   }
83
84   void backward() {
85     digitalWrite( 5, LOW);
86     digitalWrite( 6, HIGH);
87     digitalWrite(10, HIGH);
88     digitalWrite(11, LOW);
89     delay(1000);
90   }
```

リスト 4.3　触覚センサと CdS セルによる Hama-Bot 制御スケッチ（hamabotWhiskerCdsControl.ino）

5　CdS セルによる光追従走行（発展）

　ここでは，Hama-Bot に CdS セルを取付け，Hama-Bot がライトなどの光に対し，自律的に追従（あるいは回避）する機能を追加する。これにより，昆虫類がちょうど街灯などに集まるのと同様な動作を Hama-Bot にさせることができる。なお，CdS セルの利用法については，第 2 章 3 節も参照されたい。

5.1　CdS セルを用いた光センサ回路の取付け

　図 4.10 に回路図，実装図を示す。回路図にしたがって各部品を Hama ボード上のブレッドボードに取り付け，配線を行う。なお，取り付けに際しては駆動制御回路をはずさないように注意する。

5.2　光検知プログラムの作成

　以下のスケッチは，Hama-Bot の左右の CdS セルで光量を測定し，光量が同程度であれば前進し，差がある場合は光量が多い方に Hama-Bot を走行させるプログラムである。作

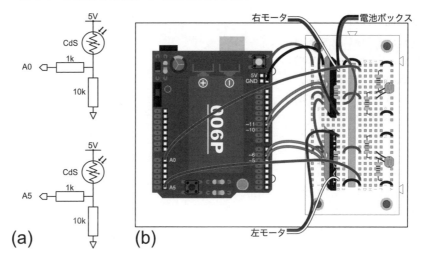

図 4.10　CdS セルを用いた光センサ回路 (a) センサ部回路図，(b) 駆動部回路を含めた実装図

成して動作を確認せよ。

```
1   int rightCdSPin = A5;
2   int leftCdSPin  = A0;
3
4   int rightCdS = 0;
5   int leftCdS  = 0;
6   int val = 0;
7   int adj = 0;
8
9   void setup() {
10    Serial.begin(9600);
11    delay(100);
12    adj = analogRead(rightCdSPin) - analogRead(leftCdSPin); // 左右のバラン
        ス調整値
13  }
14
15  void loop() {
16    rightCdS = analogRead(rightCdSPin);
17    leftCdS  = analogRead(leftCdSPin);
18    val = rightCdS - leftCdS - adj;
19
20    Serial.print(rightCdS);
21    Serial.print(" , ");
22    Serial.print(leftCdS);
23    Serial.print(" , ");
24    Serial.println(val);
```

```
25
26     if (abs(val) < 20) { // この値を調整することで,感度を調整する
27       forward();
28     } else if ((val) > 0) {
29       turnLeft();
30     } else if ((val) < 0) {
31       turnRight();
32     }
33   }
34
35   void forward() {
36     digitalWrite( 5, HIGH);
37     digitalWrite( 6, LOW);
38     digitalWrite(10, LOW);
39     digitalWrite(11, HIGH);
40     delay(20);
41   }
42
43   void turnLeft() {
44     digitalWrite( 5, LOW);
45     digitalWrite( 6, LOW);
46     digitalWrite(10, LOW);
47     digitalWrite(11, HIGH);
48     delay(500);
49   }
50
51   void turnRight() {
52     digitalWrite( 5, HIGH);
53     digitalWrite( 6, LOW);
54     digitalWrite(10, LOW);
55     digitalWrite(11, LOW);
56     delay(500);
57   }
```

リスト 4.4　CdS セルによる光追従走行スケッチ（hamabotCdsFollow.ino）

【スケッチの解説】

　CdS セルは，光強度に応じて抵抗値が変化する素子である。CdS セルの表面に強い光が当たると，その抵抗値が小さくなり，光が当たらないと大きくなる。ここでは，プルダウン回路に CdS セルを接続することで，CdS セルの抵抗値変化を電圧変化として Arduino に取り込む。このとき，入力ピンとしてアナログ入力端子を用いることで明るさを 0～1023 ま

での数値として取得することができる。2 個の CdS セルを Hama-Bot 前方の左右に取り付けることで，光源が Hama-Bot の前方左右の明るさを取得する。

```
16   rightCdS = analogRead(5);
17   leftCdS = analogRead(0);
18   val = rightCdS - leftCdS - adj;
```

このスケッチのポイントを簡単に説明する。16 行目，17 行目の analogRead 関数により，左右の CdS セルをつないだプルダウン回路の電圧が測定され，変数 rightCdS と leftCdS にそれぞれ格納される。変数 val は，取得した 2 つの変数の差から，左右どちらに光源があるか判断するために用いる変数である。また，val の計算式中にある adj は左右の入力値のバランスを調整するための変数であり，setup 関数の中で必要な値を算出している。

これらの命令に続く Serial.print 関数は Hama-Bot の左右の明るさを表す変数 rightCdS と leftCdS の値と，それらの差である変数 val をシリアルモニタに表示するための関数である。3 つ目に表示される値（変数 val の値）は setup 関数で adj の値が適切に設定できていると 0 付近の値が表示される。なお，センサの情報の取得状況や計算の結果を確認するための処理であり，内容の確認ができればこれらの処理は不要である。

```
26   if (abs(val) < 20) {
27     forward();
28   } else if ((val) > 0) {
29     turnLeft();
30   } else if ((val) < 0) {
31     turnRight();
32   }
```

上記の条件判定で，変数 val の大小関係より，光源が Hama-Bot の左右どちらにあるかを判断し，明るい方に旋回する。最初の条件は左右の CdS セルで検出した明るさの差に対する感度調整で，指定した数値以上の差が得られないと旋回動作を行わない。直進の代わりに停止動作や delay 関数での時間待ちに変更してもよい。

5.3　動作確認

① 「検証・コンパイル」を行いプログラムに問題がないか確認する。エラーが表示された場合は，適時，修正してプログラムを完成する。

② Arduino とノート PC を USB ケーブルで接続し，「書き込み」を実行する。

③ USB ケーブルをはずし，Hama-Bot を床の上に置いて走行させる。

④ Hama-Bot の全面に，懐中電灯などで光を当て，光をずらすと，その方向に Hama-Bot が追従することを確認する。

⑤ スケッチを適当な名前で保存する。

参考文献

[1] Arduino: Arduino Uno Schematics in PDF, https://www.arduino.cc/en/uploads/Main/Arduino_Uno_Rev3-schematic.pdf: 参照 2023-12-12.

[2] SHARP Corporation: GP2Y0A21YK0F Datasheet, https://jp.sharp/products/device/doc/opto/gp2y0a21yk_e.pdf: 参照 2023-12-12.

[3] 株式会社秋月電子通商：7 セグメント LED シリアルドライバキット組立説明書, https://akizukidenshi.com/download/ds/akizuki/AE-7SEG-BOARD_a2.pdf：参照 2023-12-12.

[4] 三上喜貴：安全安心社会研究の古典を読む（No.1）ハインリッヒの「産業災害防止論」, 安全安心社会研究, No. 1, pp. 87–100 (2011).

[5] Herbert William Heinrich, 総合安全工学研究所：ハインリッヒ産業災害防止論, p. 59, 海文堂出版 (1982).

[6] Herbert William Heinrich, 総合安全工学研究所：ハインリッヒ産業災害防止論, pp. 7–9, 海文堂出版 (1982).

[7] 厚生労働省：職場のあんぜんサイト：危険予知訓練（KYT）[安全衛生キーワード], https://anzeninfo.mhlw.go.jp/yougo/yougo40_1.html：参照 2023-12-12.

[8] Time For Kids: *Ready, set, write! : a student writer's handbook for school and home*, Time for kids Books (2006).

[9] 木下是雄：レポートの組み立て方, 筑摩書房 (1994).

[10] 木下是雄：理科系の作文技術, 中央公論新社 (2002).

[11] 和田秀樹：自分の考えを「5 分でまとめ」「3 分で伝える」技術, 中経出版 (2013).

[12] 扇澤敏明, 柿本雅明, 鞠谷雄士, 塩谷正俊：トコトンやさしい高分子の本, p. 36, 日刊工業新聞社 (2017).

[13] Dale Wheat: *Arduino Internals*, p. 87, Apress (2011).

[14] 三島佳子, 日本消費者連盟, あべゆきえ：プラスチック, p. 14, 現代書館 (2001).

[15] 触媒学会：よくわかる工業触媒, pp. 86–91, 日刊工業新聞社 (2014).

[16] 大石不二夫：図解プラスチックのはなし, pp. 78–79, 日本実業出版社 (1997).

[17] 扇澤敏明, 柿本雅明, 鞠谷雄士, 塩谷正俊：トコトンやさしい高分子の本, p. 24, 日刊工業新聞社 (2017).

[18] Microchip Technology Inc.: ATmega328P Datasheet, https://ww1.microchip.

com/downloads/en/DeviceDoc/Atmel-7810-Automotive-Microcontrollers-ATmega328P_Datasheet.pdf: 参照 2023-12-12.

[19] Arduino: Arduino Playground - AutoResetRetrofit, https://playground.arduino.cc/Learning/AutoResetRetrofit: 参照 2023-12-12.

[20] Okada Hiroyuki: BlocklyDuino Editor, http://code.makewitharduino.com.

[21] Monk Simon: *Programming Arduino Next Steps: Going Further with Sketches*, pp. 163–165, McGraw-Hill Education (2013).

[22] Rheingold Heavy: Arduino from Scratch Part 11 - ATMEGA328P DTR and Reset, https://rheingoldheavy.com/arduino-from-scratch-part-11-atmega328p-dtr-and-reset/: 参照 2023-12-12.

[23] 高橋隆雄：Arduino で電子工作をはじめよう!, 秀和システム (2013).

[24] Arduino: Arduino Reference, https://www.arduino.cc/reference/en/: 参照 2023-12-12.

[25] 白石肇：わかりやすいシステム LSI 入門, オーム社 (1999).

[26] 坂本康治：コンピュータの論理設計, 日本理工出版会 (2005).

[27] Massimo Banzi, Michael Shiloh, 船田巧：Arduino をはじめよう, オライリー・ジャパン (2015).

[28] 藤井信生：ディジタル電子回路 — 集積回路化時代の —, 昭晃堂 (1988).

[29] 小林茂：Prototyping lab — 「作りながら考える」ための Arduino 実践レシピ —, オライリー・ジャパン (2017).

工学基礎実習・創造教育実習 2024

2018 年 3 月 20 日　第 1 版　第 1 刷　発行
2024 年 3 月 20 日　第 1 版　第 7 刷　発行

著　者　　静岡大学工学部
　　　　　次世代ものづくり人材育成センター

東　直人　　生源寺　類
水野　隆　　永田照三
戎　俊男　　太田信二郎

発 行 者　　発田和子

発 行 所　　株式会社 学術図書出版社

〒113−0033　　東京都文京区本郷 5 丁目 4 の 6
TEL 03−3811−0889　　振替 00110−4−28454
印刷　三松堂（株）